建设机械岗位培训教材

施工机械基础知识

住房和城乡建设部建筑施工安全标准化技术委员会
中国建设教育协会建设机械职业教育专业委员会 组织编写

王春琢 主编

中国建筑工业出版社

图书在版编目（CIP）数据

施工机械基础知识/王春琢主编．—北京：中国建筑工业出版社，2016.8

建设机械岗位培训教材

ISBN 978-7-112-19574-9

Ⅰ．①施… Ⅱ．①王… Ⅲ．①施工机械-岗位培训-教材 Ⅳ．①TU6

中国版本图书馆CIP数据核字（2016）第147680号

本书是建设机械岗位培训教材之一，主要介绍了常用的建设机械12大类机种设备的基础知识，包括定义、基本构成、原理、用途等，对实践具有较强的指导作用。

本书既可以作为施工作业人员上岗培训教材，也可以作为职业院校相关专业基础教材。

责任编辑：朱首明　李　明　聂　伟

责任校对：李欣慰　党　蕾

建设机械岗位培训教材

施工机械基础知识

住房和城乡建设部建筑施工安全标准化技术委员会
中国建设教育协会建设机械职业教育专业委员会　组织编写

王春琢　主编

*

中国建筑工业出版社出版、发行（北京西郊百万庄）

各地新华书店、建筑书店经销

北京红光制版公司制版

北京建筑工业印刷厂印刷

*

开本：787×1092毫米　1/16　印张：11½　字数：282千字

2016年7月第一版　2018年12月第二次印刷

定价：**32.00**元

ISBN 978-7-112-19574-9

（29093）

建设机械岗位培训教材编审委员会

特别鸣谢：

中国建筑科学研究院

北京建筑机械化研究院

中国建设教育协会秘书处

中国建设教育协会建设机械职业教育专业委员会

中国建设劳动学会建设机械技能考评专业委员会

中国模板脚手架协会

全国建筑施工机械与设备标准化技术委员会

住建部标准定额研究所

河南省标准定额站

中城建第六工程局集团有限公司

长安大学工程机械学院

沈阳建筑大学

国家建筑工程质量监督检验中心脚手架检测部

北京市建筑机械材料检测站

山东德建集团

江苏兴泰建设集团

大连城建设计研究院有限公司

北京燕京工程管理有限公司

廊坊凯博建设机械科技有限公司

中建二局三公司

北京城建设计发展集团股份有限公司

中国建筑装饰协会施工委员会

中国工程机械工业协会施工机械化分会

中国工程机械工业协会标准化工作委员会

中城建第六工程局集团有限公司

中国新兴建设开发总公司

前　言

为推动建设机械化施工领域岗位培训工作，中国建设教育协会建设机械职业教育专业委员会、中国建设劳动学会建设机械职业技能考评专委会联合住房和城乡建设部施工安全标准化技术委员会等有关单位，共同设计了建设机械岗位培训教材的知识体系和岗位能力的知识结构框架，并启动了岗位培训教材研究编制工作，得到了行业主管部门、高校、科研院所、行业龙头骨企业、高中职院校会员单位和业内专家的大力支持。

住房和城乡建设部建筑施工安全标准化技术委员会、中国建设教育协会建设机械职业教育专业委员会、中国建设劳动学会建设机械职业技能考评专委会联合中国建筑科学研究院、北京建筑机械化研究院、武警部队交通指挥部，会同行业有关骨干会员单位组织编写了《施工机械基础知识》一书。本书重点介绍了建设机械常见机种的基本原理和作业常识，主要包括：土石方机械、桩工机械、混凝土机械、起重升降机械、钢筋机械以及其他施工作业常见机械等。本书既可作为施工作业人员上岗培训之用，也可作为中高职类学校相关专业的基础教材。因水平有限，书中难免有不足之处，欢迎广大读者提出意见建议。

本书由中国建筑科学研究院建筑机械化研究分院王春琢主编，中国建筑科学研究院建筑机械化研究分院谢丹蕾、鲁卫涛任副主编，住房和城乡建设部施工安全标准化技术委员会李守林主任委员、长安大学工程机械学院王进教授任主审。

参加本书编写的还有：沈阳建筑大学张珂、费烨、孙佳；中建三局集团有限公司（山东）李贵峰；中国京冶工程技术有限公司胡培林、胡晓晨；北京建筑机械化研究院刘贺明、王涛、陈晓峰、侯爱山、陈赣平、温雪兵、张森、刘承桓、孟竹；廊坊凯博建设机械科技有限公司恩旺；中建二局三公司杨发兵；中国建筑科学研究院建筑机械化研究分院科技咨询中心侯宝佳、安志芳、全珍；北京建筑机械化研究院标准研究室王平、李静、刘惠彬、尹文静；国家建工质检中心施工机具与脚手架检测部王峰、崔海波、郭玉增、韦东、刘垚；河南省建筑工程标准定额站朱军；衡水学院工程技术学院王占海；大连交通大学管理学院宋艳玉；浙江开元建筑安装集团余立成；住建部标准定额研究所赵霞、张惠锋、郝江婷、刘彬、姚涛；中国建筑业协会建筑安全分会梁洋；大连城建设计研究院有限公司靖文飞；北京燕京工程管理有限公司马奉公；江苏兴泰建设集团王学海；北京城建设计发展集团股份有限公司王晋霞；包钢职业技术学院鲁素萍；山东德建集团胡兆文、靳海洋、马志新、夏凯、于静；北京市建筑机械材料检测站王凯辉；中国新兴建设开发总公司杨杰；中城建第六工程局集团有限公司李世杰、张凯、王慧兴；北京建工集团有限责任公司刘爱玲；中国建设劳动学会夏阳、书中插图由中国建设教育协会建设机械职业教育专业委员会王金英绘制。

本书的编写得到卡特彼勒、中联重科、三一重机、小松、日立、斗山、陕西建机、山推楚天、柳工、厦工、恒利、海伦哲、方圆等会员厂商及其他大学、职业院校等会员大力支持。中国路面机械协会姬光才会长，中国建筑装饰协会关鹏刚、赵争争，建筑机械行业的陈春明、孔德俊、任瑛丽、葛学炎、李祖昌、张良杰、姜传库、刘伟、施俐、霍玉兰等多位资深专家和行业人士不吝赐教。本书作为机械化施工岗位基础公益类培训教材，所选施工作业场景、产品图片均属善意使用，对行业厂商、品牌无任何倾向性。在此，谨向编写过程中分享并提供宝贵资料、图片和案例素材的机构、企业、学校、教师和业内人士一并致谢。

目　　录

第一章　土石方机械

第一节　挖　掘　机

挖掘机械是以开挖土、石方为主的工程机械，其作为一种快速、高效的施工作业机械已经成为工程机械产品家族中的一个主要机种，广泛用于各类建设工程的土、石方施工。

挖掘机更换工作装置后还可进行浇筑、起重、安装、打桩、夯土和拔桩等作业，可应用于工业与民用建筑、交通运输、水利电力工程、农田改造、矿山采掘以及现代化军事工程等的机械化施工。

1. 分类及表示方法

挖掘机械的种类繁多，按其作业方式可分为周期作业式和连续作业式两种，前者为单斗挖掘机，后者为多斗挖掘机。

挖掘机型号第一个字母用 W 表示，后面的数字表示机重。如 W 表示履带式机械单斗挖掘机，WY 表示履带式液压挖掘机，WLY 表示轮胎式液压挖掘机，WY200 表示机重为 20t 的履带式液压挖掘机。

2. 单斗液压挖掘机基本构造

单斗液压挖掘机主要由工作装置、回转机构、回转平台、行走装置、动力装置、液压系统、电气系统和辅助系统等组成。工作装置是可更换的，它可以根据作业对象和施工的要求进行选用。如图 1-1 所示为单斗液压挖掘机构造简图。

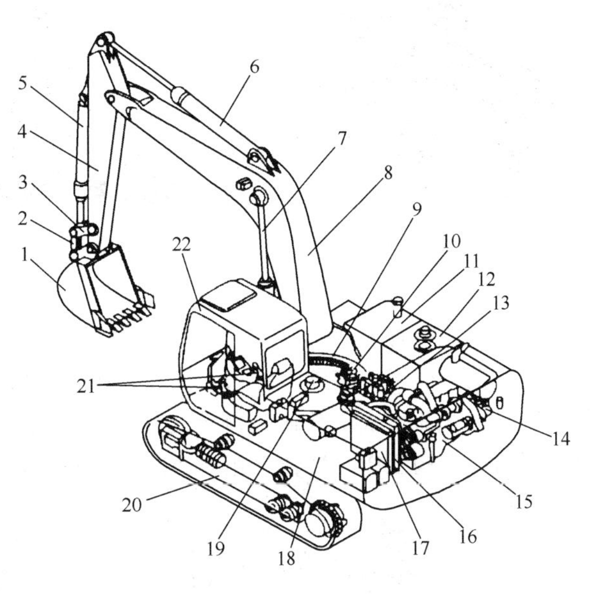

图 1-1　单斗液压挖掘机构造简图

1—铲斗；2—连杆；3—摇杆；4—斗杆；5—铲斗液压缸；6—斗杆液压缸；7—动臂液压缸；8—动臂；9—回转支承；10—回转驱动装置；11—燃油箱；12—液压油箱；13—控制阀；14—液压泵；15—发动机；16—水箱；17—液压油冷却器；18—平台；19—中央回转接头；20—行走装置；21—操作系统；22—驾驶室

(1) 工作装置

液压挖掘机的常用工作装置有反铲、正铲、抓斗、起重和装载等，同一种工作装置也有许多不同形式的结构，以满足不同工况的需求。在建筑工程多采用反铲液压挖掘机。

1) 反铲装置：反铲是单斗液压挖掘机最常用的结构形式，主要用于挖掘停机面以下土层。动臂、斗杆和铲斗等主要部件彼此铰接，在液压缸的作用下各部件绕铰接点转动，完成挖掘、提升和卸土等动作，如图 1-2 (*a*) 所示。

(a)

(b)

图 1-2 挖掘作业

(a) 反铲工作装置挖掘作业；(b) 正铲工作装置挖掘作业

2）正铲装置：以挖掘地面以上为主，且大多用于采矿装岩作业，工作对象坚硬，须采用切削厚度较小、挖掘行程较长的挖掘方式，故一般以斗杆挖掘为主，如图 1-2（b）所示。

3）抓斗工作装置：深井作业、装卸物料。根据作业对象的不同，其结构形式主要有梅花抓斗和双颚式抓斗两种形式，双颚式抓斗多作用于土方作业，如图 1-3、图 1-4 所示。

4）液压破碎锤：主要用来完成破拆、打桩、开挖岩层、破坏路面表层、捣实土壤等工作，如图 1-5 所示。

图 1-3 梅花抓斗

图 1-4 双颚式抓斗

图 1-5 液压破碎锤

（2）回转装置

液压挖掘机回转装置由转台、回转支撑和回转机构等组成。挖掘机工作装置作用在转台上的垂直载荷、水平载荷和倾覆力矩通过回转支撑的外座圈、滚动体和内座圈传给底架，当回转机构工作时转台就相对底架进行回转，如图 1-6 所示。

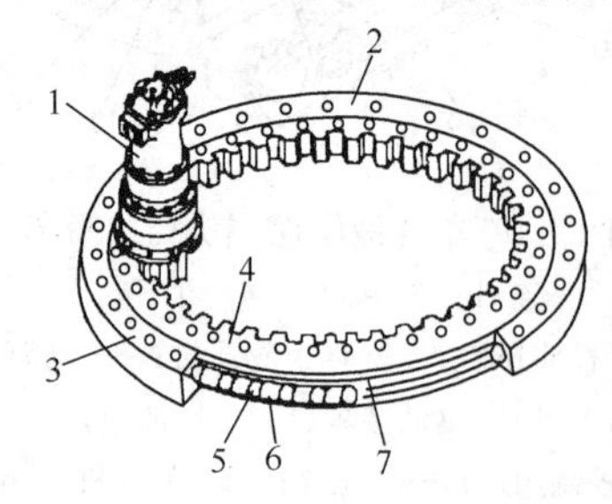

图 1-6 回转机构

1—回转驱动装置；2—回转支承；3—外圈；4—内圈；5—滚球；6—隔离块；7—上下密封圈

（3）行走装置

行走装置是挖掘机的支承部分，承受机器的自重及工作装置挖掘时的反力，同时能使挖掘机在工作场内运行，常见的行走装置有履带式和轮胎式两大类，如图 1-7、图 1-8 所示。

图 1-7　履带行走式挖掘机

图 1-8　轮胎式行走挖掘机

3. 单斗液压挖掘机作业过程

挖掘机作业时，转动平台，使工作装置随平台转到挖掘位置的工作面，同时操纵动臂液压缸、斗杆液压缸和铲斗液压缸，调整铲斗到挖掘位置，使铲斗进行挖掘和装载工作。斗装满后，将斗杆液压缸和铲斗液压缸关闭，提升动臂，铲斗离开挖掘面，随之接通回转马达，使铲斗转到卸载地点，再操纵斗杆液压缸调整卸载距离，铲斗翻转进行卸土。卸完土后，将工作装置转至挖掘地点进行下一次作业。

实际挖掘作业中，根据土质情况、挖掘面作业条件以及挖掘机液压系统等的不同，工作装置三种液压缸在挖掘循环中的动作配合可以是多种多样的，上述仅为一般的工作过程。挖掘机每一作业循环包括：

挖掘：主要是铲斗和斗杆复合动作，必要时配以动臂动作。

回转：主要是动臂和回转复合动作。

卸料：主要是铲斗和斗杆复合动作，必要时配以动臂动作。

返回：回转和动臂或斗杆的复合动作。

4. 主要性能参数

挖掘机的参数有标准斗容量、机重、功率、最大挖掘力、回转速度、行走速度和牵引力等，其中最重要的三个参数，即标准斗容量、机重和额定功率，用来作为液压挖掘机分级的标志参数，反映液压挖掘机级别的大小，我国液压挖掘机的规格级别按机重分级。常见的液压挖掘机主要有 3t，4t，5t，6t，8t，10t，12t，16t，20t，21t，22t，23t，25t，26t，28t，30t，32t，……，400t 等。

第二节　推　土　机

推土机是铲土运输机械中最常用的作业机械之一，是由履带式拖拉机或轮胎式牵引车在前面安装推土装置及操纵机构的自行式施工机械，主要用来开挖路堑、构筑路提、回填、铲除障碍等，也可完成短距离松散物料的铲运和堆积作业。推土机配备松土器，可翻松硬土、软石或凿裂层岩，以便铲运机和推土机进行铲掘作业，还可协助平地机或铲运机完成联合施工作业，以提高这些机械的作业效率。

1. 分类及表示方法

推土机类型很多，可按功率等级、行走装置、推土铲安装方式、传动方式、用途等进行分类。

（1）按发动机功率等级

1）小型推土机：功率在 75kW 以下，生产率低，用于小面积或零星土方作业场地；

2）中型推土机：功率在 75～239kW，用于一般土方作业；

3）大型推土机；功率在 239kW 以上，生产率高，用于坚硬土质或深度冻土的大型土方工程。

（2）按行走方式

1）履带式推土机：牵引力大，接地比压小，爬坡能力强，适应恶劣工作环境，作业性能优越，是多用的机种，如图 1-9 所示。

2）轮胎式推土机：行驶速度快，机动性好，作业循环时间短，转移方便迅速，不损坏地面，特别适合城市建设和道路维修工程，如图 1-10 所示。

图 1-9 履带式推土机

图 1-10 轮胎式推土机

（3）按推土板安装形式

1）固定式铲刀推土机：推土机的推土铲刀与主机纵向轴线固定为直角，也称宜铲式推土机。其机构简单，但只能正对前进方向推土，作业灵活性差，仅用于中小型推土机，如图 1-11 所示。

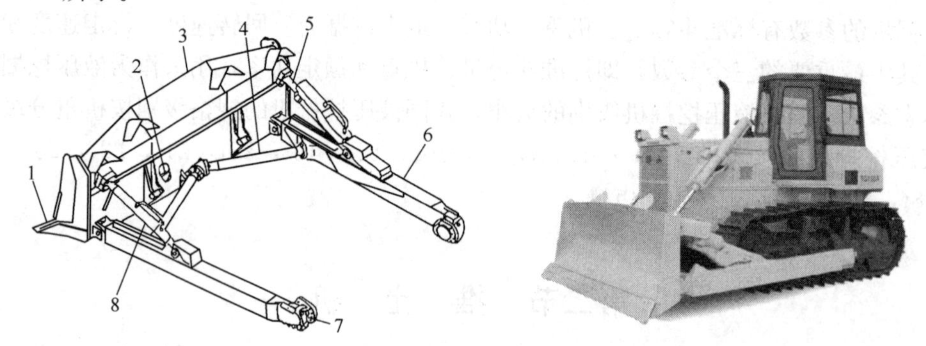

图 1-11 固定式铲刀推土机

1—刀片；2—切削刃；3—铲刀；4—中央拉杆；5—倾斜油缸；6—顶推梁；7—框销；8—拉杆（斜撑杆）

2）回转式铲刀推土机：推土机的推土铲刀在水平面内能回转一定角度，与主机纵向轴线可以安装为固定直角或非直角，也称为角铲式推土机。这种推土机作业范围较广，便于向一侧移土和开挖边沟，如图 1-12 所示。

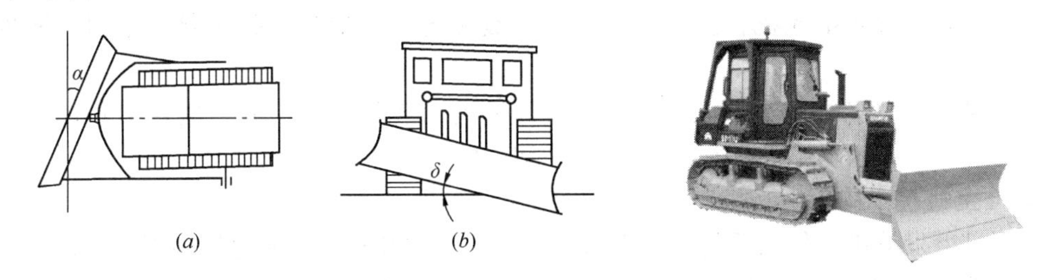

图 1-12 回转式铲刀推土机

（a）铲刀回转；（b）铲刀侧倾

（4）按传动方式

1）机械式传动推土机：采用机械式传动的推土机工作可靠，制造简单，传动效率高，维修方便，但操作费力，传动装置对负荷的自适应性差，容易引起发动机熄火，降低作业效率，已较少采用。

2）液力机械传动式推土机：采用液力变矩器与动力换挡变速器组合传动装置，具有自适应无级变速变扭、自动适应外负荷变化的能力，发动机不易熄火，可负载换挡，换档次数少，操纵轻便，作业效率高，是现代大中型推土机多采用的传动形式。

3）全液压传动式推土机：由液压马达驱动，驱动力直接传递到行走机构。因为没有主离合器、变速器、驱动桥等传动部件，结构紧凑，总体布置方便，整机质量轻，操纵简单，可实现原地转向，但全液压推土机制造成本较高，耐用度和可靠性较差，目前只用于中等功率的推土机，如图 1-13 所示。

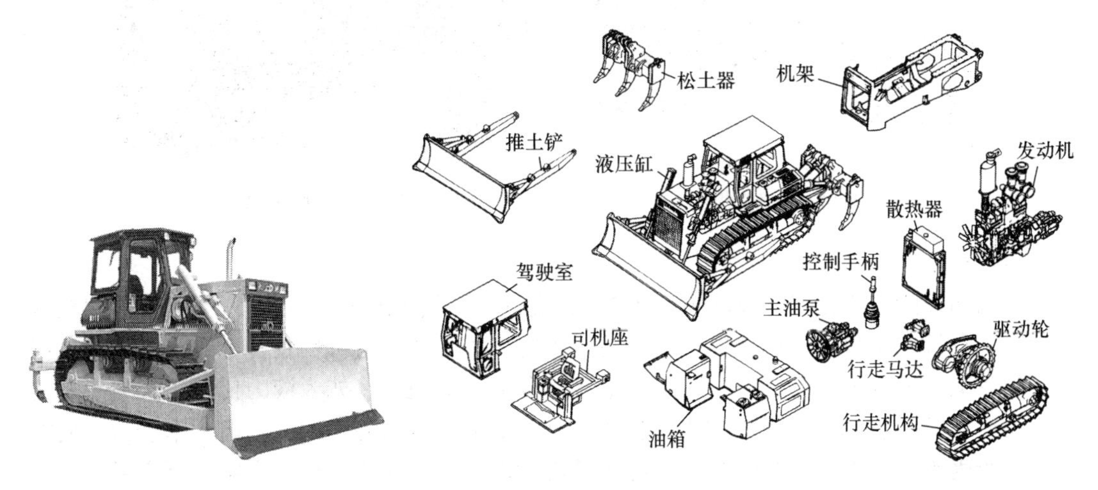

图 1-13 全液压推土机传动系统

4）电传动式推土机：将柴油机输出的机械能先转化成电能，通过电缆驱动电动机，进而驱动行走装置和工作装置，结构紧凑，总体布置方便，操纵灵活，可实现无级变速和整机原地转向，但整机质量大，制造成本高，目前只在少数大功率轮式推土机上应用。

（5）按推土机用途分

1）普通型推土机：通用性好，广泛用于各类土石方工程施工作业。

2）专用型推土机：专用性强，只适用于特殊环境下的施工作业。有浮体推土机、水陆两用推土机、深水推土机、湿地推土机、爆破推土机、低噪声推土机、军用高速推土机等。

推土机型号用字母 T 表示，L 表示轮式，Y 表示液压式，后面的数字表示功率（马力）。如 TY120 表示功率为 120 马力的液压式推土机。

2. 推土机基本构造

推土机由发动机、传动系统、行走系统、工作装置和操作控制系统等部分组成，有些推土机后部装有松土器，遇到坚硬土质时，先用松土器松土，然后再推土，如图 1-15 所示。

（1）动力装置：发动机是推土机的动力装置，大多采用柴油机。发动机往往布置在推土机的前部，通过减振装置固定在机架上。

（2）电气系统：包括发动机的电启动装置和全机照明装置。辅助设备主要由燃油箱、驾驶室等组成。

（3）工作装置：工作装置为推土铲刀和松土器。推土铲刀安装在推土机的前端，是推土机的主要工作装置，如图 1-14 所示；松土器通常配备在大中型履带推土机上，悬挂在推土机的尾部，如图 1-15 所示。

图 1-14　推土铲刀

图 1-15　松土器

（4）底盘

底盘部分由主离合器（或液力变矩器）、变速器、转向机构、后桥、行走装置和机架等组成。底盘的作用是支承整机，并将发动机的动力传给行走机构及各个操纵机构，主离合器装在柴油机和变速器之间，用来平稳地接合和分离动力。如为液力传动，液力变矩器代替主离合器传递动力。变速器和后桥用来改变推土机的运行速度、方向和牵引力。后桥是指在变速器之后驱动轮之前的所有传动机构，转向离合器改变行走方向。行走装置用于支承机体，并使推土机行走。

（5）机架

机架是整机的骨架，用来安装发动机、底盘及工作装置，使全机成为一个整体。

3. 作业过程

依靠发动机的牵引力，推土机可以独立地完成铲土、运土和卸土三种作业过程。铲土作业时，将铲刀切入地平面，行进中铲掘土。运土作业时将铲刀提至地平面，把土推运到卸土地点。

（1）卸土作业

1）局部卸土法。推土机将土推至卸土位置，略提铲刀，机械后退至铲土地点。

2）分层铺卸法。推土机将土推至卸土位置，将铲刀提升一定高度，机械继续前进，土即从铲刀下方卸掉，然后推土机退回原处进行下一次铲土。

（2）作业方式

1）直铲作业是推土机最常用的作业方法，用于推送土、石渣和平整场地作业。其经济作业距离为：小型履带推土机一般为50m以内；中型履带推土机为50～100m，最远不宜超过120m；大型履带推土机为50～100m，最远不宜超过150m；轮胎式推土机为50～80m，最远不宜超过150m。

2）侧铲作业用于傍山铲土、单侧弃土。此时，推土板的水平回转角一般为左右各25°。作业时能一边切削土，一边将土移至另一侧。侧铲作业的经济运距一般较直铲作业时短，生产率也低。

3）斜铲作业主要应用于坡度不大的斜坡上铲运硬土及挖沟等作业，推土板可在垂直面内上下各倾斜9°。工作时，场地的纵向坡度应不大于30°，横向坡度应不大于25°。

（3）松土器作业

一般大中型履带式推土机的后部有悬挂液压松土器，松土器有多齿和单齿两种。多齿松土器挖凿力较小，主要用于疏松较薄的硬土、冻土层等。单齿松土器有较大的挖凿力，除了能疏松硬土、冻土外，还可以劈裂风化岩和有裂缝的岩石，并可拔除树根。

4. 推土机主要技术参数

推土机的主要技术参数为发动机额定功率、机重、最大牵引力、接地比压、爬坡能力、履带长度和铲刀的宽度及高度等。推土机常见型号有：TY120、TY140、TY160、TY180、TY220等。

第三节　装　载　机

装载机是一种广泛用于公路、铁路、建筑、水电、港口、矿山等建设工程的土石方施工机械，它主要用于铲装土壤、砂石、石灰等散状物料，也可对矿石、硬土等作轻度铲挖作业，如图1-16所示。在道路，特别是在高等级公路施工中，装载机用于路基工程的填挖、沥青混合料和水泥混凝土料场的集料与装料等作业；换装不同的辅助工作装置还可进

图1-16　装载机

行推土、起重和其他物料如木材的装卸作业。由于装载机具有作业速度快、效率高、机动性好、操作轻便等优点，因此它是工程建设中土石方施工的主要机种之一。

1. 分类及表示方法

随着计算机、液压、机电一体化技术的发展，高新技术在装载机上的广泛应用，装载机的性能更趋完善。目前装载机在品种和数量方面都发展很快。

常用的单斗装载机主要按照以下方式进行分类：

（1）按发动机功率

小型装载机：功率小于 74kW；

中型装载机：功率 74～147kW；

大型装载机：功率 147～515kW；

特大型装载机：功率大于 515kW。

（2）按传动形式

机械传动：结构简单、成本低，传动效率高，冲击振动大，操纵复杂、费力，已经很少采用；

液力机械传动：冲击振动小，传动件寿命长，操纵方便，车速与外载间可自动调节，一般多在中大型装载机中采用；

液力传动：可无级调速、操纵简便，但启动性较差，一般仅在小型装载机上采用；

电力传动：无级调速、工作可靠、维修简单、费用较高，一般在大型装载机上采用。

（3）按行走结构

轮胎式：质量轻、速度快、机动灵活，不易损坏路面，接地比压大，通过性差，但应用广泛，如图 1-17 所示；

履带式：接地压力小，通过性好，重心低、稳定性好、附着力强、牵引力大、速度低、灵活性相对较差，成本高，行走时易损坏路面，如图 1-18 所示。

图 1-17 轮胎式装载机

图 1-18 履带式装载机

型号表示方法：国产装载机型号编号的第一个字母为 Z，第二个字母 L 代表轮式装载机，无 L 代表履带式装载机，Z 或 L 后面的数字代表额定载重量。例如：ZL30 型装载机，代表额定载重量为 3t 的轮胎式装载机。但必须注意，各厂家也可有自己独特的类型和型号表示方法。

2. 轮胎式装载机基本构造

ZL 系列轮胎式装载机由动力系统、传动系统、行走部分、制动系统、工作装置及液压系统等组成，如图 1-19 所示。

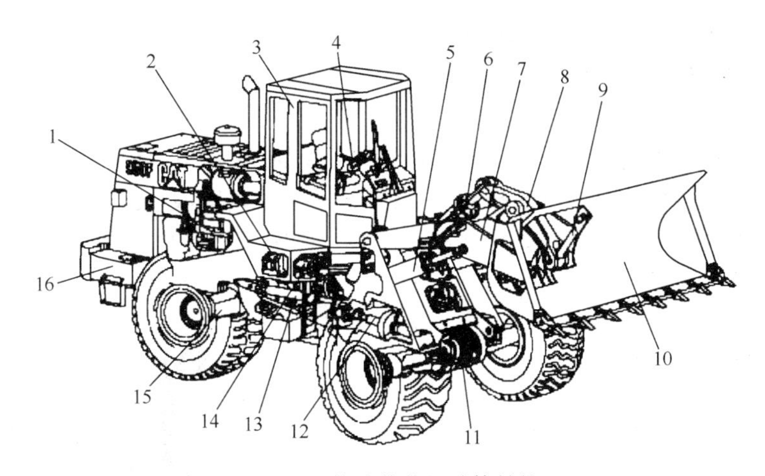

图 1-19 轮式装载机总体结构

1—发动机；2—变矩器；3—驾驶室；4—操纵系统；5—动臂液压缸；6—转斗液压缸；7—动臂；8—摇臂；9—连杆；10—铲斗；11—前驱动桥；12 传动轴；13—转向液压缸；14—变速器；15—后驱动桥；16—车架

（1）动力系统：轮胎式单斗装载机动力均采用柴油机。常用的柴油机有 135 系列柴油机，小型轮式装载机多采用 95 及 105 系列柴油机。

（2）传动系统：装载机的传动有机械传动与液力机械传动两种方式。

（3）转向系统：装载机的转向分为铰接车架折腰转向、整体车架偏转车轮转向、滑移转向 3 种类型，如图 1-20 所示。

图 1-20 装载机转向系统

（a）铰接转向；（b）偏转车轮转向；（c）滑移转向

（4）制动系统：制动系统是装载机的一个重要组成部分，关系到行车及作业的安全。装载机的制动系统一般由双管路行车制动、停车制动和紧急制动三部分组成。

1）行车制动

行车制动器大多装在驱动桥轮毂内的轮边减速装置上，有蹄式、钳盘式和油浸多片式三种结构形式。

2）停车制动

停车制动供装载机停车时或在坡道上停歇制动使用，为带式或蹄式结构，装在变速箱输出轴上，由手操纵机构控制。

3）紧急制动

紧急制动用来供遇到特殊情况紧急制动或当行车制动发生故障时使用。利用停车制动机构完成，当制动系统气压降低时能自动合上停车制动和发出警告。

（5）工作装置

装载机的工作装置的任务是铲掘和装卸物料，有前卸式和回转式两种类型。其工作装置由铲斗、动臂、摇臂、连杆（或托架）、转斗液压缸、动臂液压缸和车架等组成。

铲斗是工作装置的重要部件，铲斗由切削刃、斗底、侧臂及后斗臂组成，其易损件为斗齿、齿座和侧齿，常用的铲斗为直型带齿铲斗，如图 1-21 所示。

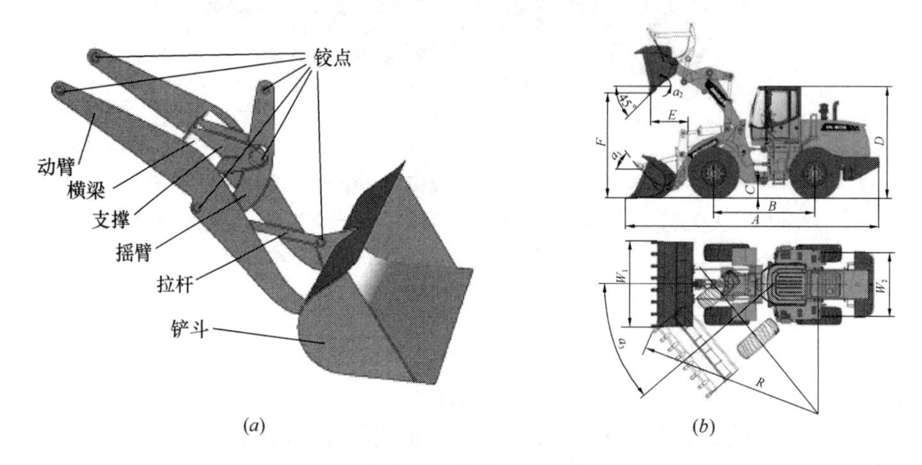

图 1-21 装载机工作装置及运行位置图

（a）装载机工作装置；（b）装载机工作装置运行位置示意图

3. 装载机的选用与作业方式

在建筑工程施工中通常选用轻型和中型装载机，工作时要配以自卸卡车等运输车辆，可得到较高的生产率。装载机与运输车输配合作业时，一般以 2～3 斗装满车辆为宜。若选较大装载机，一斗即可装满车辆时，应减慢卸载速度。

装载机自身运料时的合理运距为：履带式装载机一般不要超过 50m；轮式装载机一般应控制在 50～100m，最大不超过 100m，否则会降低经济效益。常见的作业方式有以下 4 种，其中 V 形作业效率最高，特别适于铰接式装载机。

（1）I 形作业法：装载机装满铲斗后直线后退一段距离，在装载机后退并把铲斗举升到卸载高度的过程中，自卸车后退到与装载机相垂直的位置，铲斗卸载后，自卸车前进一段距离，装载机前进驶向料堆铲装物料，进行下一个作业循环，直到自卸车装满为止。该作业方法作业效率低，只有在场地较窄时采用。

（2）V 形作业法：自卸车与工作面呈 60°角，装载机装满铲斗后，在倒车驶离工作面的过程中掉头 60°使装载机垂直于自卸车，然后驶向自卸车卸料。卸料后装载机驶离自卸车，并掉头驶向料堆，进行下一个作业循环。

（3）L 形作业法：自卸车垂直于工作面，装载机铲装物料后后退并调转 90°，然后驶向自卸车卸料，空载装载机后退，并调整 90°，然后直线驶向料堆，进行下一个作业循环。

（4）T 形作业法：此作业方法便于运输车辆顺序就位装料驶走。

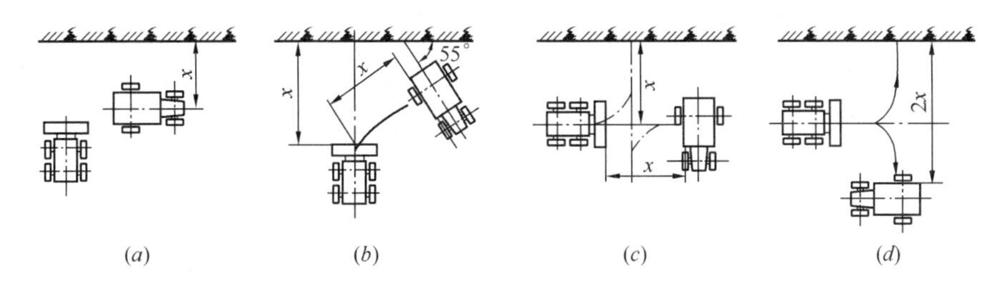

图 1-22 装载机常用作业方式

(*a*) I形作业法；(*b*) V形作业法；(*c*) L形作业法；(*d*) T形作业法

4. 主要性能参数

装载机的主要参数有额定载荷、倾翻载荷、提升能力、铲斗额定容量、机重（操作重量)、三项时间和（指铲斗提升、下降、卸载三项时间的总和）等。

第四节 铲 运 机

铲运机是以带铲刀的铲斗为工作部件的铲土运输机械，兼有铲装、运输、铺卸土方的功能，铺卸厚度能够控制，主要用于大规模的土方调配和平土作业，如图 1-23 所示。由于铲运机一机就能实现铲装、运输，还能以一定的层厚进行均匀铺卸，比其他铲土机械配合运输车作业具有较高的生产效率和经济性，广泛用于公路、铁路、港口、建筑、矿山采掘等土方作业，如平整土地、填筑路堤、开挖路堑以及浮土剥离等工作。此外，在石油开发、军事工程等领域也得到广泛的应用。

图 1-23 铲运机

1. 分类及表示方法

铲运机主要根据行走方式、行走装置、装载方式、卸土方式、铲斗容量、操纵方式等进行分类。

(1) 按行走方式分

拖行式铲运机：工作时常由履带式拖拉机牵引，具有接地比压小、附着能力大和爬坡能力强等优点，在短距离和松软潮湿地带工程中普遍使用，如图 1-24（*a*）所示。

(*a*) (*b*)

图 1-24 铲运机

(*a*) 拖行式；(*b*) 自行式

自行式铲运机：自身具有行走能力，行走装置有履带式和轮胎式两种，如图 1-24（*b*）所示。履带式自行铲运机又称铲运推土机，它的铲斗直接装在两条履带的中间，用于运距不长、场地狭窄和松软潮湿等地带。轮胎式自行铲运机结构紧凑、行驶速度快、机动性好，在中距离的土方转移施工中应用较多。

（2）按装载方式分

升运式：也称链板装载式，在铲斗铲刀上方安装链板运土机构，把铲刀切削下的土升运到铲斗内，从而加速装土过程，减小装土阻力，可有效地利用本身动力实现自装，不用助铲机械即可装至堆尖容量，可以单机作业，如图 1-25（*a*）所示。土壤中含有较大石块时不宜使用，其经济运距在 1000m 之内。

普通式：也称开斗铲装式，靠牵引机的牵引力和助铲机的推力，使用铲刀将土铲切起，在运行中将土屑装入铲斗，其铲装阻力较大，如图 1-25（*b*）所示。

(*a*) (*b*)

图 1-25 铲运机

（*a*）升运式（链板装载式）；（*b*）普通式（开斗铲装式）

（3）按卸土方式分

自由卸土式：当铲斗倾斜（向前、向后两种形式）时，土壤靠其自重卸出。这种卸土方式所需功率小，但土壤不易卸净（特别是粘附在铲斗侧壁和斗底上的土），一般只用于小容积铲运机。

半强制卸土式：利用铲斗倾斜时土壤自重和斗底后壁沿侧壁运动时对土壤的挤推作用将土卸出。这种卸土方式仍不能使粘附在铲斗侧壁和斗底上的土卸干净。

强制卸土式：利用可移动的后斗壁（也称卸土板）将土壤从铲斗中自后向前强制推出，卸土效果好，但移动后壁所消耗的功率较大，通常大中型铲运机采用这种卸土方式。

（4）按铲斗容量分

小型铲运机：铲斗容量小于 $5m^3$；

中型铲运机：铲斗容量 $5 \sim 15m^3$；

大型铲运机：铲斗容量 $15 \sim 30m^3$；

特大型铲运机：铲斗容量 $30m^3$ 以上。

（5）按工作机构的操纵方式分

机械操纵式：用动力绞盘、钢索和滑轮来控制铲斗、斗门及卸土板的运动，结构复杂，技术落后，已逐渐被淘汰。

液压操纵式：工作装置各部分用液压操纵，能使铲刀刃强制切入土中，结构简单，操纵轻便灵活，动作均匀平稳，应用广泛。

电液操纵式：操纵轻便灵活，易实现自动化，是今后发展的方向。

编号表示方法：铲运机的型号编号用字母 C 表示，L 表示轮式，无 L 为履带式，T 表示拖式，后面的数字表示铲运机的几何斗容。如：C-6 表示几何斗容为 $6m^3$ 的铲运机。

2. 铲运机基本构造

（1）拖行式铲运机（图 1-26*a*）

拖行式铲运机本身不带动力，工作时由履带式或轮式拖拉机牵引。这种铲运机的特点是牵引车的利用率高，接地比压小，附着能力大和爬坡能力强等，在短距离和松软潮湿地带工程中普遍使用，工作效率低于自行式铲运机。

(*a*) (*b*)

图 1-26 铲运机

（*a*）拖行式；（*b*）自行式

（2）自行式铲运机（图 1-26*b*）

自行式铲运机多为轮胎式，一般由单轴牵引车和单轴铲运车组成，如图 1-27 所示。

单轴牵引车是自行式铲运机的动力部分，由发动机、传动系统、转向系统、制动系统、悬架系统、车架等组成；铲运车是工作装置，由辕架、铲斗、尾架及卸土装置组成。

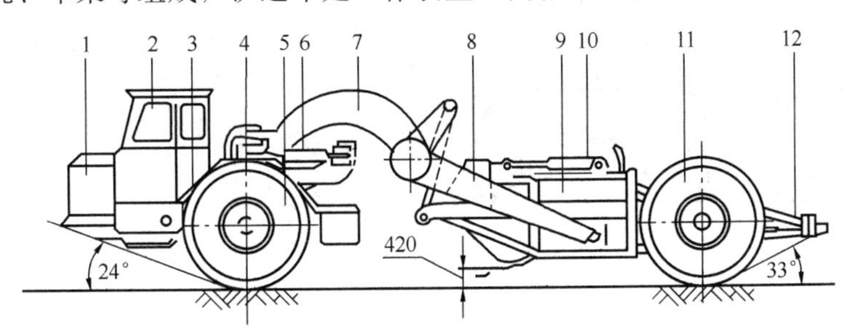

图 1-27 自行式铲运机

1—发动机；2—驾驶室；3—传动装置；4—中央框架；5—前轮；6—转向液压缸；7—辕架；8—Ⅱ型架；9—铲运斗；10—斗门液压缸；11—后轮；12—尾架

1）传动系统

自行式铲运机大多采用液力机械式传动或全液压传动。

2）转向系统

现代轮胎自行式铲运机多采用铰接式双作用双液压缸动力转向，有带换向阀非随动式和四杆机构随动式两类。随动式又有机械反馈和液压反馈之分。

3）悬架系统

自行式铲运机在装载作业时，为使其工作稳定，有较高的铲装效率，需要采用刚性悬架的底盘，通常采用油气式弹性悬架。

4）工作装置

① 开斗铲装式工作装置

工作时，铲斗前端的刀刃在牵引力的作用下切入土中，铲斗装满后，提斗并关闭斗门，运送到卸土地点时打开斗门将土卸出，如图 1-28 所示。

图 1-28 开斗铲装工作

② 履带自行式铲运机工作装置

这种铲运机的工作装置如图 1-29 所示，铲运斗直接安装在两条履带中间，铲运斗也作机架用，前面装有辅助推土板，后部装发动机和传动装置。上部是驾驶室，驾驶员座位横向安装，前后行驶时方便观察。

图 1-29 履带式自行铲运机

③ 链板装载自行式铲运机工作装置

铲运斗前部刀刃上方装有链板升运装置，用来把切削下来的土壤输送到铲斗内，加快装载过程和减小装土阻力，故可单机作业，不用推土机助铲，适用于运距短、路面平坦的工程，如图 1-30 所示。

图 1-30 链板装载自行式铲运机

④ 螺旋装载自行式铲运机工作装置

在铲运斗中垂直安装了一个螺旋装料器，把标准式铲运机与链板式铲运机结合起来，结构简单，更换迅速，易在一般铲运机上安装，如图 1-31 所示。

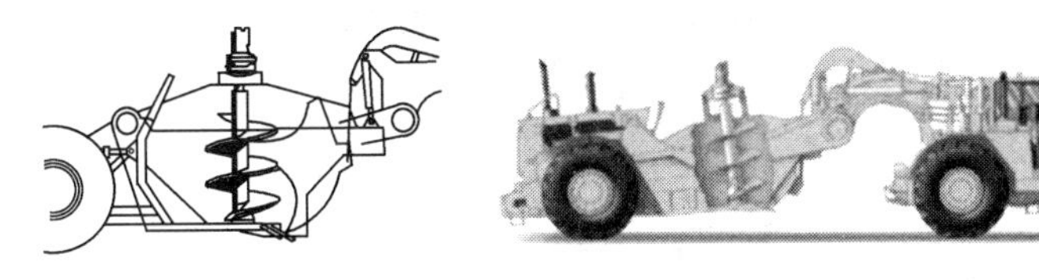

图 1-31 螺旋装载自行式铲运机

3. 铲运机作业过程（图 1-32）

铲运机的作业过程包括铲土、运土、卸土和回程四道工序。铲运机前驶，斗门升起，铲斗放下，刀片切削土壤，并将土装入斗内，是铲土作业；待土装满后，关闭斗门，升起铲斗，机械重载运行，这是运土作业；当运土至卸土处，打开斗门，放下铲斗并使斗口距地面一定距离，卸土板前移，机械在慢行中卸土，并利用铲刀将卸下的土壤推平，这是卸土作业；卸土完成后，铲斗升起，机械快速空驶回铲土处，准备下一个作业循环，这是回程作业。

图 1-32 铲运机作业

施工作业分为以下类型：

（1）平整场地：平整作业应先在挖填区高差大的地段进行，铲高填洼。待整个区域标高与设计标高差在 20～30cm 以后，先从平域中部（或一侧）平整出一条标准带，然后由此向外逐步扩展，直到整个区域达标为止。

（2）填筑路堤：填筑路堤的施工范围是取土坑离路中线在 100m 以上，路堤填土高度要求在 2m 以上。填筑路堤有纵向填筑路堤和横向填筑路堤两种施工方法。

（3）开挖路堑：开挖路堑的作业方式有移挖作填、挖土弃掉式综合施工等。铲运机开挖路堑，应从路堑两边开始，以保证边坡的质量，防止超挖和欠挖；否则，将增加边坡修整作业量。

（4）傍山挖土：这是修筑山区道路的挖土方法。挖土前先用推土机将坡顶线推出，并修出铲运机作业的上下坡道。作业应按边坡线分层进行，保持里低外高的作业断面。若施工作业断面里高外低时，可先在里面铲装几斗，形成一土坎，并使一侧轮胎位于土坎上，使铲运机向里倾斜，然后铲装几斗后，便可形成外高内低的工作面。

（5）铲挖基坑（槽）或管沟：用铲挖基坑（槽）或管沟时，其宽度应在 4m 以上。作业场地足够大时，可放外坡道；若施工场地比较狭窄，则可设置内坡道，待中段土方挖完后，再用人工清除坡道。施工中应注意挖边，使其保持两边低中间高。操作方法与傍山挖土基本相同。

（6）铲运沙子：用普通铲运机装运沙子及松散砂土时，应保证刃口锋利。铲装开始时要加大油门，铲入要深，斗门开启要大。铲运砂料时，最好用升运式铲运机作业。升运式铲运机容易将砂料装满铲斗，操作方便，生产效率高。但因沙子的松散性和流动性较强，对机械和轮胎磨损较大，因而在施工中要加强保养。

4. 主要性能参数

铲运机的主要技术性能参数有：铲斗的几何斗容（平装斗容）、堆尖斗容、发动机的额定功率、铲刀宽度、铲土深度、铺卸厚度、铲斗离地间隙、爬坡能力等，其中铲斗的斗容量是主要参数，是选择铲运机的主要依据。

第五节 平 地 机

平地机是利用刮刀平整地面的一种多功能、高效率土方机械，它可以完成公路、农田等大面积的地面平整和挖沟、刮坡、推土、疏松、压实、布料、拌合、助装和开荒等工作，是国防工程、矿山建设、道路修筑等施工中的重要设备。

1. 分类及表示方法

平地机按牵引方式分为拖行式和自行式两种，如图 1-33 所示。拖行式平地机由专用车辆牵引作业；自行式平地机由发动机驱动行驶作业。前者由于机动性差、作业效率低等原因已较少应用，本节主要介绍自行平地机。

(*a*) (*b*)

图 1-33 平地机

(*a*) 拖行式；(*b*) 自行式

(1) 按操纵方式分

1) 机械操纵式的平地机；

2) 液压操纵式的平地机，目前自行式平地机的工作装置、行走装置多采用液压操作。

(2) 按机架结构形式分

1) 整体机架式平地机：机架有较大整体刚度，但转弯半径大，如图 1-34 (*b*) 所示。

(*a*) (*b*)

图 1-34 平地机

(*a*) 铰接机架式；(*b*) 整体机架式

2）铰接机架式平地机：转弯半径小、作业范围大、作业稳定性好，被广泛应用，如图 1-34（*a*）所示。

（3）按车轮数、驱动轮对数和转向轮对数分

1）四轮平地机，其中：

2×1×1 型——前轮转向，后轮驱动；

2×2×2 型——全轮转向，全轮驱动。

2）六轮平地机，其中：

3×2×1 型——前轮转向，中后轮驱动；

3×3×1 型——前轮转向，全轮驱动；

3×3×3 型——全轮转向，全轮驱动。

（4）按刮刀长度和发动机功率分为轻型、中型、重型，见表 1-1。

平地机分类（按刮刀长度和发动机功率分） **表 1-1**

类型	拖式平地机刮刀长度（mm）	刮刀长度（mm）	自行式平地机发动机功率（kW）	机重（kg）
轻型	1800～2000	3000	44～66	5000～9000
中型	2000～3000	3000～3700	66～110	9000～14000
重型	3000～4200	3700～4200	110～220	14000～19000

一般国产平地机类型代号为 P，Y 表示液压，主参数为发动机额定功率，单位为千瓦（马力）。如：PY180 表示发动机功率为 132kW（180HP）的液压平地机。

2. 自行式平地机基本构造

自行式平地机主要由发动机、传动系统、制动系统、转向系统、液压系统、电气系统、操作系统、前后桥、机架、工作装置及驾驶室组成，如图 1-35 所示。

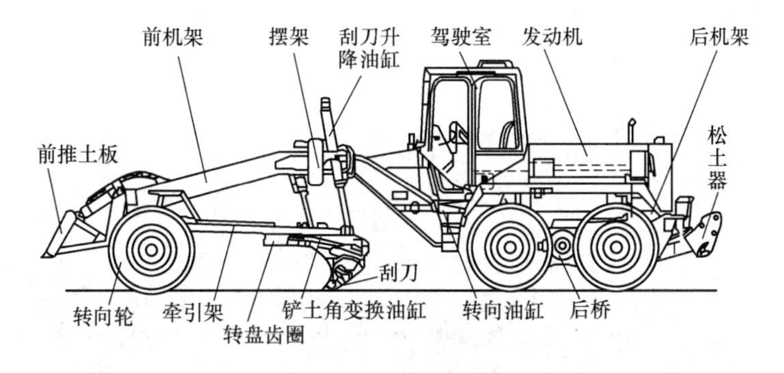

图 1-35 平地机结构图

（1）机架

机架是平地机的主要支撑和受力部件，是所有部件的安装基础。铰接式平地机的机架由前机架、后机架两个部分组成，中间通过圆柱销铰接连接。

（2）传动系统

目前平地机常采用的传动系统有四种：

①发动机—液力变矩器—主离合器—机械换挡变速箱，国产 PY160A 型平地机采用

此传动系统。

②发动机—动力换挡变速箱，CAT 公司的 G 系列平地机和小松 GD505A-2 平地机采用此传动系统。

③发动机—液力变矩器—动力换挡变速箱，国内外各主要生产厂家生产的较大功率的平地机采用这种传动形式，应用广泛。PY180 型平地机的传动系属于此种形式。

④发动机—液压泵—液压马达—减速平衡箱，这是新型静液压传动平地机采用的传动系统。

(3) 工作装置

平地机的工作装置为刮土装置、松土装置和推土装置，如图 1-36 所示。刮土装置是平地机的主要工作装置，其位置可以在较大范围内进行调整，以满足平地机平地、切削、侧面移土、路基成形和边坡修整等作业要求。

松土工作装置按作业负荷程度分为松土器和松土耙。松土器负荷较大，采用后置布置方式，布置在平地机尾部，安装位置离驱动轮较近，车架刚度大，允许进行重负荷松土作业。松土耙负荷比较小，一般采用前置布置方式，布置在刮土刀和前轮之间。

(a) (b) (c) (d)

图 1-36 平地机工作装置

(a) 刮土装置；(b) 推土装置；(c) 松土器；(d) 松土耙

(4) 摆架

摆架安装在平地机前机架的中部，铲刀左右提升液压缸、摆动液压缸分别安装在三个叉子上，如图 1-37 (a) 所示。

(a) (b)

图 1-37 平地机摆架和前桥

(a) 平地机摆架；(b) 平地机前桥

(5) 前桥

前桥横梁与前机架铰接，可绕前机架铰接轴上下摆动，用以提高前轮对地面的适应性。前桥为转向桥，左右车轮可通过转向液压缸推动左右转向节偏转，实现平地机转向，也可通过倾斜液压缸和倾斜拉杆实现前轮左右倾斜。平地机在横坡上作业时，倾斜前轮使之处于垂直状态，有利于提高前轮的附着力和平地机的作业稳定性，如图 1-37（*b*）。

3. 平地机的作业

依靠机械的牵引力，平地机可以完成平地、切削、侧面移土、路基成形、边坡修整等作业，如图 1-38 所示。根据作业要求，平地机的铲刀可以升降、倾斜、侧移、引出和 360°回转等，铲刀的位置可以在较大范内进行调整，以达到最佳的作业效果。

图 1-38　平地机作业施工

（1）平地机刮刀的工作角度

在平地机作业过程中，必须根据工作进程的需要正确调整平地机的铲土刮刀的工作角度，即刮刀水平回转角 α 和刮刀切土角 γ。

刮刀水平回转角 α 为刮刀中线与行驶方向在水平面上的角度。当回转角增大时，工作宽度减小，但物料的侧移输送能力提高，切削能力也提高，刮刀单位切削宽度上的切削力增大。对于剥离、摊铺、混合作业及硬土切削作业，回转角可取 30°～50°；对于推土摊铺或进行最后一道刮平以及进行松软或轻质土刮整作业时，回转角可取 0°～30°。回转角应视具体情况及要求来确定。

刮刀的切土角 γ 为铲土刮刀切削边缘的切线与水平面的角度。切土角的大小一般依作业类型来确定。中等切土角（60°左右 ）适用于通常的平整作业。在切削、剥离土壤时，需要较小的切土角，以降低切削阻力。当进行物料混合和摊铺时，选用较大的切土角。

（2）刮刀移土作业

刮土直移作业（图 1-39*a*）：将刮刀回转角置为 0°，即刮刀轴线垂直于行驶方向，此时切削宽度最大，但只能以较小的切入深度作业，主要用于铺平作业。

刮土侧移作业（图 1-39*b*）：将刮刀保持一定的回转角，在切削和运土过程中，土沿刮刀侧向流动，回转角越大，切土和移土能力越强。刮土侧移作业用于铺平时还应采用适当的回转角，始终保证刮刀前有少量的但却是足够的料，既要运行阻力小，又要保证铺平质量。

斜行作业（图 1-39*c*）：刮刀侧移时应注意不要使车轮在料堆上行驶，应使物料从车轮中间或两侧流过，必要时可采用斜行方法作业，使料离开车轮更远一些。

（3）刮刀侧移作业

平地机作业时，在弯道上或作业面边界呈不规则的曲线状地段作业时，可以同时操纵转向和刮刀侧向移动，灵活机动地沿曲折的边界作业。当侧面遇到障碍物时，一般不采用转向的方法躲避，而是将刮刀侧向收回，过了障碍物后再将刮刀伸出，如图 1-39（*d*）所示。

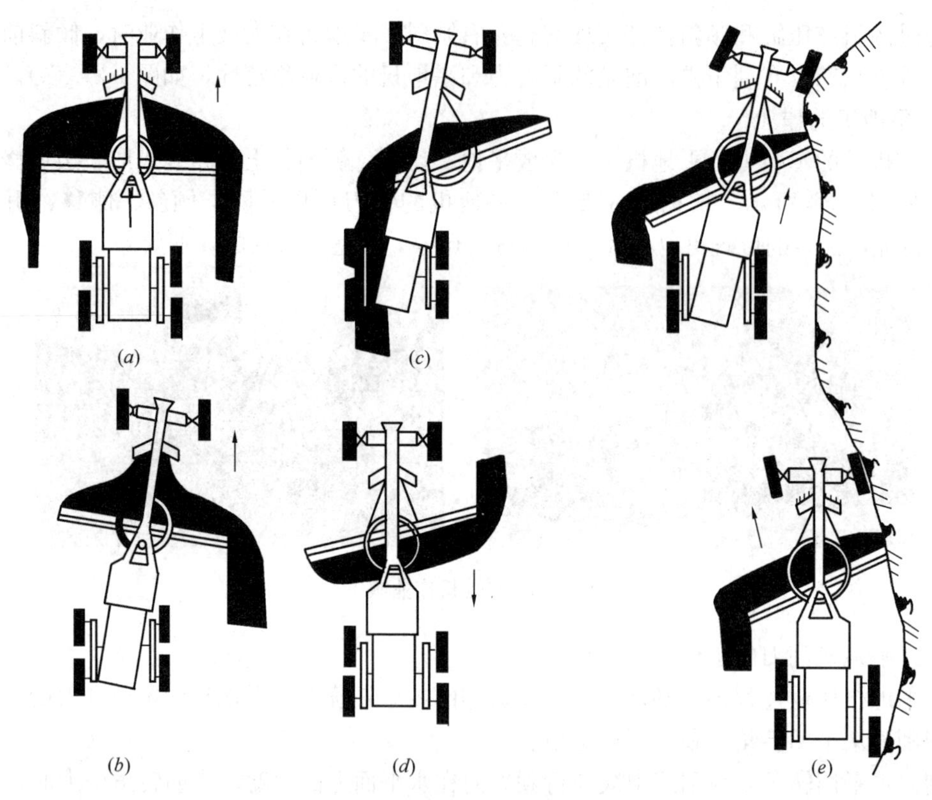

图 1-39 平地作业状态

(a) 直线平地；(b) 斜身刮和移土；(c) 斜身直行移土；(d) 退行平地；(e) 曲折边界平地

(4) 刀角铲土侧移作业

适用于挖出边沟的土来修整路形或填筑低路堤。先根据土的性质调整好刮刀铲土角和刮土角。平地机以一挡速度前进后，让铲刀前置端下降切土，后置端抬升，形成最大的倾角，如图 1-39 (e) 所示，被刀角铲下的土层就侧卸于左右轮之间。

为了便于掌握方向，刮刀的前置端应正对前轮之后，遇有障碍物时，可将刮刀的前置端侧伸于机外，再下降铲土。但必须注意，此时所卸之土也应处于前轮的内侧，这样不被驱动后轮压上，以免影响平地机的牵引力。

(5) 机外刮土作业

这种作业多用于修整路基、路堑边坡和开挖边沟等工作，如图 1-40 所示。工作前首

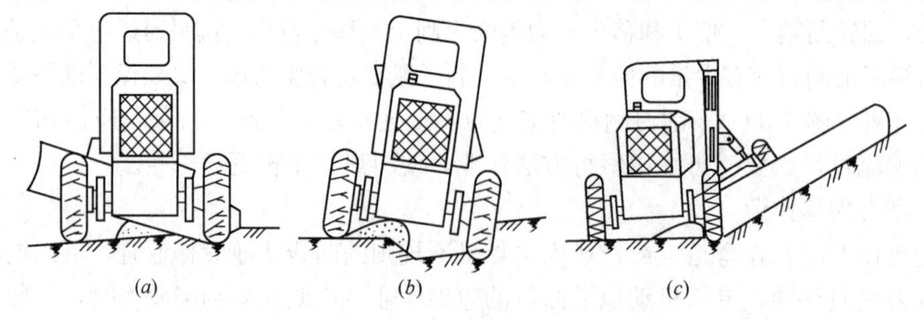

图 1-40 挖沟和刮坡作业

(a) 挖沟作业；(b) 清理沟底；(c) 刮边坡

先将刮刀倾斜于机外，然后使其上端向前，平地机以一挡速度前进，放刀刮土，被刮刀刮下的土就沿刀卸于左右两轮之间，然后再将刮下的土移走。应注意，用来刷边沟的边坡时，刮土角应小些；刷路基或路堑边坡时，刮土角应大些。

4. 主要性能参数

平地机的主要技术参数为：发动机功率、铲刀宽度和高度、铲斗提升高度、铲刀切土深度、前桥摆动角、前轮转向角、前轮倾斜角、最小转弯半径、最大行驶速度、最大牵引力和整机质量等。

第六节　挖　沟　机

挖沟机是一种用于土方施工的开沟机械，广泛应用于农田水利建设、通信电缆及石油管线的铺设、市政施工以及军事工程等，如图 1-41、图 1-42 所示。挖沟机与挖掘机的功能具有许多相似之处，二者均具有入土（土壤或岩石）、碎土和取土功能，挖沟机的优点在于能连续作业，施工效率高，地表破坏小，特别适合铺设管路，即使在岩石等坚硬的地质条件下，也能开挖出形状规则的沟槽。

图 1-41　轮式开沟机

图 1-42　链式开沟机

（1）小型开沟机

小型开沟机种类很多，关键在于开沟刀链的驱动方式不同。绝大多数开沟机的行走系统采用液压传动，其优点是可以实现无级调速。

（2）大型开沟机

大型开沟机的工作效率是挖掘机的数倍，而且开沟深度大，表面破坏小，如图1-43～图 1-45 所示。目前，大型开沟机的功能越来越多，能够应对各种开沟要求。许多大型开

图 1-43　大型挖沟机

图 1-44　电缆挖沟机

沟机可以配置不同的工作装置，如岩石轮、振动犁、开沟精度和恒深控制系统，实现一机多能。大型开沟机常常需要根据用户要求定制，多数厂商也能满足客户的个性化需求。

图 1-45 工程实例

第二章 桩 工 机 械

在桩基础的施工中所采用的各种机械，统称为桩工机械。桩工机械按其工作原理分为冲击式、振动式、静压式和成孔灌注式四类。常用的有柴油打桩机、液压打桩机、振动打桩机、静力压桩机、各种成孔机、连续墙挖槽机以及与桩锤配套使用的各种桩架等。各种桩锤和成孔机都必须由桩架配合工作，用它来支持和导向，桩架与桩锤（成孔机）称为打桩机。桩工机械的类型及表示方法，见表 2-1。

桩工机械的类型及表示方法　　表 2-1

类型				产品		主参数代号	
名称	代号	名称	代号	名称	代号	名称	单位
柴油打桩锤	D(打)	筒式 导杆式	— D(导)	筒式柴油打桩锤 导杆式柴油打桩锤	D DD	冲击部分质量	$kg\times10^{-2}$
液压锤	CY	液压式	—	液压锤	CT	冲击部分质量	$kg\times10^{-2}$
振动桩锤	D、Z(打、振)	机械式 液压式	— Y(液)	机械式振动桩锤 液压式振动桩锤	DZ DZY	振动锤功率	kW
压桩机	Y、Z(压，桩)	液压式	Y(液)	液压压桩机	YZY	最大压桩力	$kN\times10^{-1}$
成孔机	K(孔)	长螺旋式 短螺旋式 同转斗式 动力头式 冲抓式 冲抓式 潜水式 转盘式	L(螺) D(短) U(斗) T(头) Z(短) D(短) Q(短) P(短)	长螺旋钻孔机 短螺旋钻孔机 同转斗钻孔机 动力头钻孔机 冲抓式成孔机 全套管钻孔机 潜水式钻孔机 转盘式钻孔机	KL KD KU KT KZ KZT KQ KP	最大成孔直径	mm
桩架	J(架)	轨道式 履带式 步骤式 简易式	G(轨) U(履) B(步) J(简)	轨道式桩架 履带式桩架 步履式桩架 简易式桩架	JG JU JB JJ	最大成孔直径	mm

第一节 桩 架

桩架是桩工机械的重要组成部分。用来悬挂桩锤，吊桩并将桩就位，打桩时为桩锤及

图 2-1 桩架

桩帽导向，如图 2-1 所示。它还用于安装各种成孔装置，为成孔装置导向，并提供动力，完成成孔工作。现代的桩架一般可配置多种桩基施工的工作装置。桩架需要具有回转、变幅和行走等功能，一般有多台卷扬机，完成各种升降工作。有的桩架还需要支腿，保持桩架的稳定或承受各种支撑反力。

1. 分类

常用的桩架有履带式、轨道式、步履式和滚管式等。履带式桩架使用最方便、应用最广、发展最快。轨道式桩架造价较低，但使用时需要铺设轨道，已被步履式桩架取代。步履式和滚管式桩架用于中小桩基的施工。

2. 桩架的基本构造

（1）履带式桩架

履带式桩架以履带为行走装置，机动性好，使用方便，它分为悬挂式桩架、三支点桩架和多功能桩架三种。

1）悬挂式桩架

它以通用履带起重机为底盘，卸去吊钩，吊臂顶端与桩架连接，桩架立柱底部有支撑杆与回转平台连接，如图 2-2 所示。这类桩架的侧向稳定性较差，只能用于小桩的施工。

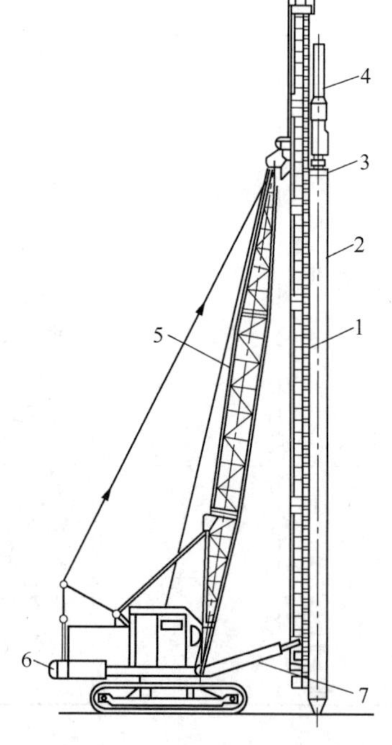

图 2-2 悬挂式履带桩架构造
1—桩架立柱；2—桩；3—桩帽；4—桩锤；5—起重臂；6—机体；7—支撑杆

2）三支点式履带桩架

三支点式履带桩架为专用的桩架，主机的平衡重至回转中心的距离以及履带的长度和宽度比起重机主机的相应参数要大，整机的稳定性好。桩架的立柱上部由两个斜撑杆与机体连接，立柱下部与机体托架连接，因而称为三支点桩架。斜撑杆支撑在横梁的球座上，横梁下有液压支腿。

图 2-3 为 JUS100 型螺旋钻孔机桩架，采用液压传动，动力采用柴油机。桩架由履带主机、托架、桩架立柱、顶部滑轮组、后横梁、斜撑杆以及前后支腿等组成。

履带主机由平台总成、回转机构、卷扬机构、动力传动系统、行走机构和液压系统等组成。

在导向架顶部有顶部滑轮组及支架，两组不同的滑轮组对应两种不同的工况，即 330mm 滑道与 600mm 滑道。

（2）步履式桩架

步履式桩架结构简单、价格低。在步履式桩架上可配用长、短螺旋钻孔器，柴油锤，液压锤和振动桩锤等设备进行钻孔和打桩作业。图 2-4 为 DZB1500 型液压步履式钻孔机，它由短螺旋钻孔器和步履式桩架组成。

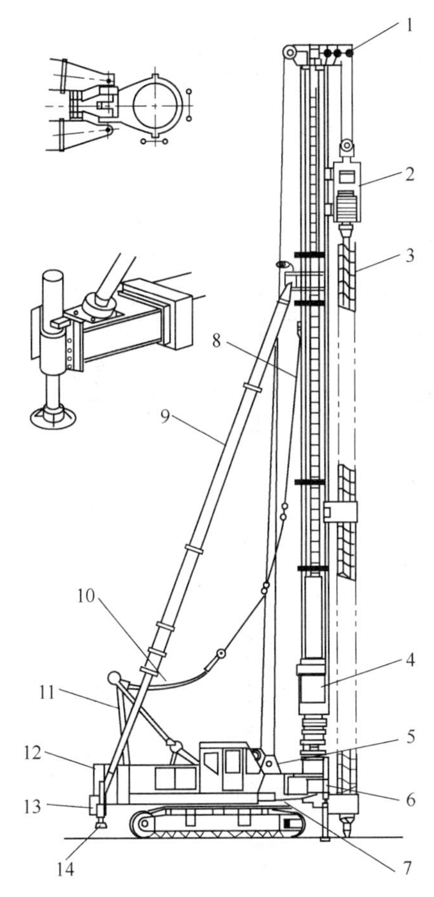

图 2-3 JUS100 型螺旋钻孔机桩架

1—顶部滑轮；2—钻机动力头；3—长螺旋钻杆；4—柴油锤；5—前导向滑轮；6—前支腿；7—托架；8—桩架立柱；9—斜撑；10—导向架起升钢丝绳；11—三脚架；12—主机；13—后横梁；14—后支腿

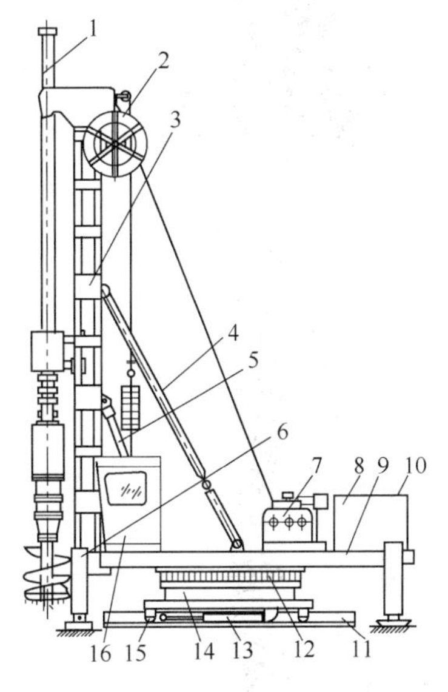

图 2-4 DZB1500 型液压步履式短螺旋钻孔机桩架

1—钻机部分；2—电缆卷筒；3—桩架立柱；4—斜撑；5—起架液压缸；6—前支腿；7—卷扬机；8—液压系统；9—平台；10—后支腿；11—步履靴；12—回转机构；13—行走液压缸；14—底座；15—行走台车；16—操作室

第二节 柴 油 打 桩 锤

柴油打桩锤是利用柴油锤的冲击力将桩打入地下，柴油打桩锤实质上是一个单缸二冲程发动机，利用柴油在汽缸内燃烧爆发而做功，推动活塞在汽缸内往复运动来进行锤击打桩。柴油打桩锤和桩架合在一起称为柴油打桩机。

1. 分类

柴油打桩锤分为筒式柴油打桩锤和导杆式柴油打桩锤两种，如图 2-5 所示。

2. 打桩机构造

（1）筒式柴油打桩锤

1）构造

筒式柴油打桩锤依靠活塞上下跳动来锤击桩，构造如图 2-6 所示。它由锤体、燃料供

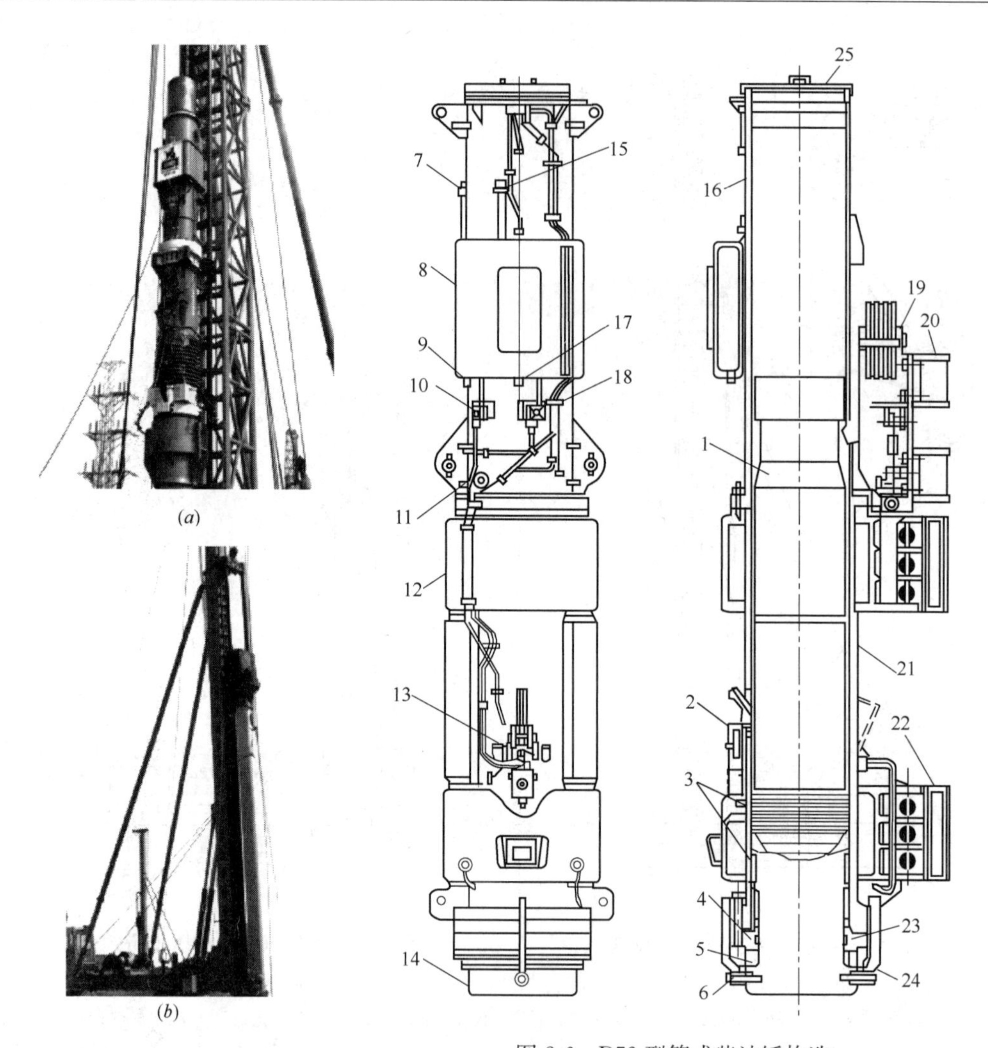

图 2-6　D72 型筒式柴油锤构造

1—上活塞；2—燃油泵；3—活塞环；4—外端环；5—缓冲垫；6—橡胶环导向；7—燃油进口；8—燃油箱；9—燃油排放旋塞；10—燃油阀；11—上活塞保险螺栓；12—冷却水箱；13—燃油和润滑油泵；14—下活塞；15—燃油进口；16—上汽缸；17—导向缸；18—润滑油阀；19—起落架；20—导向卡；21—下汽缸；22—下汽缸导向卡爪；23—铜套；24—下活塞保险卡；25—顶盖

图 2-5　柴油打桩锤
(*a*) 筒式柴油打桩锤；
(*b*) 导杆式柴油打桩锤

给系统、润滑系统、冷却系统和启动系统等构成。

2）工作原理

筒式柴油桩锤是特殊的二冲程发动机，工作原理为：柴油锤启动时，由桩架卷扬机将起落架吊升，起落架钩住上活塞提升到一定高度，吊钩碰到碰块，上活塞脱离起落架，靠自重落下，柴油锤即可启动。筒式柴油锤的工作原理如图 2-7 所示。

喷油过程：上活塞被起落架吊起，新鲜空气进入汽缸，燃油泵进行吸油。上活塞提升到一定高度后自动脱钩掉落，上活塞下降。当下降的活塞碰到油泵的压油曲臂时，把一定量的燃油喷入下活塞的凹面。

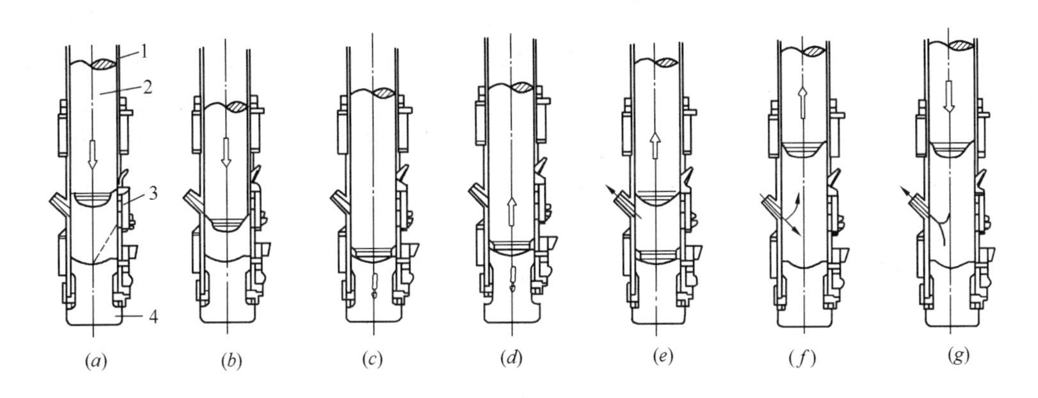

图 2-7 筒式柴油锤工作原理

(a) 喷油；(b) 压缩；(c) 冲击、雾化；(d) 燃爆；(e) 排气；(f) 吸气；(g) 降落、扫气

1—汽缸；2—上活塞；3—燃油泵；4—下活塞

压缩过程：上活塞继续下降，吸气、排气口被上活塞挡住而关闭，汽缸内的空气被压缩，空气的压力和温度均升高，为燃烧爆发创造条件。

冲击、雾化过程：当上活塞快与下活塞相撞时，燃烧室内的气压迅速增大。当上、下活塞碰撞时，下活塞冲击面的燃油受到冲击而雾化。上、下活塞撞击产生强大的冲击力，大约有 50%的冲击机械能传递给下活塞，通过桩帽，使桩下沉。这被称为“第一次打击”。

燃爆过程：雾化后的混合气体，受高温和高压的作用，立刻燃烧爆炸，产生巨大的能量。通过下活塞对桩再次冲击（即第二打击），同时使上活塞跳起。

排气过程：上跳的活塞通过排气口后，燃烧过的废气便从排气口排出。上活塞上升越过燃油泵的压油曲臂后，曲臂在弹簧作用下，回复到原位；同时吸入一定量的燃油，为下次喷油作准备。

吸气过程：上活塞在惯性作用下，继续上升，这时汽缸内产生负压，新鲜空气被吸入汽缸内。活塞跳得越高，所吸入的新鲜空气越多。

降落、扫气过程：上活塞的动能全部转化为势能后，再次下降，一部分新鲜空气与残余废气的混合气由排气口排出直至重复喷油过程，柴油锤便周而复始工作。

(2) 导杆式柴油打桩锤

导杆式柴油打桩锤和筒式柴油打桩锤的不同之处是导杆式柴油打桩锤用汽缸作为锤击部分，做升降运动，而筒式柴油锤则以上活塞作锤击部分；导杆式柴油打桩锤的燃油用高压雾化，筒式柴油打桩锤则用冲击雾化；导杆式柴油打桩锤打击能量比筒式锤小，其结构简单，操作方便，一般用于小型轻质桩的施工。

1) 构造

如图 2-8 所示，导杆式柴油打桩锤由活塞、缸锤、导杆、顶部横梁、起落架、燃油系统和基座等组成。

2) 工作原理

导杆式柴油锤的工作原理基本上与二冲程柴油发动机相同。工作时卷扬机将汽缸提起挂在顶横梁上。拉动脱钩杠杆的绳子，挂钩自动脱钩，汽缸沿导杆下落，套住活塞后，压缩汽缸内的气体，气体温度迅速上升。当压缩到一定程度时，固定在汽缸的撞击销推动曲臂旋转，推动燃油泵柱塞，使燃油从喷油嘴喷到燃烧室，如图 2-9 所示。呈雾状的燃油与燃烧室内的高压高温气体混合，立刻自燃爆炸，另一方面将活塞下压，打击桩下沉，一方面使汽缸跳起，当汽缸完全脱离活塞后，废气排除，同时新鲜空气进入。当汽缸再次下落时，一个新的工作循环开始，如图 2-10 所示。

（3）主要技术性能

筒式柴油打桩锤和导杆式柴油打桩锤的性能见表 2-2。

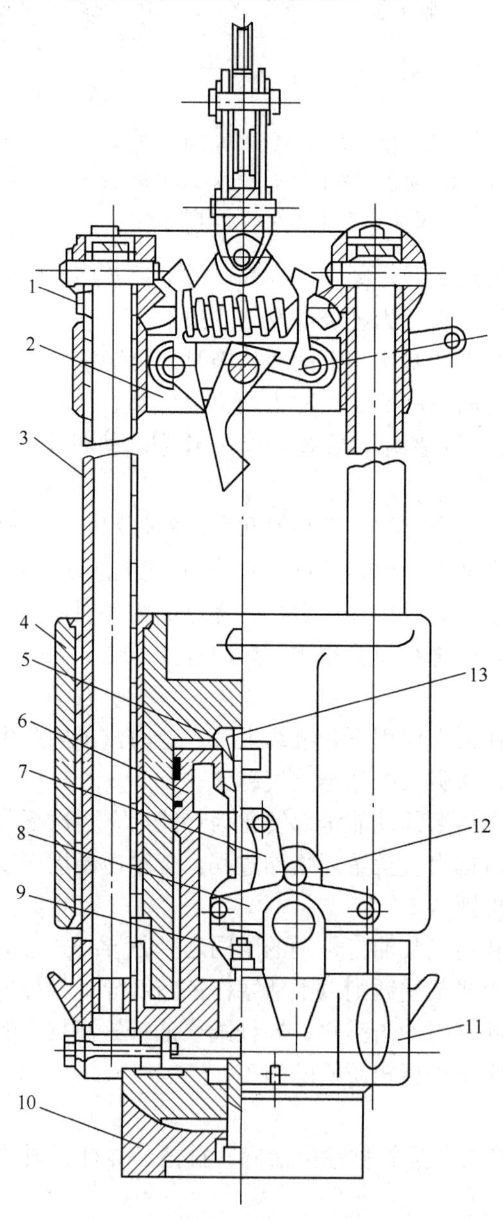

图 2-8 导杆式柴油打桩锤构造图

1—顶部横梁；2—起落架；3—导杆；4—缸锤；5—喷油嘴；6—活塞；7—曲臂；8—油门调整杆；9—燃油系统；10—桩帽；11—基座；12—撞击销；13—燃烧室

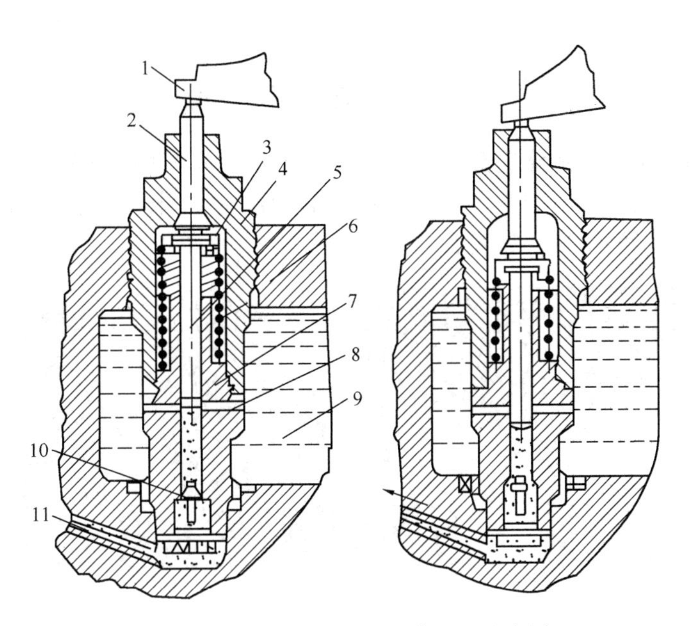

图 2-9 燃油泵的构造和工作原理示意图

1—曲臂；2—顶杆；3—弹簧座；4—弹簧套；5—柱塞；6—柱塞弹簧；
7—泵体；8—吸油口；9—燃油箱；10—单向阀；11—出油道

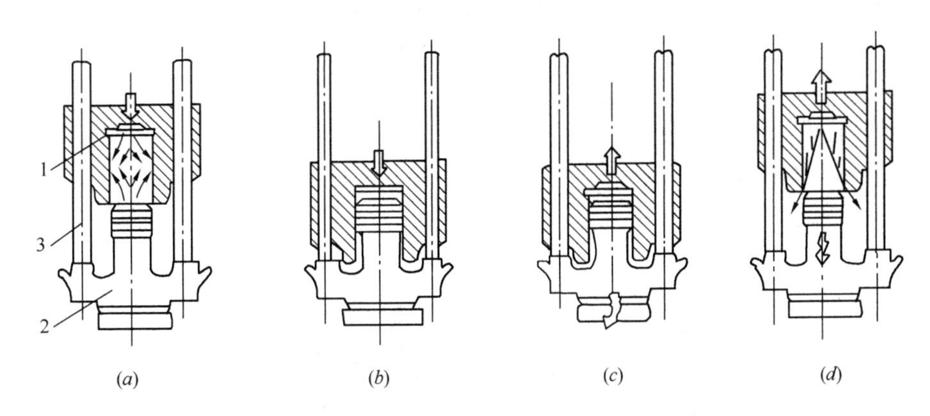

图 2-10 导杆式柴油打桩锤的工作原理

(*a*) 压缩；(*b*) 供油；(*c*) 燃烧；(*d*) 排气、吸气

1—缸锤（汽缸）；2—活塞；3—导杆

柴油打桩锤的性能 **表 2-2**

名 称	单 位	型 号									
		DD6	DD18	DD25	D12	D25	D36	D40	D50	D60	D72
冲击体质量	kN		14	30	12	25	36	40	50	60	72
冲击能量	kN·m	7.5			30	62.5	120	100	125	160	180
冲击次数	次/min				40～60	40～60	36～46	40～60	40～60	35～60	40～60
燃油消耗	L/h				6.5	18.5	12.5	24	28	30	43
冲程	m				2.5	2.5	3.4	2.5	2.5	2.67	2.5
锤总重	kN	12.5	31	42	2.7	65	84	93	105	150	180
锤总高	m	3.5	4.2	4.5	3.83	4.87	5.28	4.87	5.28	5.77	5.9

第三节　液　压　锤

液压锤利用液压能将锤体提升到一定高度，锤体依靠自重或自重加液压能下降，进行锤击。液压锤的优点是打击能量大，噪声低，环境污染少，操作方便。目前液压锤已成为建设工程中不可缺少的设备，如图 2-11 所示。

图 2-11　液压锤

1. 分类

从打桩原理来分，液压锤可分为单作用式和双作用式两类。单作用式即自由下落式，打击能量较小，结构比较简单。双作用液压锤在锤体被举起的同时，向蓄能器内注入高压油，锤体下落时，液压泵和蓄能器内的高压油同时给液压锤提供动力，促使锤体加速下落，使锤体下落的加速度超过自由落体加速度。其打击力大，结构紧凑，但液压油路比单作用锤要复杂些。

目前液压锤的锤体质量从 1000kg 到 18000kg，落下高度可在 100～1200mm 之间调节。

2. 液压锤基本构造

液压锤由锤体部分、液压系统和电气控制系统等组成，如图 2-12 所示。

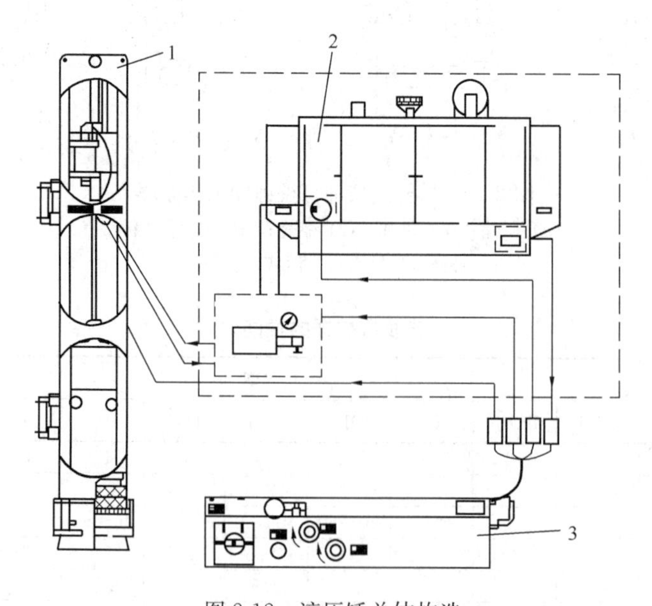

图 2-12　液压锤总体构造

1—锤体部分；2—液压系统；3—电气控制系统

锤体由起吊装置、液压缸、蓄能器、锤体、壳体、上壳体、下壳体、下锤体、桩帽和导向装置等组成。

（1）起吊装置：起吊装置主要由滑轮架、滑轮组与钢丝绳组成，通过打桩架顶部的滑轮组与卷扬机相连。

（2）导向装置：导向装置与柴油锤的导向卡基本相似，它用螺栓将导向装置与壳体和桩帽相连，使其与桩架导轨的滑道相配合，锤体可沿导轨上下滑动。

3. 主要技术性能

液压锤性能参数主要有锤头质量、最大冲程、冲击频率、工作压力、流量和功率等。

第四节　振　动　桩　锤

振动桩锤是基础施工中应用广泛的一种沉桩设备，如图 2-13 所示。沉桩工作时，利用振动桩锤产生的周期性激振力，使桩周边的土壤液化，减小了土壤对桩的摩阻力，达到使桩下沉的目的。振动锤不但可以沉预制桩，也可作灌注桩施工。它既可用于沉桩，也可用于拔桩。

图 2-13　振动锤

1. 分类及表示方法

振动桩锤按工作原理可分为振动式和振动冲击式；按动力装置与振动器连接方式可分成刚性振锤与柔性振锤；按振动频率可分成低频（15～20Hz），中频（20～60Hz），高频（100～150Hz）与超高频（1500Hz 以上）；若按原动机还可分成电动式、气动式与液压式。按构造分为振动式和中心孔振动式。振动锤的型号编号用字母 DZ 表示，后面的数值表示振动锤的功率（kW）。

2. 基本构造

（1）电动式振动桩锤的构造

DZ30 型振动锤，主要由扁担梁、电动机、减振器、传动装置、激振器、夹持器和液压泵站等组成，如图 2-14 所示。

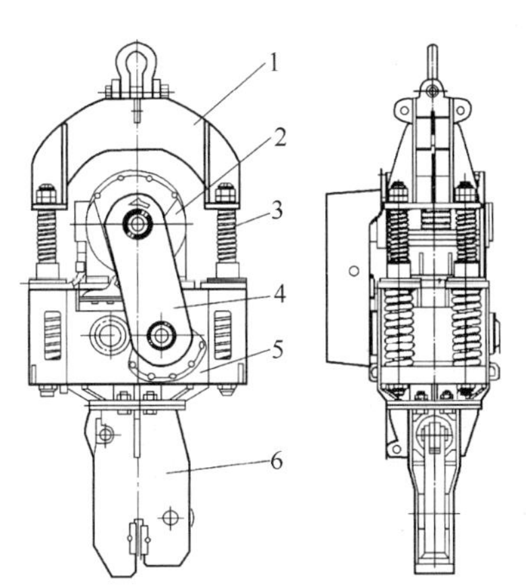

图 2-14　DZ30 振动锤的构造

1—扁担梁；2—电动机；3—减振装置；4—传动机构；5—激振器；6—夹桩器

1）电动机

电动机与激振器多用刚性连接，电动机在强烈振动状态下工作，为了防止电动机损坏，常用耐振电机。

2）激振器

激振器是振动锤的振源，一般均采用机械式定向激振器。常用的是两轴激振器。大功率的振动锤也可采用四轴甚至八轴激振器。

双轴激振器结构：箱体有两根装有偏心块的轴，每个轴上装有两组偏心块。每组偏心块由一个固定块和一个活动块组成。两个偏心块的相互位置通过定位销轴固定。调整两者的相互位置可改变偏心力矩，也就是改变激振器所产生的激振力，这样可以适应各种沉桩和拔桩的要求，如图 2-15 所示。

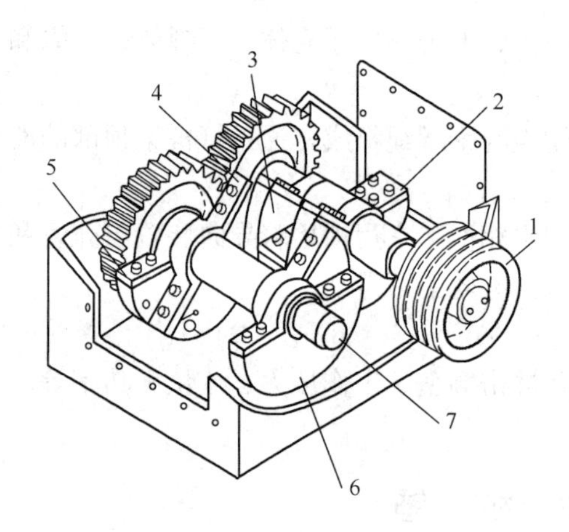

图 2-15 激振器构造图

1—皮带轮；2、5、6—固定偏心块；
3、4—可调整活动偏心块；7—偏心块传动轴

振动桩锤的激振力与频率有关，频率越高，激振力越大。激振力与频率的平方成正比。对于低频锤（15～20Hz），通过强迫振动与土体共振达到使桩下沉的目的，主要用于钢管桩与钢筋混凝土管桩的下沉。中频（20～60Hz）振动，激振加速度很大，但振幅较小，对黏土层，桩下沉很困难，适应在松散的冲积层与松散砂土中沉桩。高频（100～150Hz），利用桩的弹性波对土壤进行高能冲击迫使桩下沉，主要用于硬土层。

3）夹桩器

夹桩器为振动桩锤与桩刚性连接的夹具，可以无滑动地将力传给桩，使桩与振动锤连成一体，一起振动。夹持器分为液压式、气动式和直接式三种。目前最常用的是液压式，液压夹桩器夹紧力大，操作方便，构造简单。

DZ30 型振动锤的夹桩器由液压缸、杠杆和夹钳等组成，如图 2-16 所示。液压缸活塞向前推行时，杠杆绕着杠杆销轴转动，滑块销轴将力传给滑块，夹钳将桩板夹紧。该夹桩器适用于夹持型钢桩和板桩。

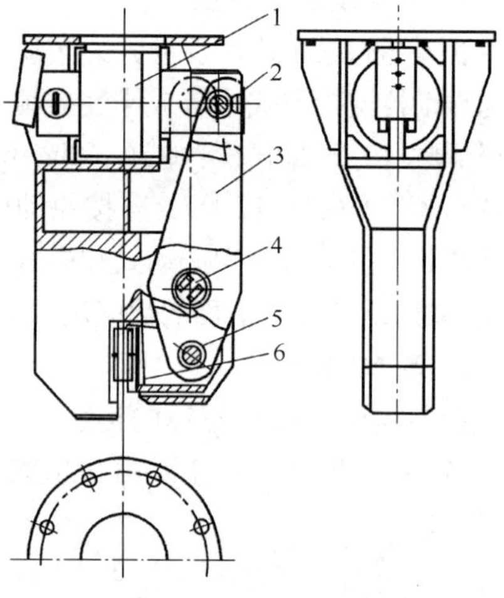

桩的形状改变时，夹桩器做相应的变换。振动桩锤用作灌注桩施工时，桩管用法兰与螺栓和振动桩锤连接，不用夹桩器。

图 2-16 液压夹桩器

1—液压缸；2—液压缸销轴；3—杠杆；
4—杠杆销轴；5—滑块销轴；6—滑动块

4）减振装置

减振装置由几组组合弹簧与起吊扁担构成，防止激振器的振动传到悬吊它的桩架或起重机上去。

除大型振动桩锤外，多数振动桩锤既可用于沉桩，也可用于拔桩。拔桩时在吊钩与激振器之间有一组减振弹簧可大大削弱传到吊钩上的振动力。

（2）中孔振动桩锤的构造

中孔振动桩锤是近几年新开发的产品，如图 2-17 所示。在振动桩锤的中间有一个上下贯通的孔，该孔与桩管内孔同心，可用来在灌注桩中放入钢筋笼，也可从上面向孔中放进落锤，落锤由卷扬机操纵。当振动桩锤沉桩遇到地层阻力较大，无法沉入时，可从振动锤的中间孔用落锤击打，以克服土壤端部阻力，提高桩管贯入能力。另外，当沉桩到预定深处，可以加入一定量的干性混凝土，接着稍微提起桩管，利用落锤锤击，使桩底部形成扩大头，增加灌注桩的承载能力。为了便于整体布置，中孔振动锤一般都用四个偏心轴，由两个电动机驱动。偏心轴之间有同步齿轮连接。振动桩锤有导向装置，由四只导向轮按一定距离对称安装在激振器箱体的后面。四个导向轮在桩架的导轨上滚动，起垂直导向作用。中孔振动锤主要用于沉桩，对于拔桩作业，其作用不大。

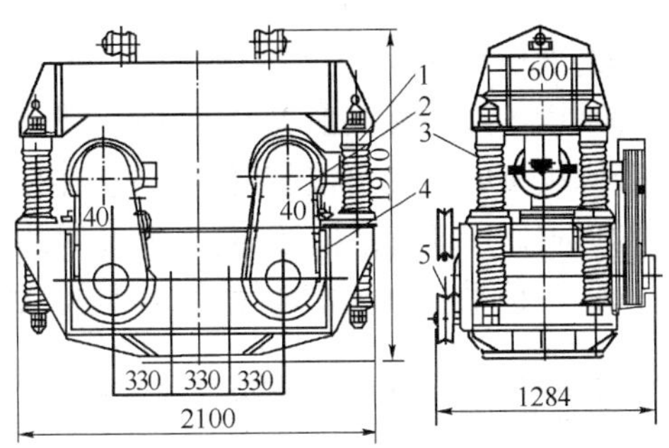

图 2-17　中孔振动锤（尺寸单位：mm）

1—减振系统；2—动力传动装置；3—加压滑轮；4—激振器；5—导向装置

（3）液压振动桩锤的构造

液压振动桩锤是一种可以方便地改变振动频率的振动桩锤，如图 2-18 所示。它与电动振动桩锤最主要的不同点就是将电机驱动改成了液压马达驱动。通过无级改变液压马达的供油量，可以无级改变液压马达的转速，从而达到无级改变振动频率。

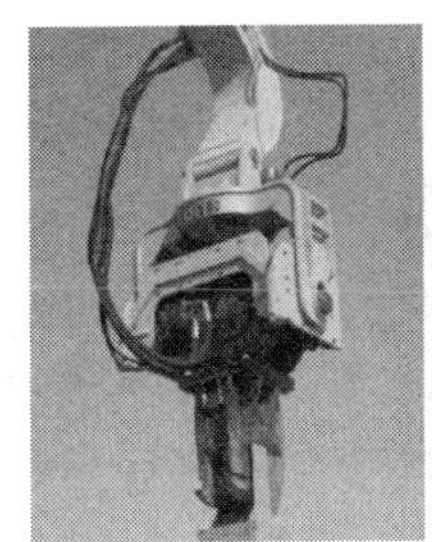

图 2-18　液压振动桩锤

液压振动桩锤一般由动力装置、振动桩锤、液压夹头三部分组成。动力装置与桩锤、液压夹头在工作时用液压软管相连接，如图 2-19 所示。

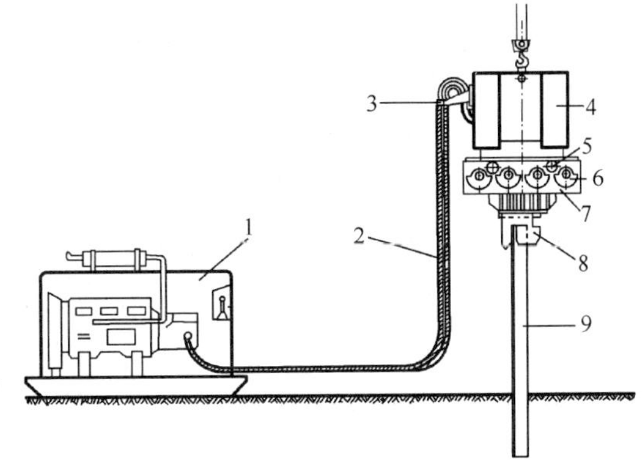

图 2-19　液压振动桩锤的组成

1—动力装置；2—液压软管；3—软管弹性悬挂装置；4—隔振器；5—液压马达；6—偏心块；7—振动箱；8—液压夹头；9—桩

液压振动桩锤的振动箱和电动振动桩锤的振动箱基本相同，都是由偏心轴上成对的偏心块相对旋转而产生振动；不同的是液压振动桩锤是由液压马达取代电机进行驱动。液压振动桩锤的振动箱下部，一般都预留安装多种液压夹头的安装孔，用于选装不同的液压夹头。

隔振器的作用是在桩锤和悬挂它的桩架或吊车之间隔离振动。由于液压振动桩锤一般功率都比较大，其所允许的最大拔桩力较大，而且液压振动桩锤振动频率可在较大范围内调节，故一般金属螺旋弹簧很难满足隔振器的要求。国外液压振动桩锤的隔振器大都采用橡胶块隔振器。液压振动桩锤的液压夹头用于夹持桩施工，液压夹头的夹紧力比较大，有的高达数千千牛。对于桩锤来说，液压夹头的夹紧力和夹头与桩的静摩擦系数的乘积必须大于桩锤的最大拔桩力。否则拔桩时夹头可能打滑或滑脱。由于桩有多种形式和规格，所以液压夹头也有多种不同的形式。PVE系列液压振动锤采用的两种液压夹头结构图，一种采用螺栓与振动锤固定，另一种采用燕尾槽与振动锤固定，如图2-20所示。

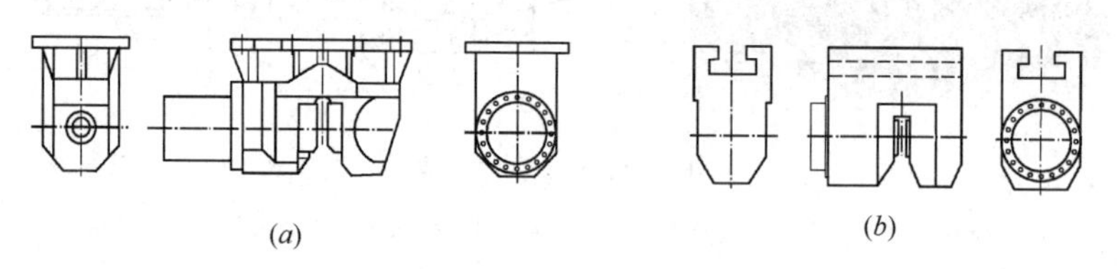

图2-20　PVE系列液压振动锤的液压夹头结构

(*a*)螺栓固定式；(*b*)燕尾槽固定式

液压夹头与桩锤的连接根据桩的形状和尺寸不同有多种形式，图2-21是液压夹头与桩锤常用的几种连接形式。

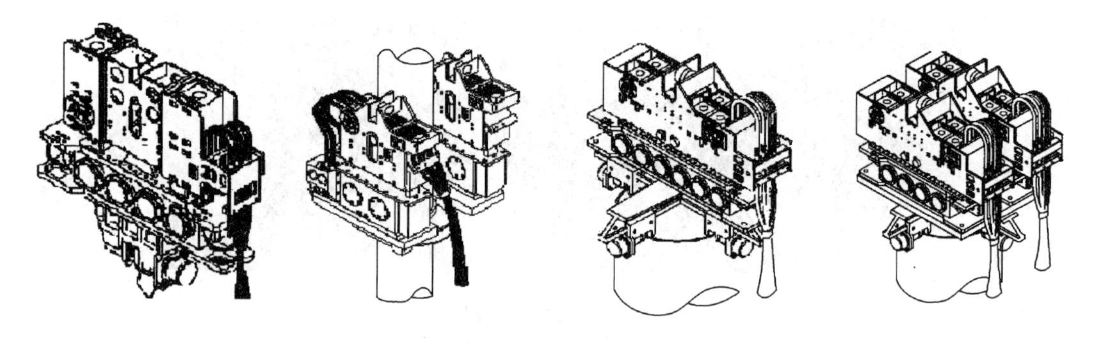

图2-21　液压夹头与桩锤的连接形式

动力装置一般由柴油发动机、液压泵（一般有多台液压泵）、液压控制阀、油箱等组成。驱动振动桩锤液压马达的主泵为一台或多台，小型桩锤一般用一台主泵，大型桩锤则用两台或三台泵并联供油。主泵有的为定量泵，有的为变量泵。可通过改变主泵工作台数或对变量泵进行变量等方式改变桩锤液压马达的供油量，使液压马达转速发生变化，从而改变桩锤的振动频率，以获得在不同土质条件下的最佳工作效果。

动力装置上还有一台小油泵给液压夹头供油。为了防止液压夹头在工作中松脱，必须保证液压夹头的液压缸维持足够的压力。有的桩锤上用压力继电器来控制液压夹头的压力，当液压缸压力达到要求值时，压力继电器控制电磁换向阀动作，将油泵的压力油排回油箱；当液压缸压力低于某一值时，压力继电器控制电磁换向阀动作，将油泵的压力油输往液压缸。如此反复，从而将液压夹头的压力控制在一个给定的范围内。另外，有些桩锤也有采用溢流阀来保持液压夹头的压力。这时小油泵通过换向阀持续地向液压夹头的液压缸供油，当压力超过额定压力时，溢流阀开启，多余的压力油从溢流阀流回油箱。

液压振动桩锤与电动振动桩锤相比，有以下优点：

1）液压振动桩锤能够在工作中随时方便地无级调节振动频率，使液压振动桩锤可以在不同的土质条件下取得最佳的沉桩和拔桩效果。如果配合无级调节偏心力矩，这种效果将更加明显。

2）液压振动桩锤由柴油机直接提供动力，启动方便，其柴油发动机的功率一般略大于桩锤的功率。

3）液压振动桩锤噪声低。通过对振动频率和偏心力矩的适当调节，可以减轻振动和噪声对周边的影响，因而可以降低公害。

4）液压振动桩锤操作使用比较方便。

由于液压振动桩锤所具有的上述优点，其在国外已广泛使用。

（4）振动桩锤的技术参数

振动桩锤的主要技术参数为功率、激振力、振幅和频率等。

第五节　静力压桩机

静力压桩机是依靠静压力将桩压入地层的工程机械，如图2-22所示。当静压力大于沉桩阻力时，桩就沉入土中。压桩机施工时无振动，无噪声，无废气污染，对地基及周围建筑物影响较小，能避免冲击式打桩机因连续打击桩而引起桩头和桩身的破坏。它适用于软土地层及沿海沿江淤泥地层。

图2-22　静力压桩机

1. 分类

静力压桩机分机械式和液压式两种。机械式已很少采用。

2. 静力压桩机的构造

图2-23为YZY500型全液压静力压桩机。其主要由支腿平台结构、长船行走机构、短船行走及回转机构、夹持机构、导向压桩机构、起重机、液压系统、电器系统和操作室等部分组成。

（1）支腿平台结构

该部分由平台、支腿、顶升液压缸和配重梁等组成，如图2-24所示。平台的作用是支承导向压桩架、夹持机构、液压系统装置和起重机。整个桩机通过平台结构连成一体，直接承受压桩时的反力。底盘上的支腿在拖运时可以收回并拢在平台边，工作时支腿打开并通过连杆与平台形成稳定的支撑结构。

（2）长船行走机构

它由长船船体，长船液压缸、行走台车和顶升液压缸等组成，如图2-25所示。长船液压缸的活塞杆球头与船体相连接。缸体通过销铰与行走台车相连，行走台车与底盘支腿上的顶升液压缸铰接。工作时，顶升液压缸顶升使长船落地，短船离地，接着长船液压缸伸缩推动行走台车，使桩机沿着长船轨道前后移动。顶升液压缸回缩使长船离地，短船落

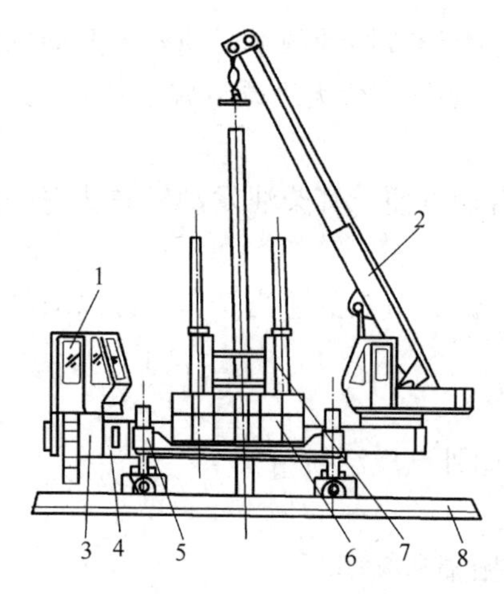

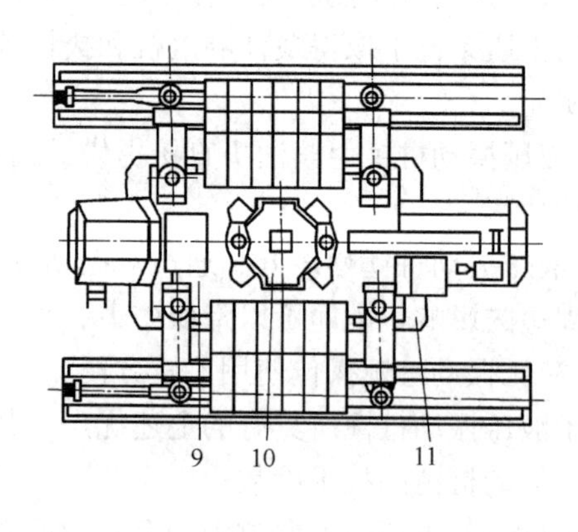

图 2-23　静力压桩机结构示意图

1—操作室；2—起重机；3—液压系统；4—电器系统；5—支腿；6—配重铁；7—导向压桩架；8—长船行走机构；9—支腿平台结构；10—夹持机构；11—短船行走及回转机构

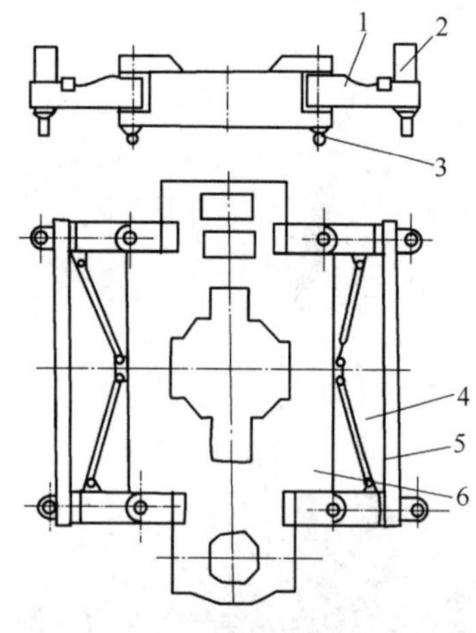

图 2-24　支腿平台结构

1—支腿；2—顶升液压缸；3—球头轴；4—拉杆；5—配重梁；6—平台

地。短船液压缸动作时，长船船体悬挂在桩机上移动，重复上述动作，桩机即可纵向行走。

(3) 短船行走机构及回转机构

短船行走机构及回转机构由船体、行走梁、回转梁、挂轮、行走轮、短船液压缸、回转轴和滑块组成，如图 2-26 所示。回转梁两端通过球头轴与底盘结构铰接，中间由回转轴与行走梁相连。行走梁上装有行走轮，正好落在船体的轨道上，用船体上的挂轮机构挂在行走梁上，使整个船体连成一体。短船液压缸的一端与船体铰接，另一端与行走梁铰接。

工作时，顶升液压缸，使长船落地，短船离地，然后短船液压缸工作使船体沿行走梁前后移动。顶升液压缸回程，长船离地，短船落地，短船液压缸伸缩推动行走轮沿船体的轨道行走，带动桩机左右移动。上述动作反复交替进行，实现桩机的横向行走。桩机的回转动作是：长船接触地面，短船离地，两个短船液压缸各伸长 1/2 行程，然后短船接触地面，长船离地，此时两个短船液压缸一个伸出一个收缩，于是桩机通过回转轴使回转梁上的滑块在行走梁上做回转滑动。液压缸行程走满，桩机可转动 10°左右，随后顶升液压缸让长船落地，短船离地，两个短船液压缸又恢复到 1/2 行程处，并将行走梁恢复到回转梁平行位置。重复上述动作，可使整机回转到任意角度。

(4) 夹持机构与导向压桩架

夹持机构与导向压桩架由夹持器横梁、夹持液压缸、导向压桩架和压桩液压缸等组成，如图 2-27 所示。夹持液压缸装在夹持横梁里，压桩液压缸与导向压桩架相连。压桩时先将桩吊入夹持器横梁内，夹持液压缸通过夹板将桩夹紧。然后压桩液压缸伸长，使夹持机构在导向压桩架内向下运动，将桩压入土中。压桩液压缸行程满后，松开夹持液压

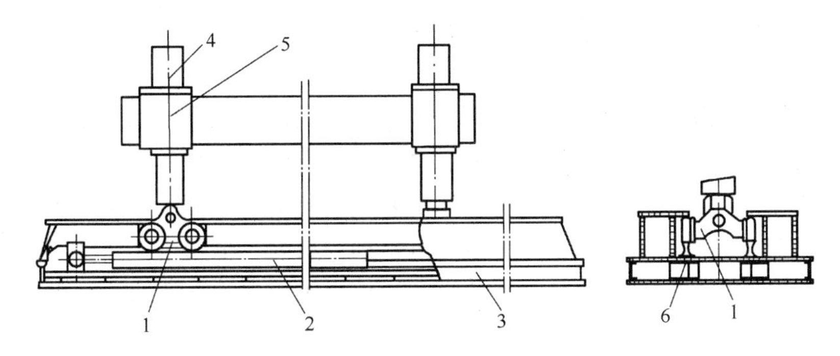

图 2-25　长船行走机构

1—长船行走台车；2—长船液压缸；3—长船船体；4—顶升液压缸；5—支腿；6—轨道

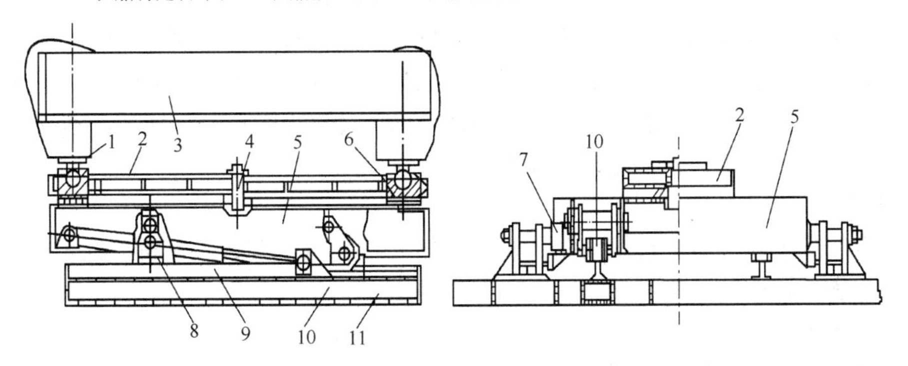

图 2-26　短船行走机构及回转机构

1—球头轴；2—回转梁；3—底盘；4—回转轴；5—行车梁；6—滑块；7—挂轮；8—挂轮支座；9—短船液压缸；10—行走轮；11—船体

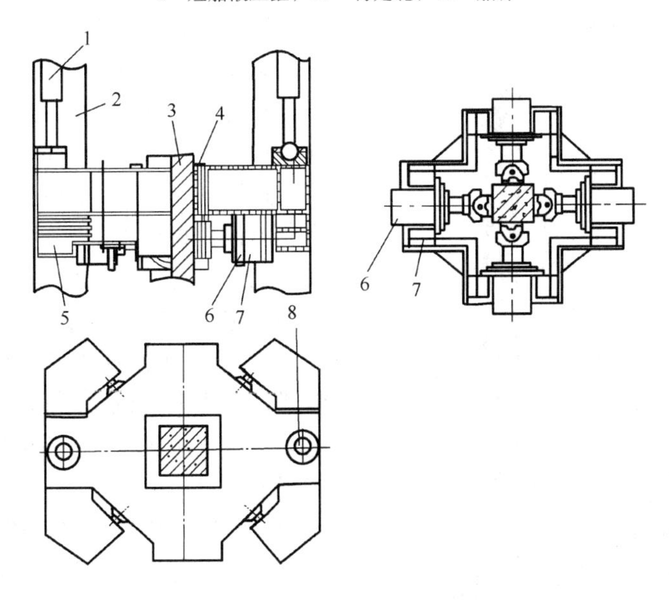

图 2-27　夹持机构与导向压桩机构

1—导向压桩架；2—压桩液压缸；3—桩；4—夹板；5—夹持器横梁；6—夹持液压缸支架；7—夹持液压缸；8—压桩液压缸球铰

缸，压桩液压缸回缩，重复上述程序，将桩全部压入地下。

（5）液压系统

压桩机液压系统采用双泵双回路，两个电动机驱动两个轴向柱塞液压泵给系统提供动力。多路换向阀控制两个长船行走液压缸、两个短船行走液压缸和两个压桩液压缸。多路换向阀控制四个夹持液压缸、四个支腿液压缸和两个压桩液压缸。两个泵既可单独给两个压桩液压缸供油，也可同时给两个压桩液压缸供油，提高压桩的工作速度。

每个支腿液压缸和长船液压缸上安装有双向液压锁，保证支腿安全、可靠地工作。

第六节　成　孔　机

成孔机是用于现场钻孔灌注桩施工的主要机械。灌注桩就是在预定桩位进行钻孔，或取土成孔，然后放置钢筋笼，并灌注混凝土，成为钢筋混凝土桩，如不放钢筋笼就灌注混凝土，就是混凝土桩。其特点是取土成孔灌注，施工过程无噪声、无振动，不受地质等条件限制。因此，成孔机在各种建设工程中得到广泛应用。

1. 分类

目前常用的成孔机械有长螺旋钻孔机、短螺旋钻孔机、套管式钻机、回转式钻孔机、潜水钻孔机和冲击式钻孔机等。

2. 基本构造

螺旋钻孔机工作原理与麻花钻相似，钻具旋转，钻具的钻头刃口切削土壤。它与桩架配合使用，分长螺旋钻孔机和短螺旋钻孔机两种。

1）长螺旋钻孔机

长螺旋钻孔机由履带桩架和长螺旋钻孔器组成，如图 2-28 所示，适合在地下水位较低的黏土及砂土层中施工。

图 2-28　长螺旋钻孔机

长螺旋钻孔器由动力头、钻杆、下部导向器和钻头等组成，如图 2-29 所示。钻孔器通过滑轮组悬挂在桩架上。钻孔器的升降、就位由桩架控制。为保证钻杆钻进时的稳定和准确性，在钻杆下部装有导向器。导向圈固定在桩架立柱上。

① 动力头：动力头是螺旋钻机的驱动装置，分为电动机驱动和液压驱动两种。由电动机（或液压马达）和减速器组成。国外多用液压马达驱动，液压马达自重轻，调速方便。螺旋钻机较多采用单动单轴式，由液压马达通过行星减速器（或电动机通过减速器）传递动力。此种钻机动力头传动效率高，传动平稳，其结构外形及传动如图 2-30 所示。

② 钻杆：钻杆在作业中传递转矩，使

钻头切削土层，同时将切下来的泥土通过钻杆输送到地面。钻杆是一根焊有连续螺旋叶片的钢管，长螺杆的钻杆分段制作，钻杆与钻杆的连接可采用阶梯法兰连接，也可用六角套筒并通过锥销连接。螺旋叶片的外径比钻头直径小 20～30mm，这样可减少螺旋叶片与孔壁的摩擦阻力。螺旋叶片的螺距约为螺旋叶片直径的 0.6～0.7 倍。

长螺旋钻孔机钻孔时，孔底的土沿着钻杆的螺旋叶片上升，把土卸于钻杆周围的地面上，或通过出料斗卸于翻斗车。它的切土和排土都是连续的，成孔速度较快，但长螺旋的孔径一般小于 1m，深度不超过 20m。

③ 钻头：钻头用于切削土层，钻头的直径与设计的桩孔直径一致，考虑到钻孔的效率，适应不同地层的钻孔需要，应配备各种不同的钻头，如图 2-31 所示。

图 2-31（*a*）为双翼尖底钻头，这是最常用的一种钻头，在翼边上焊有硬质合金刀片，可用来钻硬黏土或冻土。图 2-31（*b*）为平底钻头，适用于松散土层。在双螺旋切削刃带上有耙齿式切削片，耙齿上焊有硬质合金刀片。图 2-31（*c*）为耙齿钻头，适用于有砖块瓦块的杂填土层。图 2-31（*d*）为筒式钻头，适用于钻混凝土块、条石等障碍物。每次钻取厚度小于筒身高度，钻进时应加水冷却，这种钻头类似取岩芯的勘探钻头。

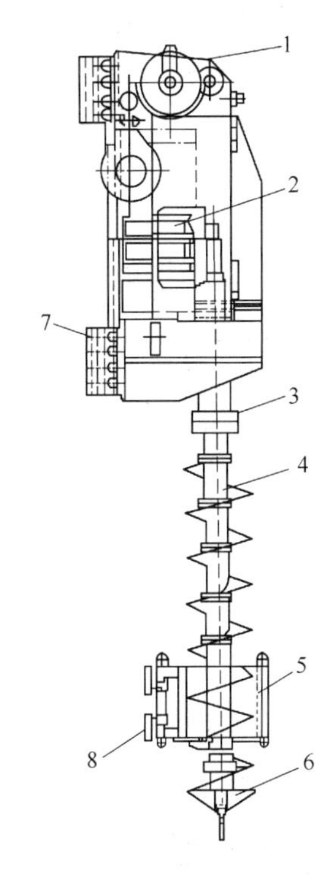

图 2-29 长螺旋钻孔器结构示意图

1—滑轮组；2—动力头；3—连接法兰；4—钻杆；5—下部导向器；6—钻头；7—导向卡爪；8—稳定器固定座

④ 下部导向器：由于长螺旋钻机钻杆长，为了使钻杆施钻时稳定和初钻时插钻的正确性，需在下部安装导向器，而导向器基本上固定在桩架立柱的最低处。

目前，新型的长螺旋杆钻孔机的钻孔器采用中空形，在钻孔器当中有上下贯通的垂直

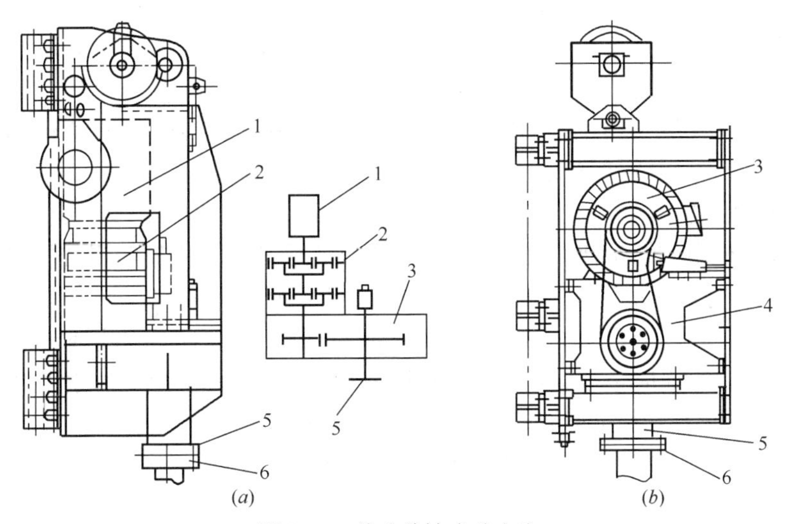

图 2-30 单动单轴式动力头

（*a*）液压式动力头；（*b*）电动式动力头

1—液压马达；2—行星齿轮减速器；3—电动机；4—齿轮减速器；5—输出轴；6—连接盘

孔，它可以在钻孔完成后，从钻孔器的孔中，直接从上面浇灌混凝土。一边浇灌，一边缓慢地提升钻杆。这样有助于孔壁稳定，减少坍孔，提高灌注桩的质量。

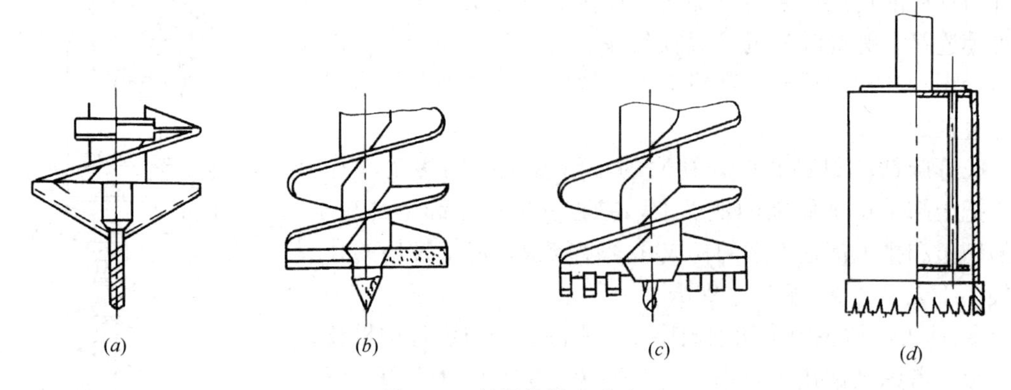

图 2-31 长螺旋钻头形式

(a) 双翼尖底钻头；(b) 平底钻头；(c) 耙齿钻头；(d) 筒式钻头

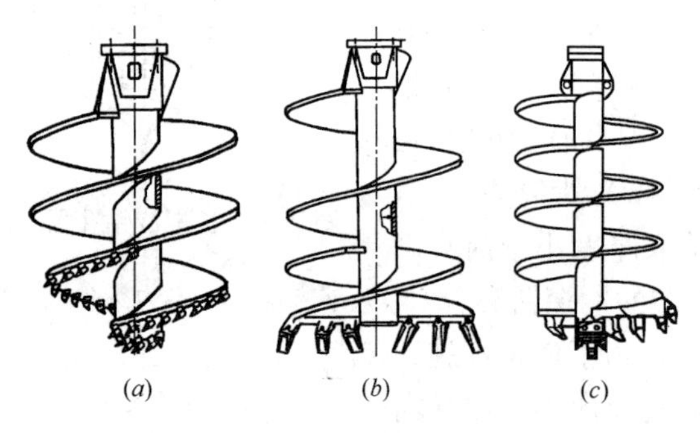

图 2-32 短螺旋杆钻头

(a) 岩心螺旋钻头；(b) 双刃螺旋钻头；(c) 单刃螺旋钻头

2）短螺旋钻孔机

短螺旋钻机与长螺旋杆钻孔机相比差异主要在钻杆。短螺旋杆钻的钻头一般只有 2～3 个螺旋叶片，叶片直径要比长螺旋钻机大得多，如图 2-32 所示。使用加长钻杆，钻孔深度大大增加。

工作时，动力头带动钻杆转动，钻杆底部的螺旋部位正转切土，钻头逐渐下钻，当叶片中的土基本塞满后，用卷扬机提拉动力头把螺旋钻头提出孔面，然后桩架回转一个角度，短螺旋反向旋转，将螺旋叶片上的碎土甩到地面上。短螺旋钻的转速要比长螺旋钻机转速低，钻进转速一般在 40r/min 以下，甩土时，钻杆高速反转。因此，短螺旋钻机大多有两种转速。

由于短螺旋钻孔机钻孔和出土是断续的，工作效率较低。但钻孔的直径和深度大，钻孔的直径超过 2m，钻孔深度可达 100m，应用较广泛。

3）回转斗成孔机

回转斗成孔机由伸缩钻杆、回转斗驱动装置、回转斗、支撑架和履带桩架等组成，如图 2-33 所示。可将短螺旋钻头换成回转斗即可成为回转斗钻孔机。回转斗是一个直径与桩径相同的圆斗，斗底装有切土刀，斗内可容纳一定量的土。回转斗与伸缩钻杆连接，它由液压马达驱动。工作时，落下钻杆，使回转斗旋转并与土壤接触，回转斗依靠自重（包括钻杆的重量）切削土壤，即可进行钻孔作业。斗底刀刃切土时将土装入斗内。装满斗后，提起回转斗，上车回转，打开斗底把土卸入运输工具内，再将钻斗转回原位，放下回转斗，进行下一次钻孔作业。

回转斗成孔机可根据土层的不同选择回转钻头，图 2-34（a）适合钻硬土，图 2-34（b）适合钻软土，图 2-34（c）不带斗底，适合钻岩石。

图 2-33 回转斗成孔机
1—伸缩钻杆；2—回转斗驱动装置；3—回转斗；4—支撑架；5—履带桩架

为了防止坍孔，也可以用全套管成孔机作业。这时可把套管摆动装置与桩架底盘固定。利用套管摆动装置将套管边摆动边压入，回转斗则在套管内作业。灌注桩完成后可把套管拔出，套管可重复使用。回转斗成孔的直径现已可达 3m，钻孔深度因受伸缩钻杆的限制，一般可达 50m 左右。

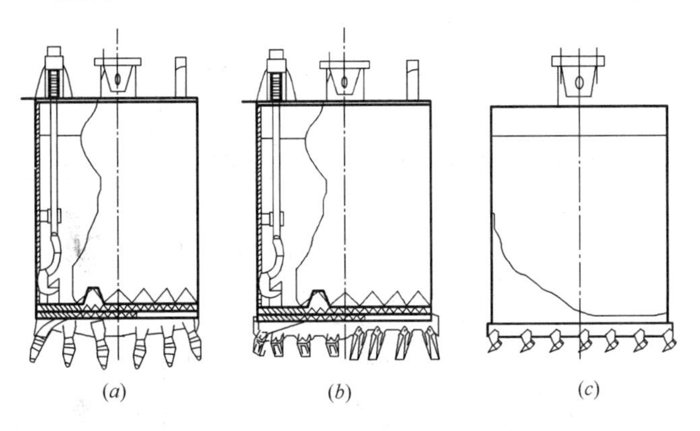

图 2-34 回转斗结构
(a) 带底双刃回转钻头（用于硬质土层）；(b) 带底双刃回转钻头（用于松软土层）；(c) 岩心回转钻头

回转斗成孔机的缺点是钻进速度低，工效不高，因为要频繁地进行提起、落下、切土和卸土等动作，而每次钻出的土量又不大。在孔深较大时，钻进效率更低。但它可适用于碎石土、砂土、黏性土等地层的施工，地下水位较高的地区也可使用。

4）全套管钻机

全套管钻机主要用于大型建筑桩基础的施工。施工时在成孔的过程中一边下沉钢质套管，一边在钢管中抓挖黏土或砂石，直至钢管下沉到设计深度，成孔后灌注混凝土，同时逐步将钢管拔出。由于它工作可靠，在成孔桩施工中广泛应用。

全套管钻机按结构分为整体式和分体式两大类，如图 2-35 所示。

(a) (b)

图 2-35 全套管钻机
(a) 整体式；(b) 分体式

图 2-36（a）为整体式全套管钻机，以履带式底盘为行走系统，将动力系统、钻机作业系统等合为一体。分体式是以压拔管机构作为一个独立系统，施工时必须配备机架（如履带起重机），才能进行钻孔作业。分体式由于结构简单，又符合一机多用的原则，目前广泛采用，如图 2-36（b）所示。

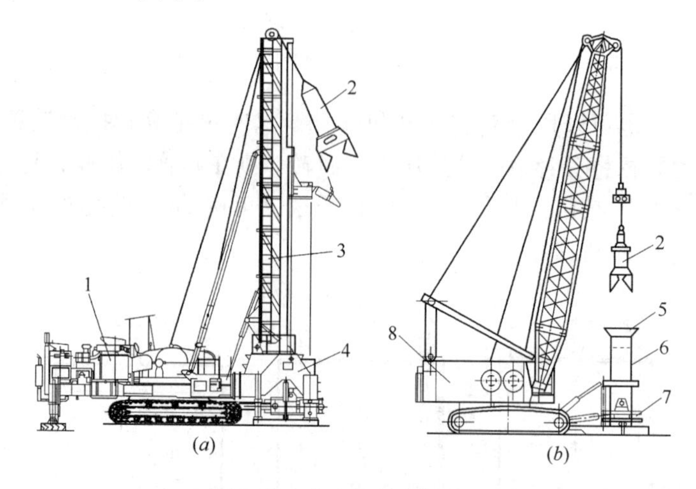

图 2-36 全套管钻机结构图
(a) 整体式全套管钻机；(b) 分体式套管钻机
1—履带主机；2—落锤式抓斗；3—钻架；4—套管作业装置；5—导向口；
6—套管；7—独立摇动式钻机；8—履带起重机

图 2-36（b）为分体式套管钻机，由履带起重机、锤式冲抓斗、套管作业装置和独立摇动式钻机等组成。冲抓斗悬挂在桩架上，钻机与桩架底盘固定。独立摇动式钻机结构如图 2-37 所示，由导向及纠偏机构、摆动（或旋转）装置、夹击机构、夹紧液压缸、压拔管液压缸和底架等组成。

抓斗成孔机用全套管钻机，施工中在给套管加压的同时使其摆动或旋转，迫使套管下沉，然后用冲抓斗取出套管下端的土。套管采用摆动或旋转方法，可以大大减少土与套管间的摩擦力。冲抓斗在初始状态时，呈张开状态。放松卷扬机，冲抓斗以自由落体方式向套管内落下插入土中，用钢丝绳提升动滑轮，抓斗片即通过与动滑轮相连接的连杆，使其抓斗片合拢。卷扬机继续收缩，冲抓斗被提出套管。桩机回转，松开卷扬机，动滑轮靠自重下滑，带动专用钢丝绳向下，使抓斗片打开卸土。冲抓斗有二瓣式和三瓣式。二瓣式适用于土质松软的场合，抓土较多；三瓣式适用于硬土层，抓土较少。

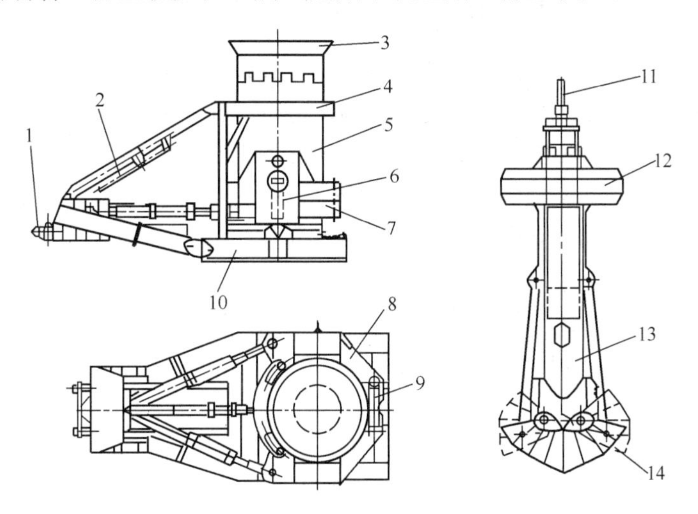

图 2-37　独立摇动式套管钻机

1—连接座；2—纠偏液压缸；3—导向口；4—导向及纠偏机构；5—套管；6—压拔管液压缸；7—摆动（或旋转）装置；8—夹击机构；9—夹紧液压缸；10—底架；11—专用钢丝绳；12—导向器；13—连接圆杆；14—抓斗

钻机所用套管一般分 1、2、3、4、5、6m 等不同的长度。套管之间采用径向的内六角螺母连接，如图 2-38 所示。成孔后，放入钢筋笼，在灌注混凝土的同时逐节拔出并拆除套管，最后将套管全部取出。

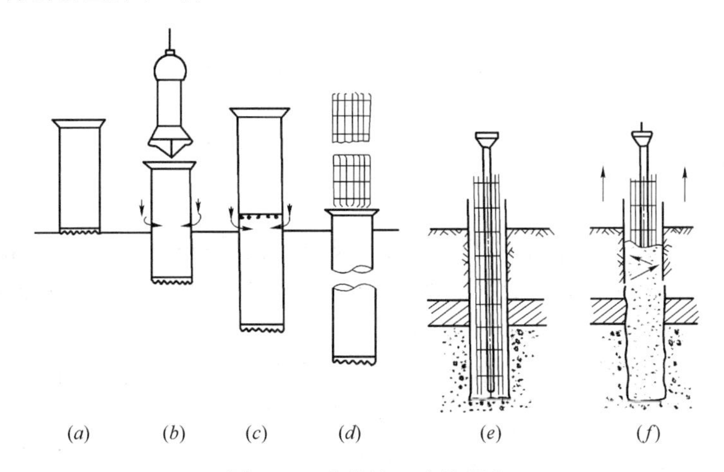

图 2-38　套管施工法的程序

（*a*）插入套管；（*b*）开始挖掘、晃动和加压套管；（*c*）连接套管；（*d*）插入钢筋笼；（*e*）插入导管、灌注混凝土；（*f*）灌注的同时拔出套管与导管，直到灌注完成

冲抓斗成孔机工作时噪声、振动均较小，适应的地层范围广。由于采用套管，可在软地基上施工，孔口不易塌方。桩径范围为 0.6～2.5m，桩深最大可达 50m，桩的承载能力较强，但成孔速度较慢。

第七节　地下连续墙成槽机

地下连续墙是采用挖槽机械在地下开出一条深槽，然后吊放钢筋笼，逐段灌注混凝土，在地下形成一个坚实的墙体状混凝土结构，可以看作是紧密排列起来的灌注桩。

地下连续墙近十几年来在国内得到了较快的发展。它可直接用于承重、防渗水、挡土和截水墙等。它适用于建筑物的地下室、地下商场、地下油库、挡土墙、高层建筑的基础、工业建筑深池、深坑、竖井以及堤坝防渗墙等。

1. 分类

在连续墙的施工中，目前常用的设备有双轮铣槽机、抓斗成槽机和垂直轴多头钻机（三轴钻机、五轴钻机），如图 2-39 所示。

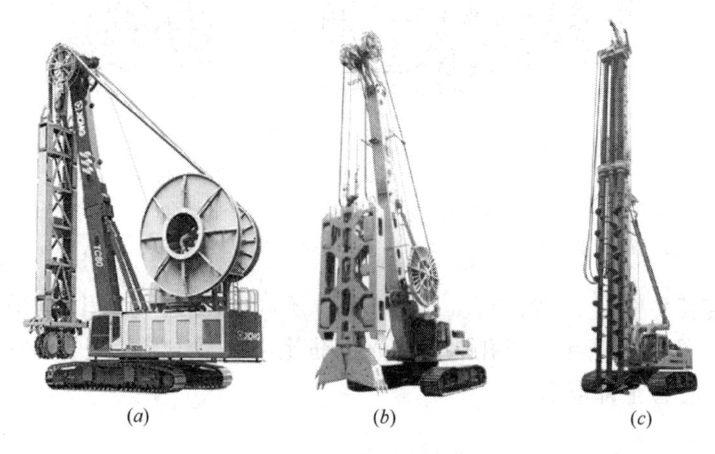

图 2-39　地下连续墙主要施工设备

（a）双轮铣槽机；（b）抓斗成槽机；（c）三轴钻机

2. 基本构造

（1）双轮铣槽机

双轮铣槽机是近年来新发展的连续墙施工设备，整机由履带桩架、双轮滚切成槽机、液压系统、除砂器和循环系统等组成。整套设备如图 2-40 所示。双轮滚切成槽机由履带桩架用钢丝绳悬挂，由桩架定位进行工作。

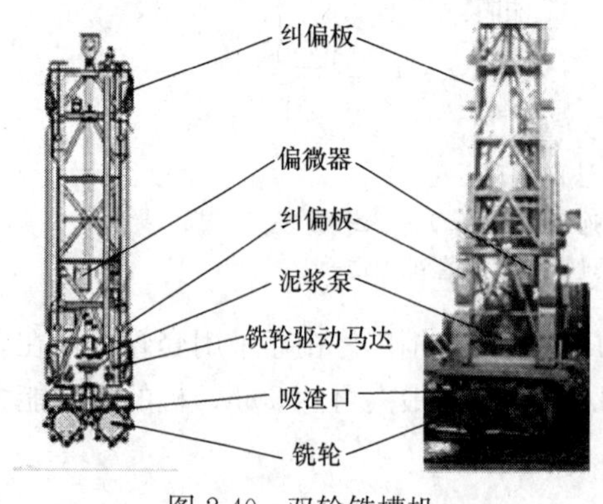

图 2-40　双轮铣槽机

工作时，液压马达带动两个切削滚轮以相反方向旋转，切削滚轮连续不断切削土体并移向中心，大块的土（石块）颗粒被破碎，并与循环的泥浆混合。利用泥浆吸料泵通过管道把混有切削土的泥浆输送到地面上的泥浆沙石分离机和循环系统，经处理后把切削的土分离出来，泥浆继续循环使用，如图 2-41 所示。

双轮铣槽机工作装置由两个切削滚轮、滚切轮驱动马达、机架、泥浆吸料泵及液压动力装置等组成，如图 2-42 所示。两个切削滚轮以相反方向旋转，用于切削土。二个切削滚轮之间的泥浆抽吸头除抽吸土壤泥浆外，还可用来与两个切削滚轮配合破碎较大颗粒的土和石块。

两个切削头的转速也可以稍有不同，以修正切削时的侧向偏移。两个切削滚轮和离心泵由液压马达驱动。液压动力装置供给液压马达高压油，油箱、泵、阀等均组合在一起，放在机体的平台上。

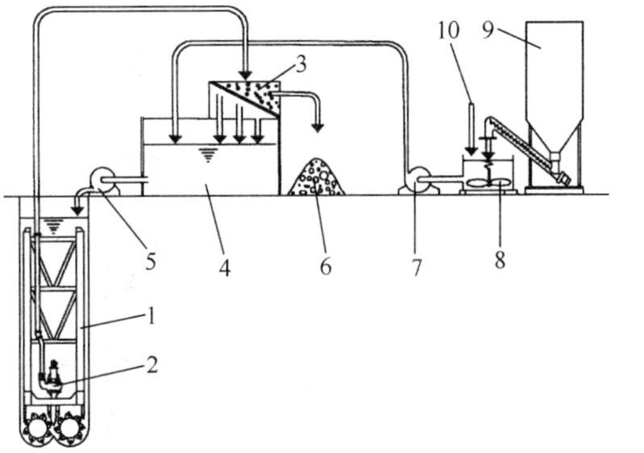

图 2-41　滚切挖槽机生产过程简图

1—双轮铣槽机；2—离心吸料泵；3—泥浆沙石分离机；4—泥浆池；5—离心泵；6—土；7—离心泵；8—泥浆搅拌机；9—泥浆粉储料仓筒；10—水

（2）液压抓斗成槽机

液压抓斗成槽机由履带式（或履带起重机）桩架和抓斗组成。连续墙抓斗与一般挖掘机抓斗不同，它带有导向装置，可防止抓斗任意偏转。目前常用的有导杆式液压抓斗和悬挂式液压抓斗，如图 2-43 所示，其中最先进的是悬挂式液压抓斗。它刀口闭合力大，成槽深度大，同时配有自动纠偏装置，可保证抓斗的工作精度在 1/1000 左右，是大中型地下连续墙施工的主要机械。导杆式液压抓斗是在履带主机上挂有一个可伸缩的导杆作导向，可以保证槽的垂直度。但由于导杆的长度有限，成槽深度一般不超过 40m，其应用并不普及。

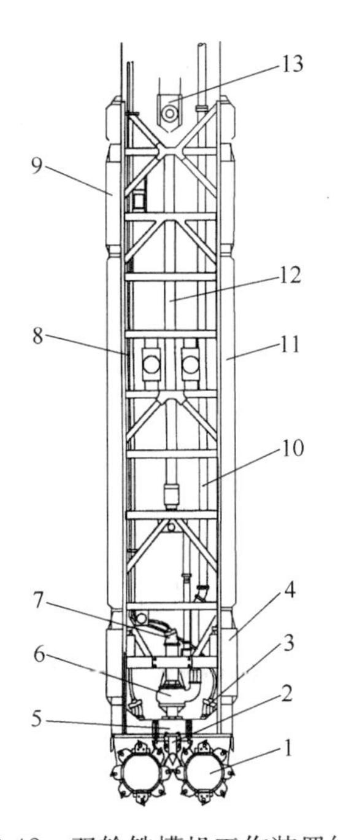

图 2-42　双轮铣槽机工作装置结构

1—切削滚轮；2—泥浆抽吸头；3—滚切轮马达；4—下导向板；5—变速器；6—泥浆吸料泵；7—泥浆泵马达；8—液压油管；9—上导向板；10—泥浆输送管；11—机架；12—液压油缸；13—滑轮组

图 2-44 为 LiebherrHS843 型液压抓斗。其主要由抓斗、抓斗液压缸、抓斗导向装置、抓斗纠偏液压缸、垂直传感器和抓斗机架等组成。

液压抓斗的动力由履带起重机上的液压泵站提供，卷盘上的油管通过导送滑轮将液压油送到抓斗液压缸，液压缸推动抓斗张开与合闭。抓斗的成槽深度 70m，切

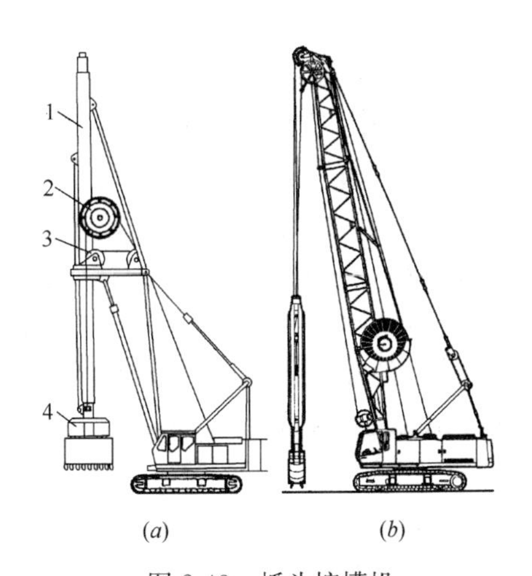

图 2-43　抓斗挖槽机

（*a*）导杆式液压抓斗；（*b*）悬挂式液压抓斗

1—履带桩架；2—导杆；3—液压软管卷筒；4—抓斗

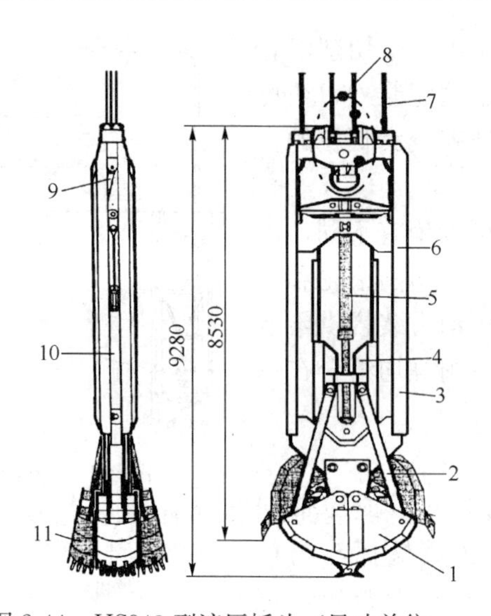

图 2-44　HS843 型液压抓斗（尺寸单位：mm）

1—抓斗；2—推杆；3—抓斗导向装置；4—推杆导向装置；5—抓斗液压缸；6—抓斗机架；
7—液压油管；8—悬挂钢丝绳；9—抓斗纠偏液压缸；10—垂直传感器；11—抓斗校正

削宽度 0.6～0.8m。在抓斗的两侧安装有两组纠偏液压缸和倾斜传感器，抓斗与垂直方向的任何偏斜经垂直度传感器测量通过电缆传到驾驶室里的控制装置，并显示在操作室的屏幕上，两个纠偏液压缸可调整抓斗相对外体偏斜±2°，操作人员可以在不中断正常作业的情况下，随时纠正在垂直方向的挖掘偏差，保持垂直度。抓斗顶部采用交叉钢丝绳悬挂装置，两组钢丝绳分层、交错和垂直轴向排列悬挂滑轮，可防止抓斗扭转，当一个卷扬机提升抓斗时可消除抓斗的倾斜。万一钢丝绳断裂，仍可用另一组钢丝绳提升抓斗。抓斗中部有较长的四块固定导向板，起导向作用。

第八节　锚　杆　钻　机

锚杆支护工程技术即岩土锚固工程技术，通过将锚杆埋入地层而使构筑物与岩土连在一起，依靠锚杆周围岩土层的抗剪能力来保持构筑物或地基土层开挖面的稳定与安全。在我国最早应用于矿山巷道、隧道，而后又应用于房屋建筑工程、水利工程、电力工程、公路和铁路等工程，其可抵抗倾倒（深基坑）、阻止地层剪切破坏（边坡防护）、控制地下围岩的变形和坍落（隧道、矿井）、抵抗竖向位移（水库、船坞）、抵抗结构物基底水平位移、加固地基（消除差异变形沉降），对于治理和预防深基坑坍塌、边坡滑落、地下围岩的变形和坍落、消除差异变形沉降等有独特的优越性。

1. 锚杆钻机主要类型

锚杆钻机是锚杆支护工程的施工装备。目前我国大部分锚杆钻机主要针对岩锚施工而设计，从钻机的技术性能可分为两种类型：

（1）全液压锚杆钻机

该类钻机其回转动力和推进动力及辅助动作均是以液压为动力，液压站由电机或内燃机驱动。该类钻机的调节范围较广，适用孔径和孔深较大，开孔和抗卡钻能力较好，操作灵活方便，是目前国内大部分厂家采用的类型，如图 2-45（*a*）所示。

（2）电动-液压类锚杆钻机

该类钻机其回转以电机为动力，推进和辅助动作以液压为动力，如图 2-45（*b*）所示。

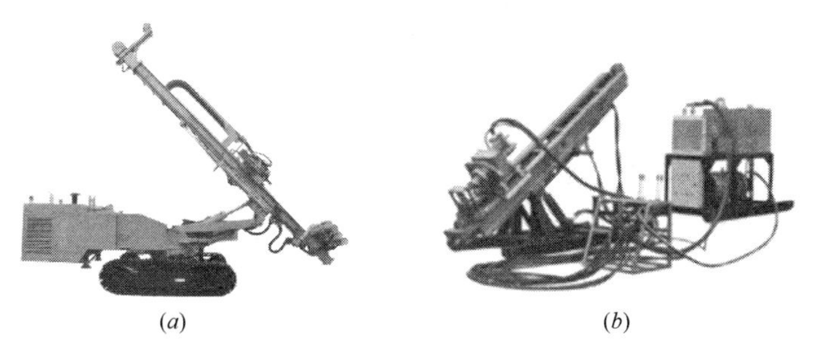

(*a*)　　(*b*)

图 2-45　锚杆钻机

（*a*）全液压锚杆钻机；（*b*）电动-液压锚固钻机

2. 全液压锚杆钻机

全液压履带式锚杆钻机又称回转冲击式钻机，属于地基基础施工机械，如图 2-46 所示。这种钻机采用全液压驱动，履带式底盘机动性强，双作用动力头可边回转边冲击，具有多种功能，能适应多种工法和地质条件施工，可用于基坑斜面锚固、板桩锚固、隧道矿井锚固、复杂地质岩芯取样、地下注浆孔钻孔、水井钻孔、防止滑坡排水孔钻孔、建筑基础的永久锚固、水坝基础注浆孔钻孔、隧道工程的排水和灌浆、铁路路基的拉杆锚固以及边坡、挡土墙、堤坝、水池、船坞、码头、桥梁、高耸结构与悬索结构等锚固工程。

图 2-46　全液压锚杆钻机施工

第三章　起 重 升 降 机 械

在各种工程建设中广泛应用的起重机又称为工程起重机，它主要包括轮胎式起重机、履带式起重机、汽车式起重机、塔式起重机、桅杆起重机、缆索式起重机和施工升降机。

第一节　轻 小 起 重 设 备

轻小起重设备包括千斤顶、起重葫芦和卷扬机等，它们共同的特点是只有一个或较少的工作机械，结构简单，使用方便，造价低，易于维修。

图 3-1　电动葫芦

（1）起重葫芦

起重葫芦是一种轻小型起重设备，如图 3-1 所示。多数电动葫芦由人使用按钮在地面跟随操纵，或也可在司机室内操纵或采用有线（无线）远距离控制。常用的起重葫芦有手动和电动两种。电动起重葫芦是一种具有起升和行走两个机构的轻小型起重机械，通常它安装在直线或曲线的工字钢轨上，用于起升和运移重物，重物只能在已安装好的线路上运行。

电动葫芦主要结构包括：减速器、卷筒、双轮小车、电动小车、起升电动机、控制箱、绳轮、连接架等，如图 3-2 所示。

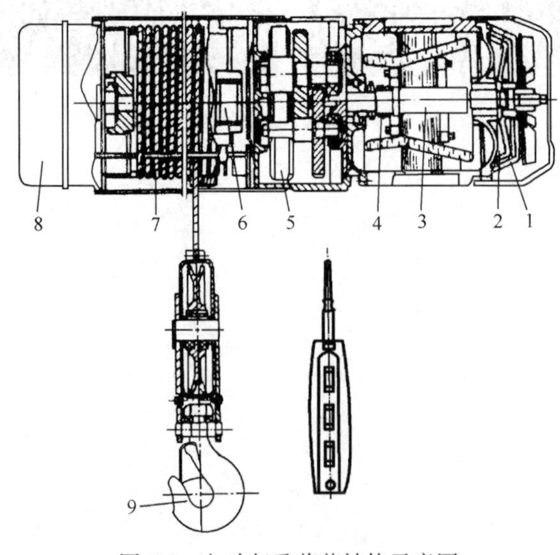

图 3-2　电动起重葫芦结构示意图

1—减速器；2—卷筒；3—双轮小车；4—电动小车；5—起升电动机；6—控制箱；7—吊钩；8—连接架；9—吊钩

（2）卷扬机

卷扬机可以垂直提升、水平或倾斜拽引重物。卷扬机分为手动卷扬机和电动卷扬机两种。目前以电动卷扬机为主。电动卷扬机由电动机、联轴节、制动器、齿轮箱和卷筒组成，共同安装在机架上。对于起升高度高，装卸量大，工作频繁的情况，调速性能好，能使空钩快速下降。对安装就位或敏感的物料，能用较小速度。

卷扬机的种类很多。按动力装置分为电动式、内燃式和手动式三种，电动式占多数。按工作速度分为快速、慢速和调速三种。按卷筒的数量分为单卷筒、双卷筒和多卷筒，如图 3-3 所示。

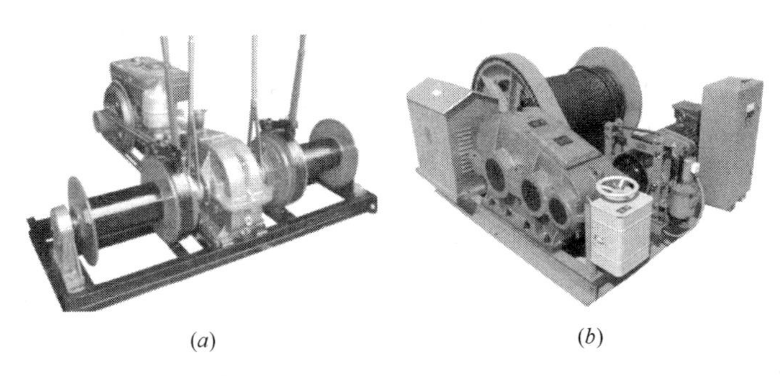

(*a*)　　(*b*)

图 3-3　卷扬机

（*a*）双卷筒；（*b*）单卷筒

卷扬机的型号编制如下所示：

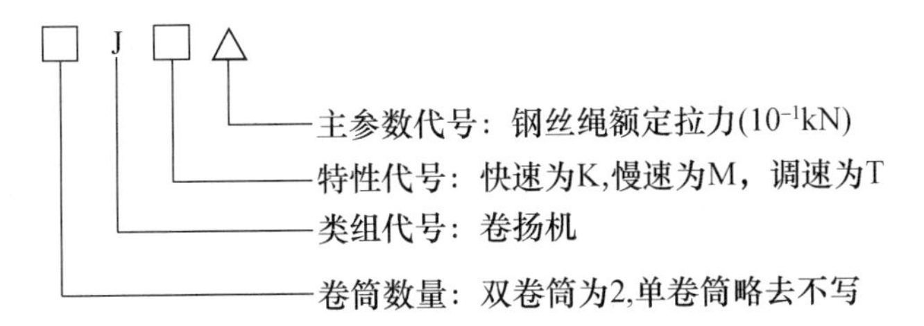

如：2JK5 型卷扬机——钢丝绳额定拉力为 50kN 的双卷筒快速卷扬机。

第二节　工 程 起 重 机

工程起重机是指在一定范围内垂直提升和水平搬运重物的多动作起重机械，又称吊车，属于物料搬运机械。起重机的工作特点是做间歇性运动，即在一个工作循环中取料、运移、卸载等动作的相应机构是交替工作的。

1. 起重机的类型和用途

起重机有桥架型、缆索型和臂架型三大类。根据用途和使用场合的不同，起重机有多种形式，其共同的特点是整机结构和工作机构较为复杂。工作时，能独立和同时完成多个工作动作，在建设工程中主要应用臂架型起重机。

（1）桥架型起重机

桥架型起重机主要有梁式起重机、桥式起重机、装卸桥起重机和门式起重机四种类型，如图 3-4 所示。其特点是吊钩悬挂在可沿桥架运行的起重机小车或起重葫芦上，使重物在空间垂直升降和水平移动。

图 3-4　桥架型起重机
（a）梁式起重机；（b）桥式起重机；（c）装卸桥起重机；（d）门式起重机

1）梁式起重机。如图 3-4（a）所示，采用电动梁结构，跨度小，结构简单，在地面操作起重机。用于起重量较小的工作场所。

2）桥式起重机。如图 3-4（b）所示，采用电动双梁桥式结构，主梁为箱形结构，强度高，跨度大，在主梁的下有操纵驾驶室。用于起重量大，工作速度快的工作场所。

3）装卸桥起重机。如图 3-4（c）所示，多采用桁架结构，主梁跨度大，要求起重小车，运行速度快。用于冶金厂、发电厂、码头装卸散料以及港口集装箱的装卸工作。

4）门式起重机。如图 3-4（d）所示，该起重机是桥架两端通过两侧支腿支承在地面轨道或基础上的桥架型起重机，类似“门”字的形状，也称龙门起重机，即带腿的桥式起重机。起重量大，广泛应用于工厂、货场、码头和港口的各种物料装卸和搬运工作。

（2）缆索型起重机

缆索型起重机如图 3-5 所示。其构造特点是取物装置的起重小车沿着架空的承载钢丝绳索运行。承载索的两端分别固定在主、副塔架的顶部，塔架固定在地面的基础上。小车在钢丝绳索上运行，起升卷筒和运行卷筒安装在主塔架上，另一侧副塔架上装有调整钢丝绳索张力的液压拉伸机。该起重机应用在跨度特别大，地势复杂、起伏不平或各种类型起

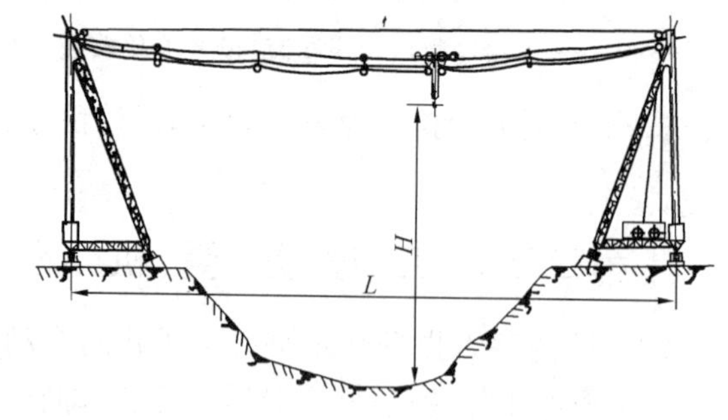

图 3-5　缆索型起重机

重机难以驶达的工作场地，如林场、煤厂、江河、山区和水库等。缆索型起重机一般是为已确定的工地专门制作的，它的结构和工作性能起决定于所服务工地的轮廓尺寸和工作性质。

(3) 臂架型起重机

臂架型起重机取物装置悬挂在臂架的顶端或悬挂在可沿臂架运行的起重小车上。臂架起重机种类繁多，广泛应用于各工程领域，主要有：

1) 门座起重机。如图 3-6 所示，该起重机是旋转式起重机，安装在一个门形座架上，门座可沿地面轨道运行，门座下方可以通过铁路车辆或其他地面车辆。多用于货场和港口装卸货物和集装箱。

图 3-6　门座起重机

2) 大型塔式起重机。如图 3-7 所示，该起重机的臂架安装在塔身顶部，并可回转，臂架长，起升高度大，广泛应用于建筑和桥梁的施工中。

3) 履带起重机。如图 3-8 所示，履带起重机采用履带式底盘，履带底盘与地面接触面积大，接地比压小，适合于地面条件差和需要移动的工作场所的重物装卸和设备安装工作。

图 3-7　塔式起重机

图 3-8　履带起重机

4) 轮式起重机。如图 3-9 所示，轮式起重机采用轮胎式底盘。有汽车起重机和轮胎起重机两种，移动方便，起重量大，用于频繁移动工作场所的重物装卸和设备安装工作。

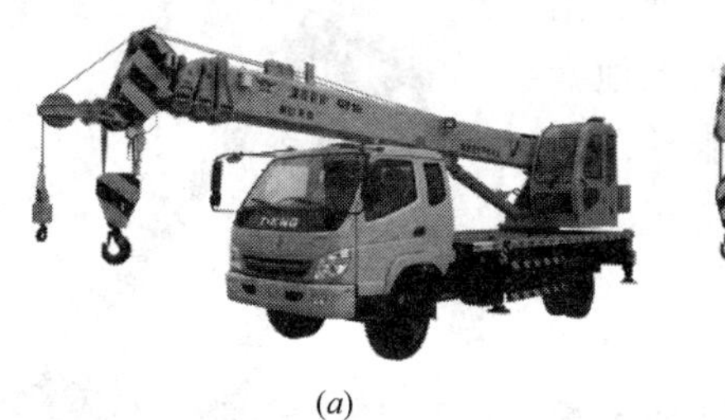

(a)

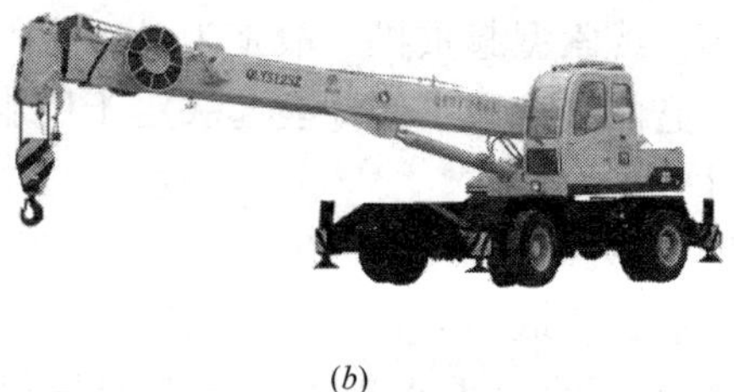

(b)

图 3-9　汽车起重机

(a) 汽车起重机；(b) 轮胎起重机

5）铁路起重机。如图 3-10 所示，该起重机在铁路轨道上运行，从事装卸作业以及铁路机车、车辆颠覆等事故救援的起重工作。

6）浮式起重机。如图 3-11 所示，该起重机以专用浮船作为支承及运行装置，浮在水面上作业，可以沿水道自航或被拖航。

图 3-10　铁路起重机

图 3-11　浮式起重机

图 3-12　桅杆起重机

7）桅杆起重机。如图 3-12 所示，该起重机在安装工程中广泛应用，是一种临时的简易起重机。

8）蜘蛛式微型起重机。如图 3-13 所示，该起重机的整机在小收叠外形尺寸下能快速大展体工作，具有大作业范围并在狭小空间通行的性能。

在各种建设工程中广泛应用的起重机有轮式起重机、履带式起重机、塔式起重机等。这些起重机又被称为工程起重机，用于各种建设工程的材料、构件的垂直运输和装卸工作。

2. 起重机的基本构造

各种类型的起重机都是由金属结构、工作机构、动力装置和控制系统四大部分组成。下文以在建设工程中广泛应用的三种起重机为例说明起重机的基本组成。

图 3-13　蜘蛛式微型起重机

(1) 金属结构

金属结构是起重机的骨架。它包括用金属材料制作的吊臂、回转平台、人字架、底架（车架大梁）、支腿和塔式起重机的塔身、平衡臂和塔顶等，是起重机的重要组成部分。起重机各工作机构和零部件都安装或支承在这些金属结构上。它承受起重机的自重以及作业时的各种外荷载。

(2) 动力装置

动力装置是起重机的动力源，是起重机的最重要组成部分。它在很大程度上决定了起重机的性能和构造特点。轮胎式起重机和履带式起重机的动力装置多为内燃机。可由一台内燃机对上车和下车的各工作机构供应动力。有些大型汽车起重机的上车和下车需各设一台内燃机，分别供应工作机构（起升、变幅和回转机构）和行走机构动力。塔式起重机和固定场所工作起重机的动力装置采用电动机。

(3) 工作机构

工作机构为实现起重机不同运动要求而设置的，不同类型的起重机工作机构有所不同。起重机最基本的工作机构有起升、变幅、回转和行走工作机构，而复杂的起重机械还有其他工作机构。轮式起重机还有吊臂伸缩机构和支腿收放机构，塔式起重机还有塔身顶升机构等。

3. 起重机的主要性能参数

起重机的主要性能参数包括起重量、起升高度、幅度、各机构工作速度和质量指标等。对于塔式起重机还包括起重力矩和轨距等参数。这些参数表明起重机工作性能和技术经济指标，它是设计起重机的技术依据，也是选择起重机技术性能的依据。

第三节　塔式起重机

塔式起重机是臂架安置在垂直的塔身顶部的可回转臂架型起重机。塔式起重机又称塔机或塔吊，由钢结构、工作机构、电气系统及安全装置四部分组成。

1. 分类及表示方法

塔式起重机的类型很多，其共同特点是有一个垂直的塔身，在其上部装有起重臂，工作幅度可以变化，有较大的起吊高度和工作空间。通常按下列方式分类：

按架设方式分为快速安装式和非快速安装式两类。快速安装式是指可以整体拖运自行架设，起重力矩和起升高度都不大的塔机；非快速安装式是指不能整体拖运和不能自行架设，需要借助辅助起重机械完成拆装的塔机，但这类塔机的起升高度、臂架长度和起重力矩均比快速架设式塔机大得多。

按行走机构可分为固定式、移动式和自升式三种。固定式是将起重机固定在地面或建筑物上，移动式有轨道式、轮胎式和履带式三种。自升式有内爬式和外附式两种。

按变幅方式分为起重臂的仰角变幅和水平臂的小车变幅。

按回转机构的位置分为上回转和下回转两种。目前应用最广泛的是上回转自升式塔机。

按臂架支承形式可分为平头式小车变幅塔机和非平头式小车变幅塔机。

按安装方式分为自升式、整体快速拆装式和拼装式三种。为了扩大塔机的应用范围，满足各种工程施工的要求，自升式塔机一般设计成一机四用的形式，即轨道行走自升式塔机、固定自升式塔机、附着自升式塔机和内爬升式塔机。

塔式起重机的型号编制如下所示：

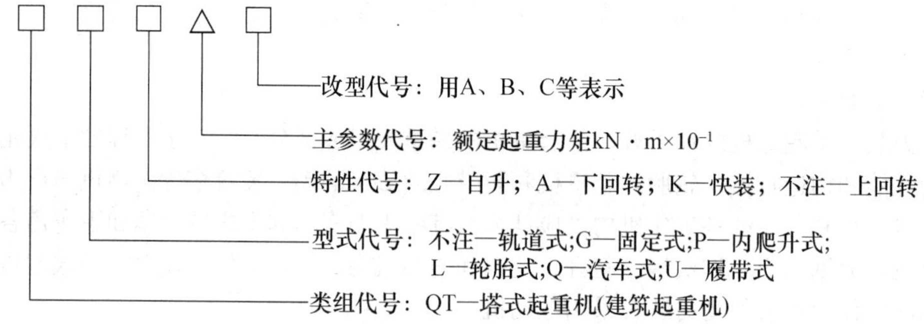

如：QTK25A——第一次改型 250kN·m 快装下回转塔式起重机；

QTZ800——起重力矩 8000kN·m 上回转自升塔式起重机。

2. 基本构造

（1）下回转塔式起重机

下回转塔式起重机的吊臂铰接在塔身顶部，塔身、平衡重和所有工作机构均安装在下部转台上，并与转台一起回转。它重心低、稳定性好、塔身受力较好，能做到自行架设，整体拖运，起升高度小。下面以 QTA60 型塔式起重机为例说明其构造及工作原理。

QTA60 型塔式起重机是下回转轨道式塔式起重机，额定起重力矩为 600kN·m，最大起重量 6t，最大起升高度 39～50m，工作幅度 10～20m，适合 10 层楼以下高度建筑施工和设备安装工程。该机主要由吊臂、塔身、转台及配重、底架、行走台车、工作机构、驾驶室和电气控制系统等组成，如图 3-14 所示。

1）金属结构部分

① 起重臂。起重臂为用钢管焊接成格构式矩形截面，中间为等截面，两端的截面尺寸逐渐减小。

② 塔身。塔身是由钢管焊接成格构式正方形断面，上端与起重臂连接，下端与平台连接。

③ 回转平台。由型钢及钢板焊接成平台框架结构，平台前面安装塔身，后面布置两

套电动机驱动的卷扬机构，用于完成起升和变幅工作。回转平台与底架采用交叉滚柱式回转支承连接，通过回转驱动装置使平台回转。

④ 底架。用钢板焊接成的方形底座大梁及四条辐射状摆动支腿，支腿与底架用垂直轴连接，并用斜撑杆与底架固定，每个支腿端部安装一个两轮行走台车。其中两个带动力行走台车，布置在轨道的一侧。行走台车相对支腿可以转动，便于塔机转弯。整体拖运时，支腿可向里收拢，减少拖运宽度。

2）工作机构部分

① 起升机构。采用单卷筒卷扬机提供的动力拉动起升滑轮机构，带动吊钩上下运动，实现吊重。

② 变幅机构。采用单卷筒卷扬机提供的动力拉动变幅滑轮机构，改变吊臂仰角，实现吊重。

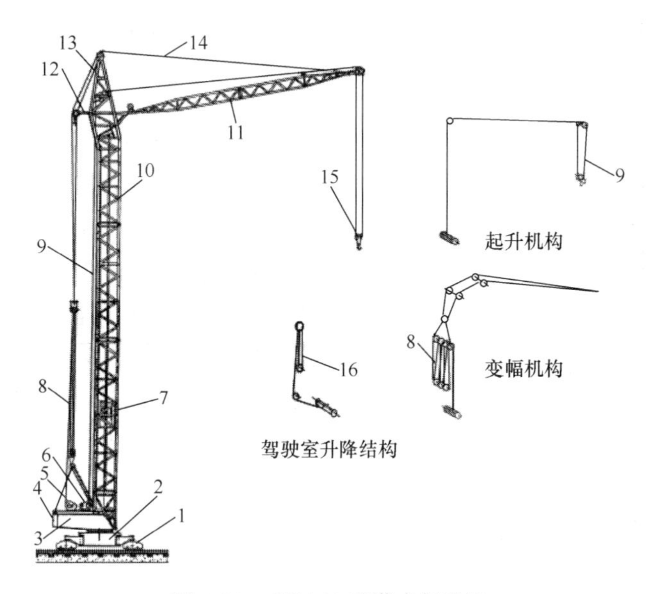

图 3-14 QTA60 型塔式起重机

1—行走台车；2—底架；3—回转机构；4—转台及配重；5—变幅卷扬机；6—起升卷扬机；7—驾驶室；8—变幅滑轮组；9—起升滑轮组；10—塔身；11—起重臂；12—塔顶撑架；13—塔顶；14—起重臂拉索滑轮组；15—吊钩滑轮；16—驾驶室卷扬机构

③ 回转机构。采用立式鼠笼式电机通过液压耦合器和行星减速器驱动回转小齿轮绕回转支承外齿圈回转。在减速器输入端还装有开式制动器。

④ 行走机构。由行走台车和驱动装置组成。四个双轮台车安装在摆动支腿的端部，并可绕垂直轴转动。其中两个带有行走动力的台车布置在轨道的同一侧，电动机通过液压耦合器和行星摆线针轮减速器及一对开式齿轮驱动车轮。行走机构和回转机构的电动机与减速器采用液力耦合器连接，运动比较平稳。

⑤ 驾驶室升降机构。塔身下部安装一个小卷扬机构用于提升和放下驾驶室。

该机转场移动时可以整体拖运和整体装拆，因此转移工地方便。由于下回转塔机的起升高度较小，使用的范围受到很大的限制。随着城市建设的发展，高层建筑越来越多，塔机应适合各类建设工程的需要，下回转塔机的发展和应用空间越来越小。

（2）上回转塔式起重机

当建筑高度超过 50m 时，一般必须采用上回转自升式塔式起重机。它可附着在建筑物上，随建筑物升高而逐渐爬升或接高。自升式塔机可分为内部爬升式和外部附着式两种。内部爬升式的综合技术经济效果不如外部附着式塔机，一般只在受工程对象、建筑形体及周围空间等条件限制不宜采用外附式塔机时，才采用内爬式塔机。上回转塔式起重机的起重臂装在塔顶上，塔顶和塔身通过回转支承连接在一起，回转机构使塔顶回转而塔身不动。

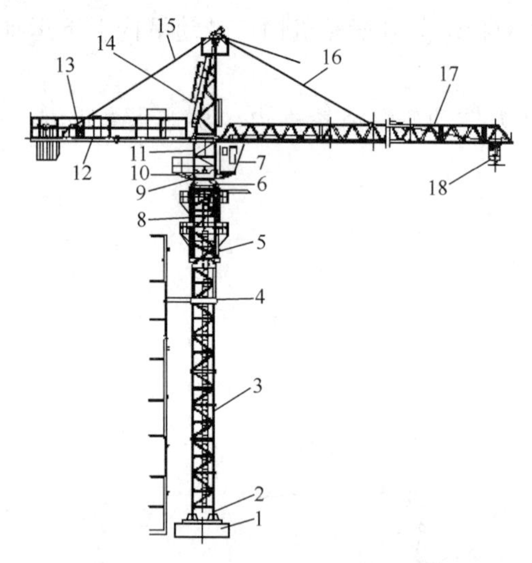

图 3-15　QTZ80 型塔式起重机

1—固定基础；2—底架；3—塔身；4—附着装置；5—套架；6—下支座；7—驾驶室；8—顶升机构；9—回转机构；10—上支座；11—回转塔身；12—平衡臂；13—起升机构；14—塔顶；15—平衡臂拉杆；16—起重臂拉杆；17—起重臂；18—变幅机构

外部附着式塔机有固定式、轨道式和附着式。固定式塔身比附着式塔机低 2/3 左右，轨道式用于楼层不高建筑群的施工，附着式起升高度最大。

图 3-15 为 QTZ280 型塔式起重机总体构造，该机为水平臂架，小车变幅，上回转自升式多用途塔机。该机具有轨道式、固定式和附着式三种使用形式，适合各种不同的施工对象。主要的技术性能：最大起重量为 8t，最大起重力矩为 800kN·m，轨道式和固定式最大起升高度为 45m，自爬式最大起升高度为 140m，附着式最大起升高度为 200m。为满足工作幅度的要求，分别设有 45m 及 56m 两种长度的起重臂。该塔机具有起重量大，工作速度快，自重轻，性能先进，使用安全可靠，广泛应用多层、高层民用与工业建筑、码头和电站等工程施工。

1）金属结构

① 底架。底架是塔式起重机中承受全部载荷的最底部结构件，固定式和附着式塔机有井字型和压重型两种底架，如图 3-16、图 3-17 所示。

图 3-16　井字型底架

图 3-17　压重型底架

② 塔身与标准节。塔身安装在底架上，由许多标准节用螺栓连接而成，如图 3-18 所示。标准节有加强型和普通型两种，加强型标准节全部安装在塔身最下部（即在全部普通型标准节下面），严禁把加强型标准节和普通型标准节混装。各标准节内均设有供人通行的爬梯，并在部分标准节内（一般每隔三节标准节）设有一个休息平台。

③ 顶升套架。顶升套架主要由套架结构、工作平台、顶升横梁、顶升液压缸和爬爪等组成，如图 3-19 所示。塔机的自升加节主要由此部件完成。顶升套架在塔身外部，上端用销轴与下支座相连，顶升液压缸安装在套架后侧的横梁上。液压泵站安放在液压缸一侧的平台上；顶升套架内侧安装了可调节滚轮，顶升时滚轮起导向支承作用，沿塔身行走。塔套外侧有上、下两层工作平台，平台四周有护栏。

图 3-18 标准节

图 3-19 顶升套架

④ 回转支承总成。一般由回转平台、回转支承、固定支座（或为底架）组成，如图 3-20 所示。

⑤ 回转塔身。回转塔身为整体框架结构，下端与回转上支座连接；上端与塔顶、平衡臂和起重臂连接，如图 3-21 所示。

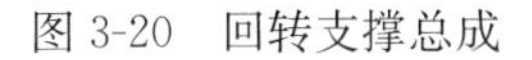

图 3-20 回转支撑总成

图 3-21 回转塔身

⑥ 塔顶。塔顶是斜锥体结构，塔顶下端用销轴与回转塔身连接，如图 3-22 所示。

⑦ 起重臂。起重臂上、下弦杆都是采用两个角钢拼焊成的钢管，整个臂架为三角形截面的空间桁架结构，节与节之间用销轴连接，采用两根刚性拉杆的双吊点，吊点设在上

弦杆。下弦杆有变幅小车的行走轨道。起重臂根部与回转塔身用销轴连接，并安装变幅小车牵引机构。变幅小车上设有悬挂吊篮，便于安装与维修，如图 3-23 所示。

图 3-22　塔顶

图 3-23　起重臂

⑧ 平衡臂。平衡臂是由槽钢及角钢拼焊而成的结构，平衡臂根部用销轴与回转塔身连接，尾部用两根平衡臂拉杆与塔顶连接。平衡臂上设有护栏和走道，起升机构和平衡重均安装在平衡臂尾部，根据不同的臂长配备不同的平衡重，如图 3-24 所示。

图 3-24　平衡臂

⑨ 通道与平台：塔身中一般都要设直立梯或斜梯作为通道，设置在塔身内部。在最顶部的塔身节或回转固定支座上设置平台；凡需安装、检修操作的位置，都应设可靠的通道和平台。

2）工作机构

① 起升机构。起升卷扬机安装在平衡臂的尾部，如图 3-25（*a*）所示。

② 变幅机构。小车牵引机构安装在吊臂的根部，如图 3-25（*b*）所示。

③ 回转机构。回转机构有两套，对称布置在大齿圈两侧，如图 3-25（*c*）所示。

④ 行走机构。由两个主动台车和两个被动台车、限位器、夹轨器及撞块等组成，如图 3-25（*d*）所示。

⑤ 顶升机构液压系统。顶升机构的工作是靠安装在爬架侧面的顶升液压缸和液压泵站完成。

(*a*)

(*b*)

(*c*)

(*d*)

图 3-25　工作机构

（*a*）起升机构；（*b*）变幅机构；（*c*）回转机构；（*d*）行走机构

3）安全控制装置

塔式起重机的安全控制装置主要有力矩限制器、起重量限制器、起升高度限位器、回转限位器、幅度限位器和行走限位器等，如图3-26所示。

① 力矩限制器。力矩限制器由两条弹簧钢板和三个行程开关和对应调整螺杆等组成。安装在塔顶中部前侧的弦杆上。当起重机吊重物时，塔顶主弦杆会发生变形。当荷载大于限定值，其变形显著，当螺杆与限位开关触头接触时，力矩控制电路发出报警，并切断起升机构电源，达到防止超载的作用。

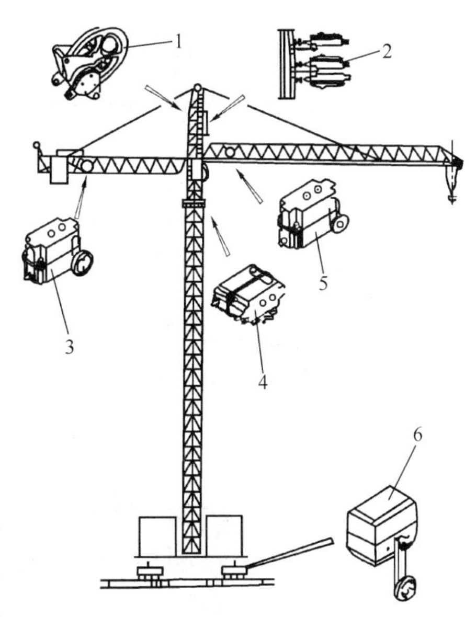

图3-26 安全装置

1—力矩限制器；2—起重量限制器；3—起升高度限位器；4—回转限位器；5—幅度限位器；6—行走限位器

② 起重量限制器。起重量限制器是用于防止超载发生的一种安全装装置。由导向滑轮、测力环及限位开关等组成。测力环一端固定于支座上，另一端锁固在滑轮轴的一端轴头上。滑轮受到钢丝绳合力作用时，便将此力传给测力环。当荷载超过额定起重量时，测力环外壳产生变形。测力环内金属片和测力环壳体固接，并随壳体受力变形而延伸，导致限位开关触头接触。力矩控制电路发出报警，并切断起升机构电源，达到防止超载的作用。

③ 起升高度限位器和幅度限位器。固定在卷筒上，带有一个减速装置，由卷筒轴驱动，可记下卷筒转数及起升绳长度，减速装置驱动其上的若干个凸轮。当工作到极限位置时，凸轮控制触头开关，可切断相应运动。

④ 回转限位器。回转限位器是带有由小齿轮驱动的减速装置，小齿轮直接与回转齿圈啮合。当塔式起重机回转时，其回转圈数被限位器记录下来。减速装置带动凸轮控制触头开关，可在规定的回转角度位置停止回转运动。

⑤ 行走限位器。行走限位器用于防止驾驶员操纵失误，保证塔式起重机行走在没有撞到轨道缓冲器之前停止运动。

⑥ 超程限位器。当行走限位器失效时，超程限位器切断总电源，停止塔式起重机运行。所有限位装置工作原理都是通过机械运动加上电控设备。

（3）内爬式塔式起重机

内爬式塔式起重机安装在建筑物内部，并利用建筑物的骨架固定和支撑塔身，如图3-27所示。它的构造与普通上回转式塔式起重机基本相同。不同之处是增加了一个套架和一套爬升机构，塔身较短。利用套架和爬升机构能自己爬升。内爬式起重机多由外附式改装而成。

（4）塔式起重机安全作业安全监控系统

塔式起重机安全监控管理系统通过对塔机工作载荷、位移等信号和额定工作参数的采集，利用液晶显示屏实时显示塔机的当前工作参数及与额定参数的对比状况，并对数据进行记录，为管理者监管塔机提供了有效的数据来源，如图3-28所示。

该监控系统的主要功能有：

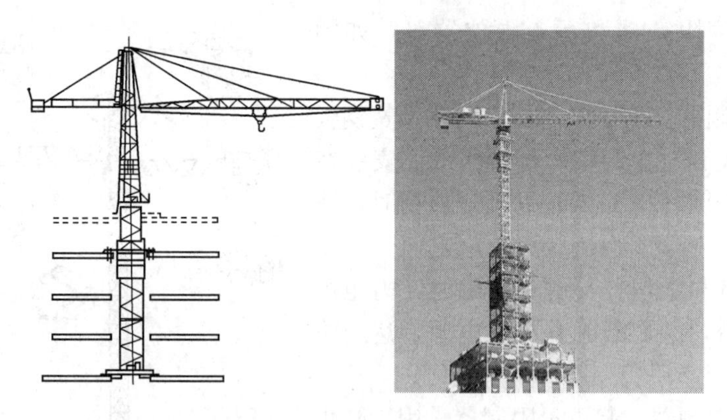

图 3-27 内爬式塔式起重机

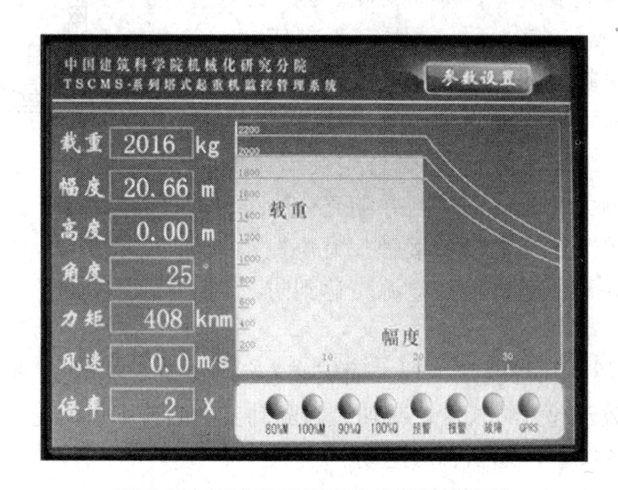

图 3-28 塔式起重机安全监控管理系统

1）实时显示：以图形和数值实时显示当前工作参数，包括起重量、力矩、幅度、回转角度及起升高度（图 3-28 为塔机额定起重特性曲线）。

2）临界报警：当起重量、起重力矩超过 90%额定值时自动发出声光报警。

3）安全控制：24 路控制信号输出，接入塔机控制系统，即可实现 GB/T 5031—2008 中的所有安全控制要求。

4）参数记录：全工作参数记录储存并可方便下载，可用专用软件查看，也可保存为 Excel 格式，方便统计管理。

5）统计功能：可自动进行累计工作时间和累计工作循环统计并显示。

6）超载查询：可在下载数据中方便地查询超载次数、超载重量及超载工况等数据。

7）单机区域限制：可通过预设参数防止吊钩进入限制工作区域。

8）群塔干涉预警：适用于动臂、平臂、平头等不同形式塔机混合的施工情况。

9）违章短信提醒：塔机违章作业时刻通过短信形式发送至安全管理员手机。

10）远程管理：塔机的工作数据可以通过无线网络和互联网传输，通过授权可以实时查看、管理。

11）密码功能：所有参数的设定都设有密码保护，防止非授权更改。

塔式起重机安全监控管理系统具有以下特点：①非接触式角度、高度、幅度传感器，重复精度高、抗干扰能力强、使用寿命长、安装更方便；②标配中文、英文、俄文三种语言显示界面，中英文两种界面的数据管理软件；③所有参数设定都有密码保护，防止未经授权的更改行为；④所有传感器及主电路板均加装了防雷保护装置。

第四节　流 动 式 起 重 机

流动式起重机是可以配备立柱或塔架，能在带载或空载情况下，沿无轨路面运动，依靠自重保持稳定的臂架型起重机。

1. 流动式起重机的分类及特点

（1）分类

按照底盘形式不同，流动式起重机分类如下所示：

- 流动式起重机
  - 轮式起重机
    - 汽车起重机/全地面汽车起重机
    - 轮胎起重机
  - 履带式起重机
  - 专用流动式起重机

（2）流动式起重机的结构特点

所谓流动式起重机结构，通常是指其金属结构，它包括起重臂、转台、车架和支腿四部分。

流动式起重机是通过改变臂架仰角来改变载荷幅度的旋转类起重机。流动式起重机的结构由起重臂、回转平台、车架和支腿四部分组成。

2. 轮式起重机

（1）轮式起重机的用途、分类和型号

轮式起重机本身自带行走装置，机动性好，转场方便、快速，作业适应性好。可用于各种建设工程和设备安装工程的结构与设备安装及各种材料、构件的垂直运输和装卸工作。

轮式起重机按行走装置的结构分为汽车起重机和轮胎起重机，汽车起重机应用广泛。按起重量大小分为小型（起重量 12t 以下）、中型（起重量 16～40t）、大型（起重量大于 40t）和特大型（起重量 100t 以上）。

按吊臂形式分为桁架臂和箱形臂两种。

按传动形式分为机械传动、电力-机械传动和液压-机械传动三种。

轮式起重机的型号编制如下所示：

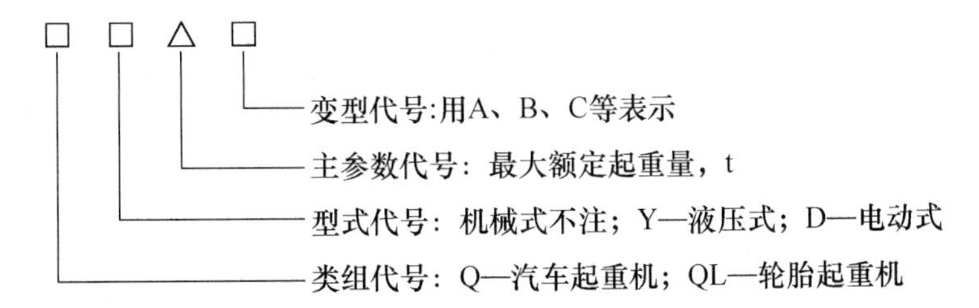

如：QLY25——液压式轮胎起重机，最大额定起重量为 25t。

（2）轮式起重机的基本构造

轮胎式起重机有汽车起重机和轮胎起重机两种类型，是工程起重机中最通用的机种，它们共同特点是起重机的上车部分装于采用轮胎式底盘的下车车体上。

汽车起重机是在通用或专用汽车底盘上安装各种工作机构的起重机，汽车起重机车桥多数采用弹性悬挂，除汽车底盘原有的驾驶室外，平台上另设一操纵起重作业的驾驶室。运行速度高（50～80km/h），适合于流动性大，长距离转换场地作业，机动性好。但车身长，转弯半径大，通过性差，工作时需支脚，不能带载行走，前方不能作业。起重机工作机构的动力通常从汽车底盘的发动机上获得，大吨位起重机的作业部分多采用单独的发动机提供动力。

图 3-29　轮胎起重机示意图

轮胎起重机是将起重装置和动力装置安装在专门设计的轮胎底盘上的起重机，如图 3-29 所示。轮胎起重机车架为刚性悬挂，可以吊载行走，采用一个驾驶室，这种起重机的轮距较小，与轴距相近，转弯性好，各向稳定性接近，越野性好，能在 360°范围内旋转作业。适合于作业场地相对稳定的场合作业，一台发动机给整机提供动力，发动机布置在回转平台上。轮胎起重机多为中型以下起重机。

如图 3-30 所示 QY32B 汽车式起重机。采用日本 K303LA 汽车专用底盘（驱动形式 8×4），具有四节伸缩主起重臂，二节副起重臂，H 形支腿，双缸前支变幅，主、副卷扬装置独立驱动。最大起重力矩为 96t·m，使用基本臂工作时，最大起重量为 32t，工作幅度为 3m，最大起升高度是 10.60m；主臂全伸（臂长为 32m）时，最大起重量为 7t，工作幅度为 8m，最大起升高度为 31.8m。全伸主臂加二节副臂（32m＋14m），工作幅度为 10m 时，最大起升高度为 46m，最大起重量为 1.45t。

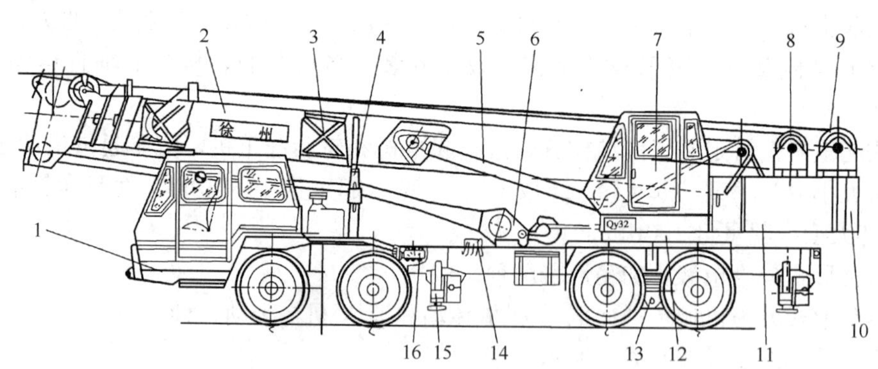

图 3-30　QY32B 起重机整体结构图

1—汽车底盘；2—主吊臂；3—副臂；4—吊臂支架；5—变幅液压缸；6—主吊钩；7—驾驶室；8—副卷扬机；9—主卷扬机；10—配重；11—转台；12—回转机构；13—弹性悬架锁死机构；14—下车液压系统；15—支腿；16—取力装置

1）主臂与副臂架

主臂采用高强钢材制成，其断面为大圆角的五边形结构，如图 3-31 所示。主臂共分四节，一节基本臂和三节套装伸缩臂，各节臂间（两侧和上下面）用滑块支承，基本臂根部铰接在转台上，中部与变幅液压缸铰接。

副臂架采用高强结构钢制成，如图 3-31 所示。第一节副起重臂为桁架式结构，第二节副起重臂为箱形结构。第二节副臂套装在第一节副臂内，靠托滚支承。工作时靠人工将二节副臂拉出，然后用销轴固定。通过调节轴销的位置，可实现 5°、30°两种副起重臂补偿角的起重作业。整个副臂采用侧置式，收存时置于主起重臂的侧方，通过固定销轴和拖架与主起重臂相连。

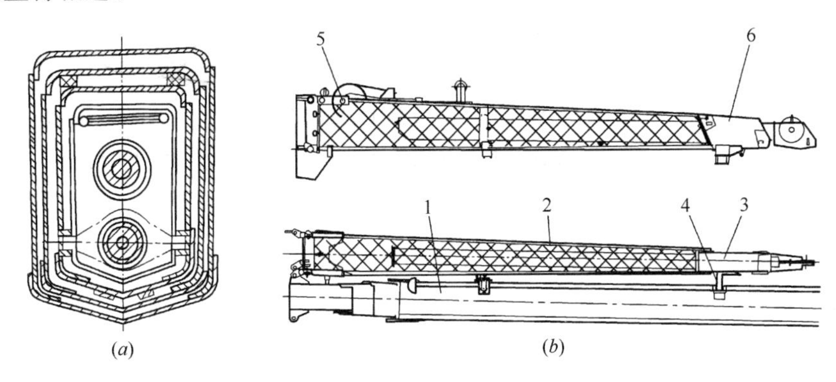

图 3-31　主臂与副臂架结构

1—主臂；2—第一节副臂架；3—第二节副臂架；4—副臂固定座；5、6—销轴

2）工作机构

臂架伸缩机构：臂架的伸缩机构由两个双作用液压缸及钢丝滑轮系统组成。

变幅机构：采用双变幅液压缸改变吊臂的仰角。在液压缸上装有平衡阀，以保证变幅平稳，同时在液压软管突然破裂时，也可防止发生起重臂跌落事故。

起升机构：起升机构采用高压自动变量马达驱动，形星齿轮减速器变速，液压多片制动器制动。

为了提高作业效率，起重机设置两个起升机构，即主起升机构和副起升机构，两个机构可采用各自独立的驱动装置。主副起升机构的动作由主副离合器及制动器控制。

回转机构：回转机构采用液压马达驱动，双级行星齿轮减速，常闭式制动器制动。

3）轮胎式起重机技术参数

轮胎式起重机的基本参数：最大起重量、最大起重力矩、幅度、起升高度、工作速度、发动机功率和整机质量等。

3. 履带式起重机

（1）履带式起重机的用途、特点和型号

履带式起重机是将起重装置安装在履带行走底盘上的起重机，除用于工业与民用建筑施工和设备安装工程的起重作业外，更换或加装其他工作装置，又可作为正铲、拉铲、抓斗、钻孔机、打桩机和地下连续墙成槽机等工程机械。就起重作业来说，它能改装成履带型的塔式起重机。这种履带型的塔式起重机施工时既不用铺设道轨，也不用浇筑混凝土基础，能大大减少施工作业场地和施工费用。所以，履带起重机是一种应用广泛的起重设备。履带式起重机传动方式有机械式、液压式和电动式三种，目前，多采用液压传动。

由于履带式起重机的履带与地面的接触面积大，重心低，平均比压小，可在松软、泥泞地面作业。它的牵引能力大，爬坡能力强，能在崎岖不平的场地上行驶，起重量大，稳定性好。大型履带起重机的履带装置可设计成横向伸缩式，以扩大支承宽度。履带起重机的缺点是自重大，行驶速度较低，不宜作长距离运行，转移作业时，需通过铁路运输或用平板车拖运，以防止对路面的损害。

履带式起重机的型号编制如下所示：

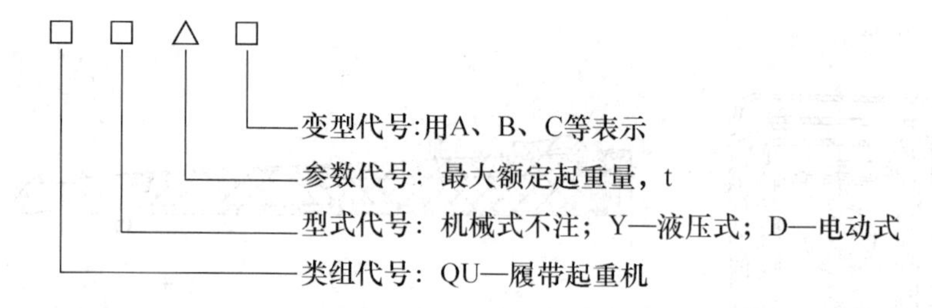

如：QUY100——液压式履带起重机，最大额定起重量为100t。

（2）履带式起重机的基本构造

履带式起重机是将起重装置安装在履带行走底盘上的起重机，它的工作机构与轮式起重机相近，吊臂一般采用可接长的桁架结构。

液压履带起重机如图3-32所示。除用作起重机，也可作履带桩架。其主要由吊臂、工作机构、转台、行走装置、动力装置、液压系统、电气系统和安全装置等组成，如图3-33所示。采用全液压驱动，柴油机驱动液压泵，液压泵输出的压力油通过控制阀传递到

图3-32　履带式起重机

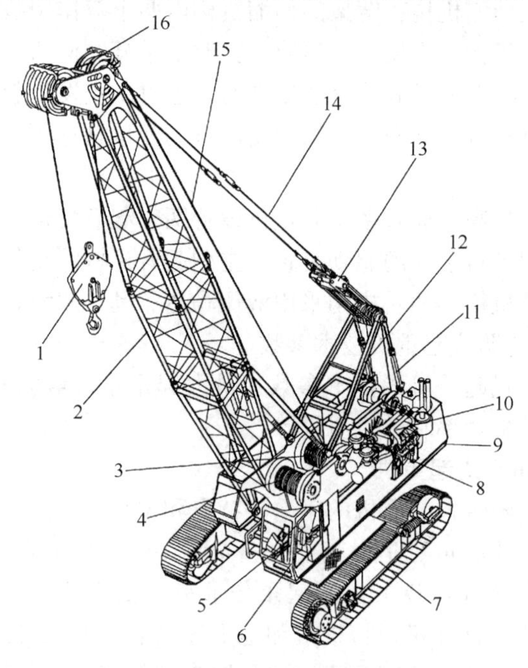

图3-33　履带起重机构造

1—吊钩；2—吊臂；3—变幅卷扬机构；4—起升卷扬机构；5—操作系统；6—驾驶室；7—行走机构；8—液压泵；9—平台；10—发动机；11—变幅钢丝绳；12—支架；13—拉紧器；14—吊挂钢丝绳；15—起升钢丝绳；16—滑轮组

起升、变幅、回转和行走机构的液压马达，使之产生转矩，再通过减速器后传给卷筒、驱动轮等，实现各种动作。履带起重机的起升和回转机构与轮式起重机近似或相同，行走机构与液压挖掘机近似或相同。变幅机构采用钢丝绳拉动起重臂实现俯仰的变幅方式。

履带式起重机主要技术参数：最大起重量、最大起升高度、工作幅度、工作速度、机重和功率等。

第五节 建筑施工升降机

建筑用升降机主要有简易升降机和施工升降机两大类。

1. 简易升降机

简易升降机多用于民用建筑，常见的形式有井架式、门架式和自立架三种，如图3-34所示。它是一种只具备起升机构的简单起重机械，用来垂直提升各种建筑构件和材料。它制造方便，价格低廉，用来辅助或代替塔式起重机，可降低工程成本。

目前，应用最多的是门架式升降机。门架式升降机又称为双导架式升降机，如图 3-35 所示。

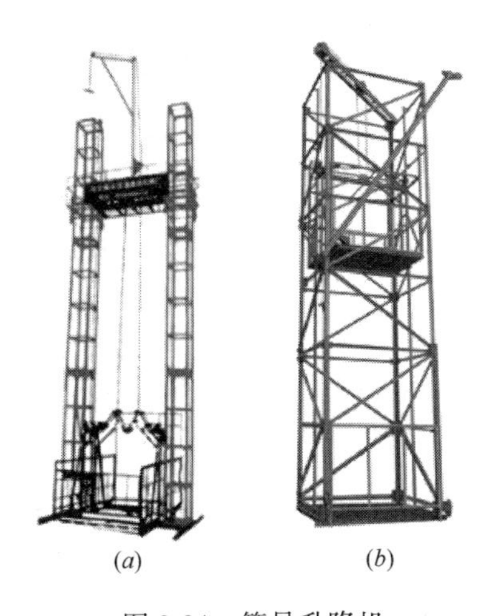

图 3-34 简易升降机

(a) 井架式；(b) 门架式

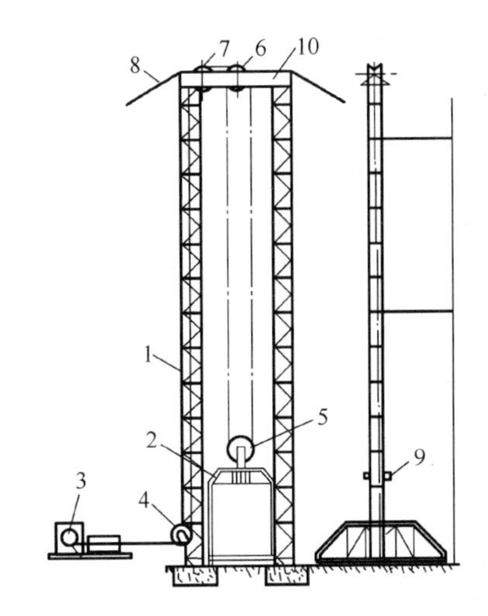

图 3-35 门式升降机示意图

1—导架；2—起重平台；3—卷扬机；4～7—滑轮；8—缆风绳；9—滚轮；10—横梁

两根导架可用钢管或角钢焊成的三角形或正方形桁架标准节，各节之间用螺栓连接，节数根据建筑物高度确定。横梁用两根型号较大的工字钢或槽钢制成。门形架安装在靠近建筑物的混凝土基础上，门架平行于建筑物，可分段与建筑物用拉杆锚固或用多根缆风绳固定。起重平台由槽钢或角钢焊接而成，平台上铺设木板，两侧有围栏保证安全。平台上有四组滚轮可沿导架上下滚动。平台升降靠安装在地面的卷扬机及钢丝绳滑轮组实现。卷扬机安装在离导架 20～30m 的地面上，以保证操纵人员安全，视野开阔。这种升降机常使用快速卷扬机，可实现重力下降，提高工作效率。它的优点是结构简单，制作容易，拆装方便，使用较可靠，是目前中小建筑工地常用的起重机械。

2. 施工升降机

（1）施工升降机的作用、分类及型号表示

施工升降机是一种可分层输送各种建筑材料和施工人员的客货两用电梯，因施工升降机的导轨井架附着于建筑物的外侧，又称外用电梯，如图3-36所示。施工升降机采用齿轮齿条啮合方式或采用钢丝绳提升方式，使吊笼作垂直或倾斜运动。

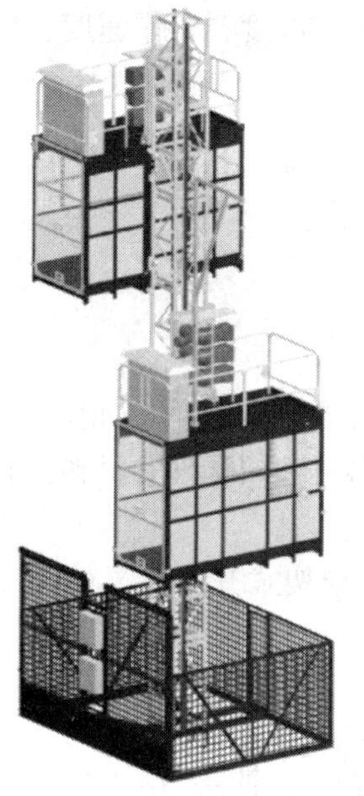

图3-36　施工升降机

施工升降机按驱动方式分为齿轮齿条驱动、卷扬机钢丝绳驱动和混合型驱动三种类型。混合型多用于双吊笼升降机，一个吊笼由齿轮齿条驱动，另一个吊笼由卷扬机钢丝绳驱动。

施工升降机的型号编制如下所示：

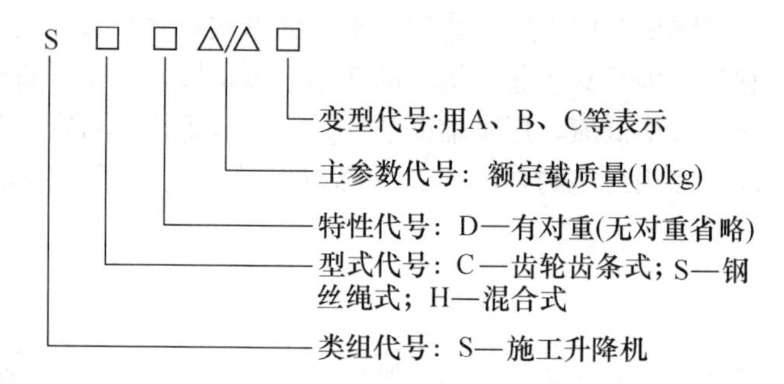

如：SC600——单吊笼额定载质量为6000kg的齿轮齿条式施工升降机；

SCD200/200——双吊笼、有对重、额定载质量为2000kg的齿轮齿条式施工升降机。

（2）施工升降机的基本构造

目前，施工升降机主要采用齿轮齿条传动方式，驱动装置的齿轮与导轨架上的齿条相啮合。当控制驱动电机正反转，吊笼就会沿着导轨上下移动。施工升降机装有多级安全装置，安全可靠性好，可以客货两用。

SCD200/200施工升降机，采用笼内双驱动的齿轮齿条传动，双吊笼，在导轨的两侧各装一个吊笼，有对重。每个吊笼内有各自的驱动装置，并可独立地上下移动，从而提高了运送客货的能力。由于附臂式升降机既可载货，又可载人，因而，设置了多级安全装置。每个吊笼额定载重2000kg，最大起升速度35～40m/min，最大架设高度200m。

SCD200/200施工升降机主要由天轮装置、顶升套架、对重机构、吊笼、电气控制系统、驱动装置、限速器、导轨架、吊杆、底笼、附墙架和安全装置等组成，如图3-37所示。

1）驱动装置

驱动装置由带常闭式电磁制动器的电动机、蜗轮蜗杆减速器、驱动齿轮和背轮等组成，如图3-38所示。驱动装置安装在吊笼内部，驱动齿轮与导轨架上的齿条相啮合转动，使吊笼上下运行。

2）防坠限速器

在驱动装置的下方安装了防坠限速器，主要由外壳、制动锥鼓、摩擦制动块、前端盖、齿轮、拉力弹簧、离心块、中心套架、旋转轴、碟形弹簧、限速保护开关和限位磁铁

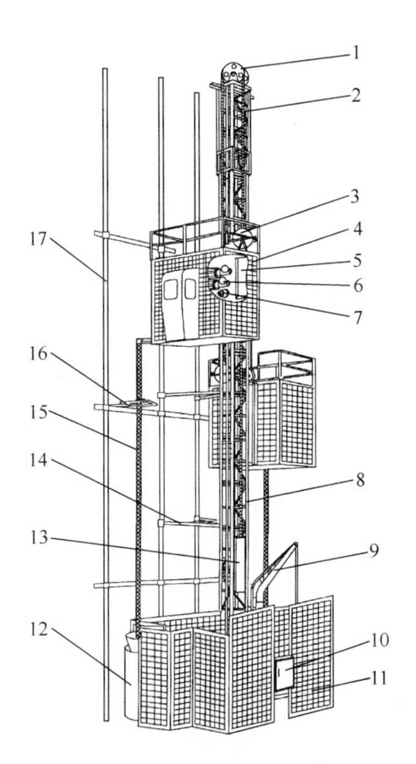

图 3-37　SCD200/200 施工升降机构造

1—天轮装置；2—顶升套架；3—对重绳轮；4—吊笼；5—电气控制系统；6—驱动装置；7—限速器；8—导轨架；9—吊杆；10—电源箱；11—底笼；12—电缆笼；13—对重；14—附墙架；15—电缆；16—电缆保护架；17—立管

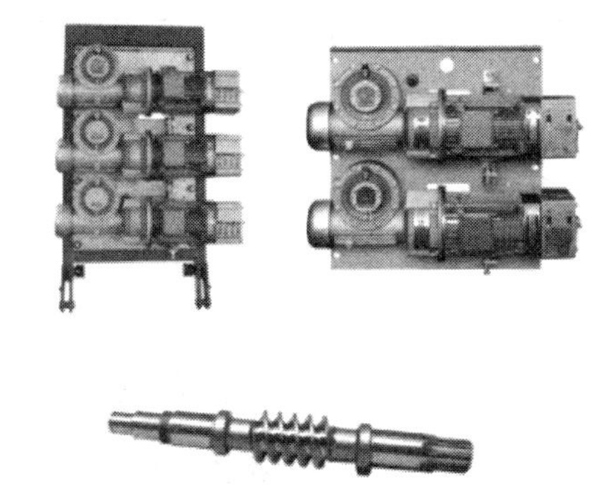

图 3-38　驱动装置

等组成，如图 3-39 所示。当吊笼在防坠安全器额定转速内运行时，离心块在拉力弹簧的作用下与离心块座紧贴在一起。当吊笼发生异常下滑超速时，防坠限速器里的离心块克服弹簧拉力带动制动鼓旋转，与其相连的螺杆同时旋进，制动锥鼓与外壳接触，摩擦力逐渐增加，通过啮合着的齿轮齿条，使吊笼平缓制动，同时通过限速保护开关切断电源保证人

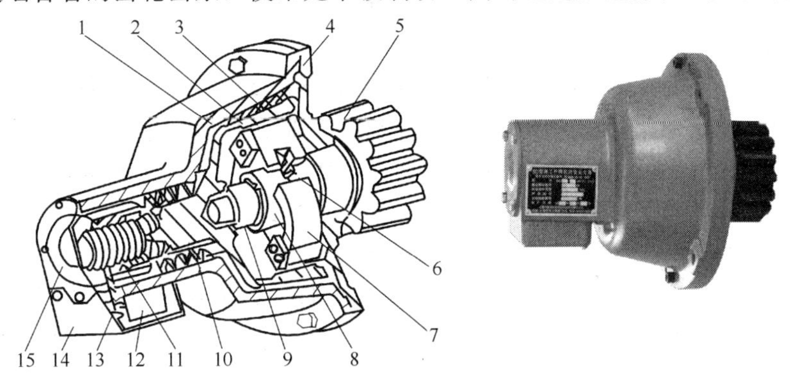

图 3-39　防坠限速器结构

1—外壳；2—制动锥鼓；3—摩擦制动块；4—前端盖；5—齿轮；6—拉力弹簧；7—离心块；8—中心套架；9—旋转轴；10—碟形弹簧；11—螺母；12—限速保护开关；13—限位磁铁；14—安全罩；15—尾盖

机安全。

3）吊笼（轿厢）

吊笼为型钢焊接钢结构件，周围有钢丝保护网，有单开或双开门，吊笼顶有翻板门和护身栏杆，通过配备的专用梯子可作紧急出口和在笼顶部进行安装、维修、保养和拆卸等工作，如图 3-40 所示。吊笼顶部还设有吊杆安装孔，吊笼内的立柱上有传动机构和限速器安装底板。吊笼是升降机的核心部件。吊笼在传动机构驱动下，通过主槽钢上安装的四组导向滚轮，沿导轨运行。

4）底笼

底笼由固定标准节的底盘、防护围栏、吊笼缓冲弹簧和对重缓冲弹簧等组成，底盘上有地脚螺栓安装孔，用于底笼与基础的固定，如图 3-41 所示。外笼入口处有外笼门。

图 3-40　吊笼

图 3-41　底笼

当吊笼上升时，外笼门自动关闭，吊笼运行时不可开启外笼门，以保证人员安全。底盘上的缓冲弹簧用以保证吊笼着地时能柔性接触。

5）导轨架

导轨架由多节标准节通过高强度螺栓连接而成，作为吊笼上下运行的轨道，如图3-42所示。标准节用优质无缝钢管和角钢等组焊而成。标准节上安装着齿条和对重滑道，标准节长 1.5m，多为 650mm×650mm，650mm×450mm 和 800mm×800mm 三种规格的矩形截面。导轨架通过附墙架与建筑物相连，保证整体结构的稳定性。

6）对重机构

对重机构用于平衡吊笼的自重，从而提高电动机的功率利用率和吊笼的载重量，并可改善结构受力情况。对重机构由对重体、天轮装置、对重绳轮、钢丝绳夹板和钢丝绳等组成，如图 3-43 所示。天轮装置安装在导轨架顶部，用作吊笼与对重连接的钢丝绳支承滑轮。钢丝绳一端固定在笼顶钢丝绳架上，另一端通过导轨架顶部的天轮与对重体相连。对重上装有四个导向轮，并有安全护钩，使对重在导轨架上沿对重轨道随吊笼运行。

图 3-42 导轨架标准节

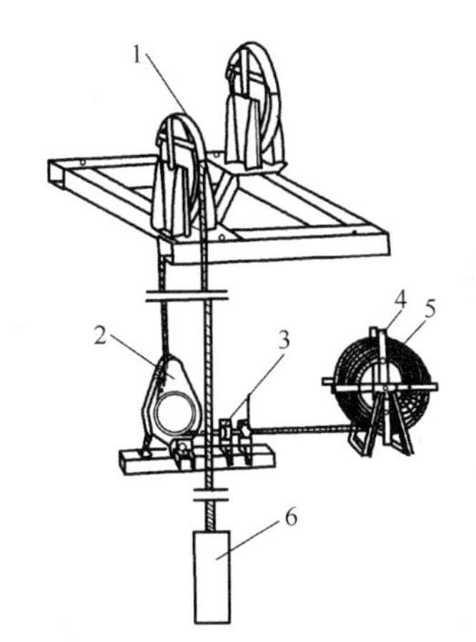

图 3-43 对重机构

1—天轮装置；2—对重绳轮；3—钢丝绳夹板；
4—钢丝绳架；5—钢丝绳；6—对重体

7）附墙架

附墙架将导轨架与建筑物附着连接，以保证导轨架的稳定性，如图 3-44 所示。附墙架与导轨架加节增高应同步进行。导轨架高度小于 150m，附墙架间隔小于 9m。超过 150m 时，附墙架间隔 6m，导轨架架顶的自由高度小于 6m。

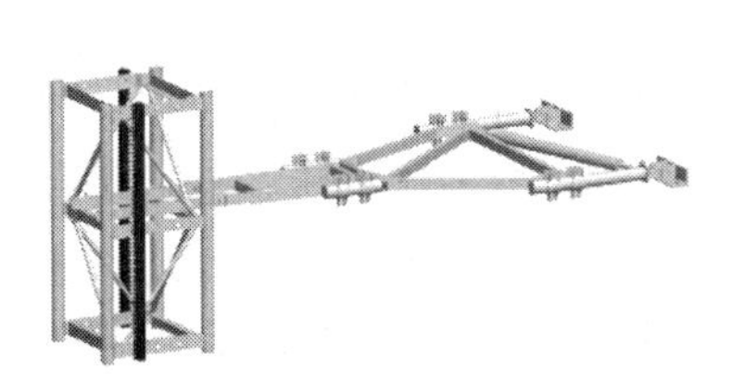

图 3-44 附墙系统结构

8）吊杆

吊杆安装在笼顶或底笼底盘上，如图 3-45 所示，有手动和电动两种。在安装和拆卸导轨架时，用来起吊标准节和附墙架等部件。吊杆的最大起升质量为 200kg。

吊杆上的手摇卷扬机具有自锁功能，起吊重物时按顺时针方向摇动摇把，停止摇动并平缓地松开摇把后，卷扬机即可制动，放下重物时，则按相反的方向摇动。

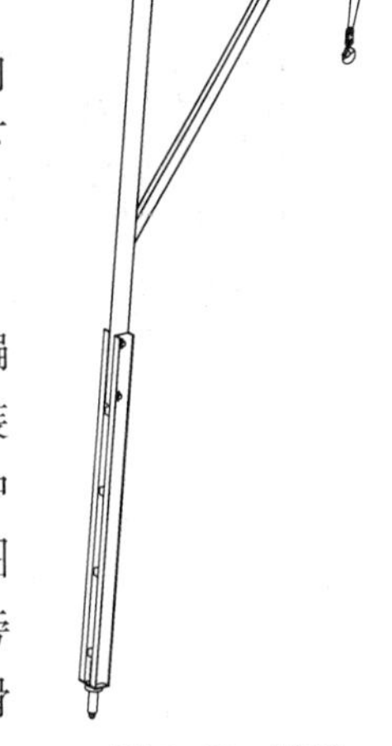

图 3-45 吊杆

9）电缆保护架和电气设备

电缆保护架使接入笼内的电缆随线在吊笼上下运行时，不偏离电缆笼，保持在固定位置，如图 3-46 所示。电缆保护架安装在立管上。吊笼上的电缆托架使电缆保持在电缆保护架的 U 形中心。当导轨架高度大于 120m 时，可配备电缆滑车系统，如图 3-47所示。电缆滑车架安装在吊笼下面，由四个滚轮沿导轨架旁边的电缆导轨架运行，固定臂与电缆臂之间的随行电缆靠电缆滑车拉直。

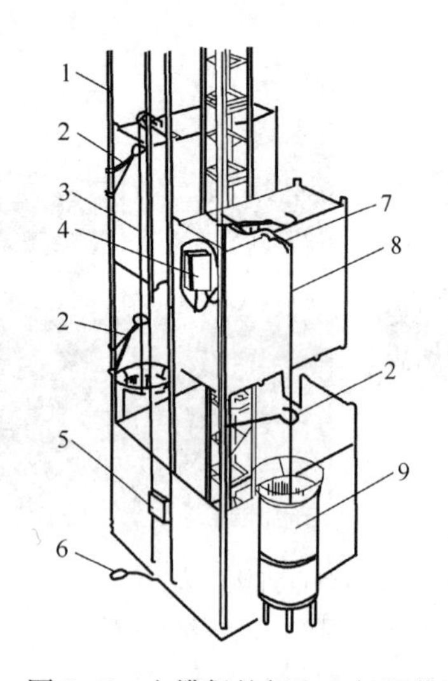

图 3-46　电缆保护架和电气设备

1—立管；2—电缆保护架；3—电缆；4—电控箱；5—电源箱；6—坠落试验专用按钮；7—电缆托架；8—电缆；9—电缆笼

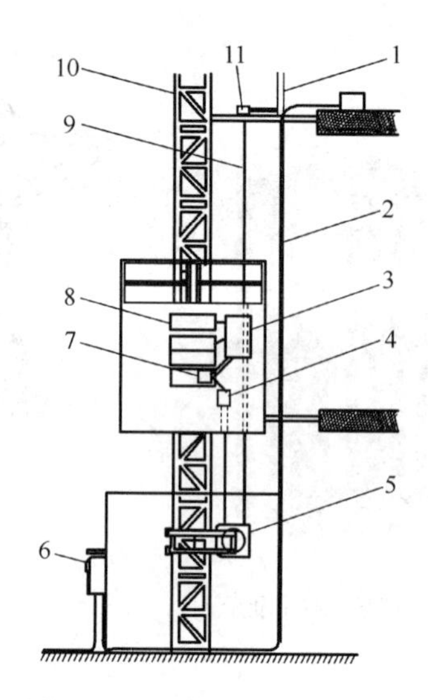

图 3-47　电缆滑车与电缆布置

1—立管；2—固定电缆；3—上电箱；4—电缆臂；5—电缆滑车；6—下电箱；7—极限开关；8—驱动装置；9—随行电缆；10—导轨架；11—固定臂

升降机电气设备由电源箱、电控箱和安全控制系统等组成，如图 3-46 所示。每个吊笼有一套独立的电气设备。由于升降机应定期对安全装置进行试验，每台升降机还配备专用的坠落试验按钮。电源箱安装在外笼结构上，箱内有总电源开关。电控箱位于吊笼内，各种电控元器件安装在电控箱内，电动机、制动器、照明灯及安全控制系统均由电控箱控制。

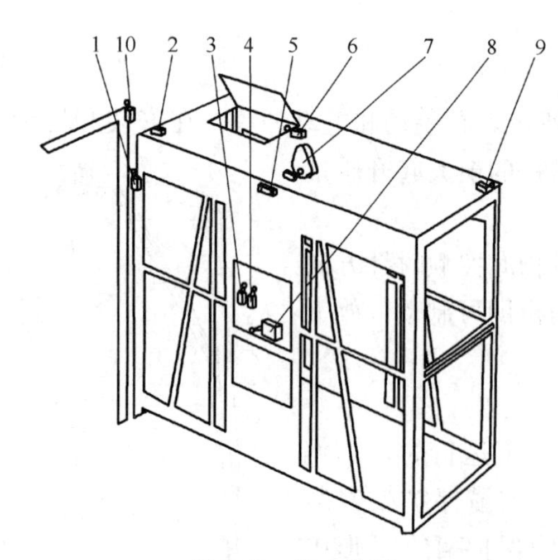

图 3-48　安全装置

1—吊笼门联锁；2—单开门开关；3—上限位开关；4—下限位开关；5—防冒顶开关；6—顶盖门开关；7—断绳保护开关；8—极限手动开关；9—双开门开关；10—外护栏联锁

10）安全控制系统

安全控制系统由施工升降机上设置的各种安全开关装置和控制器件组成，如图 3-48 所示。当升降机运行发生异常情况时，将自动切断升降机的电源，使吊笼停止运行，以保证施工升降机的安全。

吊笼上设置各种安全控制开关，确保吊笼工作时安全。在吊笼的单、双门上及吊笼顶部活板门上均设置安全开关，如其中一个门开启或未关闭，吊笼均不能运行。吊笼上装有上、下限位开关和极限开关。当吊笼行至上、下终端站时，可自动停车。若此时因故不停车超过安全距离时，极限开关动作切断总电源，使吊笼制动。钢丝绳锚点处设有断绳保护开关。

在两套驱动装置上设置了常闭式制动器，当吊笼坠落速度超过规定限额时，限速器自行启动，带动一套制动装置将吊笼刹住。在限速器尾盖内设有限速保护开关，限速器动作时，通过机电联锁切断电源。吊笼内还设有驾驶员作为紧急制动的脚踏制动器。

万一吊笼在运行中突然断电，吊笼在常闭式制动器控制下可自动停车；另外还有手动限速装置，使吊笼缓慢下降。笼内设有楼层控制装置。

（3）施工升降机的主要技术参数

施工升降机的主要技术参数有额定载重量、最大架设高度、起升速度和功率等。

（4）其他主要施工升降设备

1）多功能施工升降机

该施工升降机适用于烟囱、桥塔、冷却塔以及塔筒薄壳类建筑施工，是可同时运送钢筋、混凝土及施工人员的三合一型设备。其工作平台可根据施工半径变化而变化，且与吊笼运行互不干涉，可随施工高度变化而进行爬升，满足了施工需求，有效解决了人员、物料的垂直和水平运输问题，如图 3-49 所示。

图 3-49　多功能施工升降机

2）登机登高附设升降作业电梯

迷你升降机是一种专门为高耸结构、塔架设备运送操作检修作业人员的登机登高电梯，常见类型如图 3-50 所示。迷你升降机导轨井架可以附着在建筑物的外侧或内筒。它一般由钢结构、传动系统、电气系统及安全控制系统等组成。登机登高附设升降作业电梯（又称迷你型作业升降机，也称迷你电梯）适用于工业与民用建筑、塔式起重机、港口机械、岸桥、龙门起重机、输电线路桥塔、桥梁、电视塔架、烟囱、锅炉、井道等高耸建筑

(*a*)　(*b*)　(*c*)

图 3-50　迷你系列登机梯应用

（*a*）气象塔登高梯；（*b*）大型塔机登高梯；（*c*）输变电铁塔登高梯

物等的登高作业。

3）液压顶升平桥

液压顶升平桥集成了塔式起重机与多功能升降机的优势，具有起重功能，同时方便施工人员将从地面上的钢筋混凝土运送至指定的施工面，也可用来存放一定机具，为施工提供了安全可靠的运行通道，工作平台可根据施工半径变化而变化。其适用于火电厂大型冷却塔施工以及异形高耸薄壳塔筒施工，如图 3-51 所示。

图 3-51 塔筒类建筑施工液压顶升平桥

第四章　混凝土机械

混凝土是建设工程中应用非常广泛的一种建筑材料。混凝土的拌合料一般为水泥、砂、石等集料。混凝土是拌合料加水和其他添加材料，按一定比例混合，经过搅拌、成形、硬化而成。现代建设工程大量采用混凝土，形成了混凝土工程。混凝土工程所使用的各种机械即为混凝土机械。

第一节　混凝土搅拌机

混凝土搅拌机是将混凝土拌合料均匀拌合而制备混凝土的一种专用机械，如图 4-1 所示。为适应不同混凝土搅拌要求，搅拌机有多种机型。

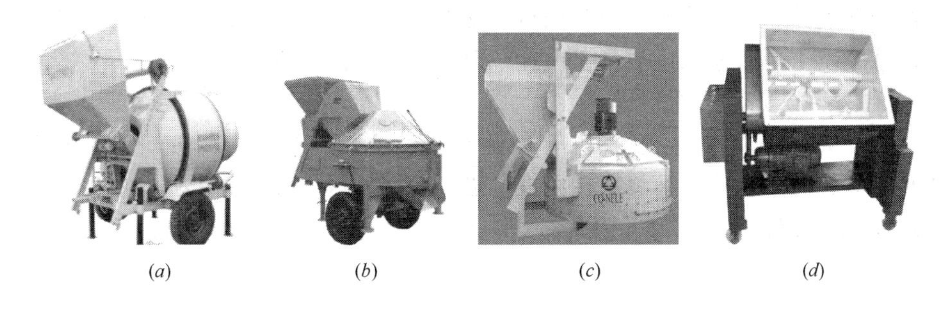

(*a*)　(*b*)　(*c*)　(*d*)

图 4-1　混凝土搅拌机

(*a*) 自落式搅拌机；(*b*) 立轴蜗浆式强制式搅拌机；(*c*) 立轴行星式搅拌机；(*d*) 卧轴式搅拌机

1. 混凝土搅拌机的用途、分类型号

按工作原理分为自落式和强制式搅拌机，强制式搅拌机又分为立轴蜗浆式、立轴行星式、单卧轴式和双卧轴式四种形式；按工作过程分为周期式和连续式搅拌机；按卸料方式分为倾翻式和非倾翻式（或反转式）搅拌机；按搅拌筒的形状分为锥式、盘式、梨式和槽式以及鼓筒式搅拌机；按搅拌容量分为大型（出料容量 1～3m^3）、中型（出料容量 0.3～0.75m^3）和小型（出料容量 0.05～0.25m^3）搅拌机。按搅拌轴的位置，分为立轴式和卧轴式搅拌机。

混凝土搅拌机的型号由机型、特性和主参数组成，见表 4-1。

如：JD200 型搅拌机表示出料容量为 200L，电动机驱动的单卧轴强制式搅拌机。

2. 混凝土搅拌机的工作原理与基本结构

（1）工作原理

1）自落式搅拌机

自落式搅拌机的工作原理如图 4-2 所示。搅拌机构为搅拌筒，沿筒内壁周围安装若干

搅拌机型号的表示方法　　　　表 4-1

机类	机 型	特性	代号	代 号 含 义	主参数
混凝土搅拌机 J（搅）	强制式 Q（强）	强制式搅拌机	JQ	强制式搅拌机	出料容量（L）
		单卧轴式（D）	JD	单卧轴强制式搅拌机	
		双卧轴式（S）	JS	双卧轴强制式搅拌机	
		立轴蜗浆式（W）	JW	立轴蜗浆强制式搅拌机	
		立轴行星式（X）	JX	立轴行星强制式搅拌机	
	锥形反转出料式 Z（锥）		JZ	锥形反转出料式搅拌机	
		齿圈（C）	JZC	齿圈锥形反转出料式搅拌机	
			JF	倾翻出料式锥形搅拌机	
	锥形倾翻出料式 F（翻）	齿圈（C）	JFC	齿圈锥形倾翻出料式搅拌机	

个搅拌叶片。工作时，叶片随筒体绕其自身轴旋转，利用叶片对筒内物料进行分割、提升、洒落和冲击等作用，使配合料的相对位置不断进行重新分布而得到均匀搅拌。它的特点是搅拌强度不大，效率低，适合于搅拌一般集料的塑性混凝土。

2）立轴蜗浆式强制式搅拌机

工作原理如图 4-3 所示。搅拌机的圆盘中央有一根竖立转轴，轴上装有几组搅拌叶片，当转轴旋转时带动搅拌叶片旋转而进行强制搅拌。蜗浆式搅拌机具有结构紧凑、体积小、密封性能好等优点。

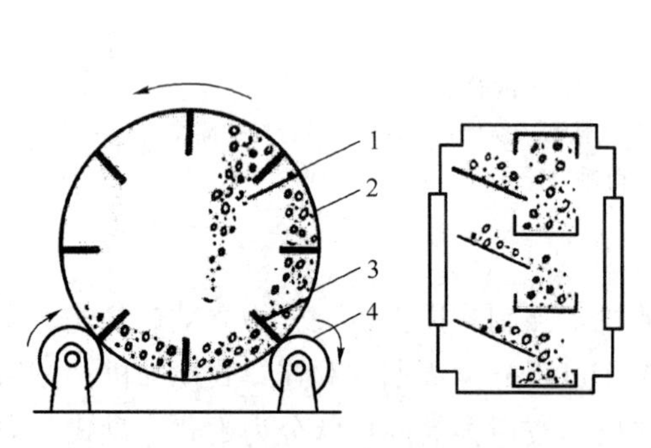

图 4-2　自落式搅拌机工作原理

1—混凝土拌合料；2—搅拌筒；3—搅拌叶片；4—托轮

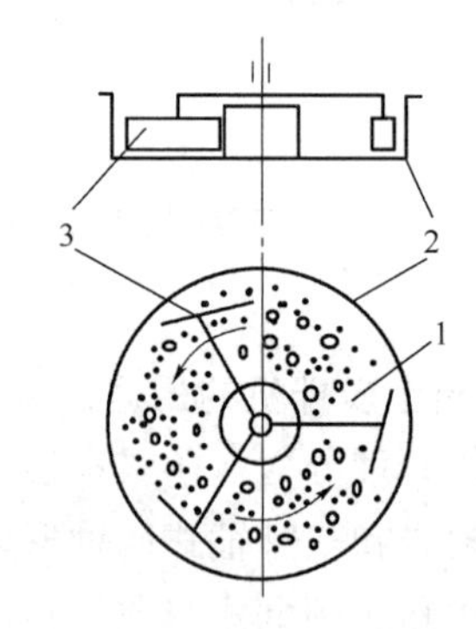

图 4-3　蜗浆式搅拌机工作原理

1—圆盘；2—搅拌筒；3—搅拌叶片

3）立轴行星式强制式搅拌机

工作原理如图 4-4 所示。搅拌机带有搅拌叶片的旋转立轴不是装在搅拌筒中央，而是装在行星架上，它除带动搅拌叶片绕本身轴线自转外，还随行星架绕搅拌筒的中心轴公转，这比只有自转的蜗浆式产生更加复杂的运动。行星式搅拌机旋转轴的数量按不同容量可以是 1 个、2 个或 3 个，如图 4-5 所示。行星式的搅拌强烈，且搅拌时间短，搅拌容量大，常用于混凝土搅拌楼（站）。

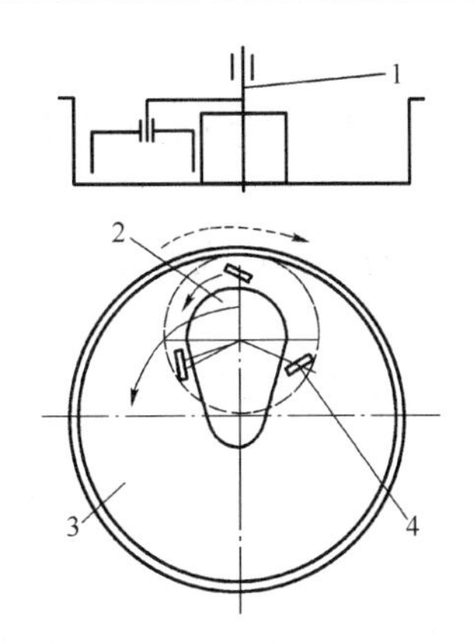

图 4-4　行星式搅拌机工作原理

1—中心轴；2—行星架；3—搅拌筒；4—搅拌叶

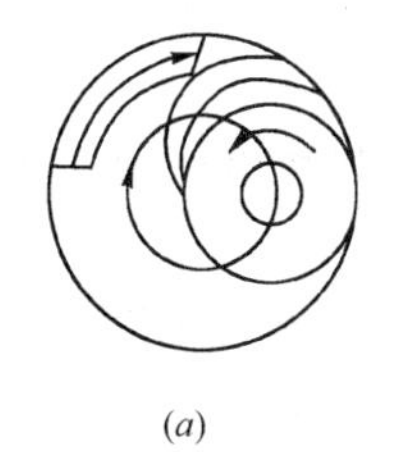
(a)

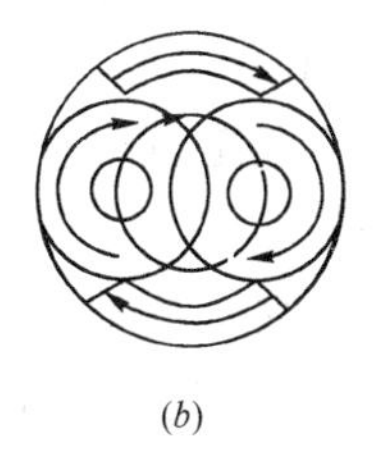
(b)

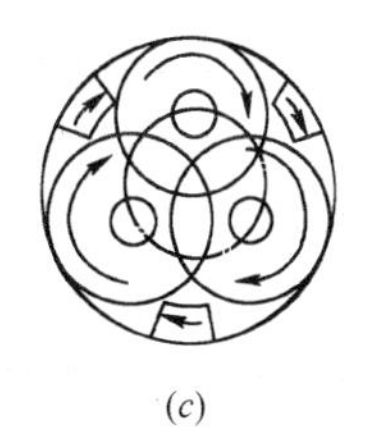
(c)

图 4-5　行星式搅拌机立轴布置

(a) 单轴；(b) 双轴；(c) 三轴

4）卧轴式搅拌机

卧轴式搅拌机是通过水平轴的旋转带动叶片强制搅拌混凝土的机械，卧轴式搅拌机分单卧轴和双卧轴两种，搅拌筒呈槽形。

单卧轴强制式搅拌机工作原理是：搅拌机的一根轴上装有两条大小相同、旋向相反的螺旋叶片和两个侧叶片，迫使拌合物作带有圆周和轴向运动的复杂对流运动，如图 4-6 所示。

双卧轴强制式搅拌机工作原理是：双卧轴搅拌机的复杂对流运动是由两条旋向相同的螺旋叶片作等速反向旋转来实现的，如图 4-7 所示。由于卧轴式搅拌机强烈的对流运动，因而能在较短的时间内拌制成匀质的混凝土拌合物，使这种搅拌机有很好的搅拌效果，适用范围广。

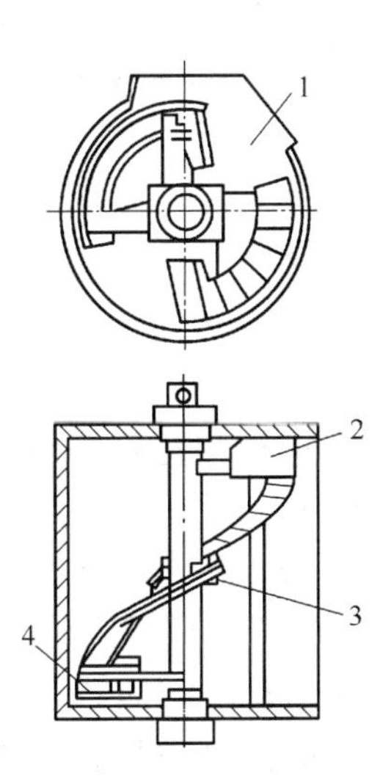

图 4-6　搅拌机工作原理

1—搅拌筒；2—搅拌轴；

3—螺旋叶片；4—侧叶片

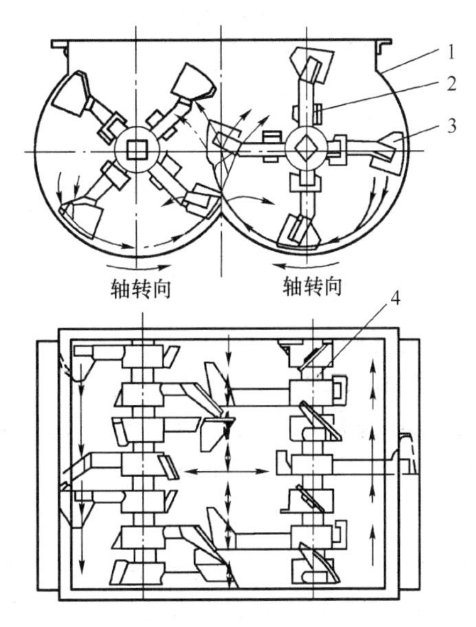

图 4-7　双卧轴搅拌机工作原理

1—搅拌筒；2—中心叶片；

3—搅拌叶片；4—搅拌轴

（2）混凝土搅拌机的基本组成

1）搅拌机构。它是搅拌机的工作装置，有搅拌筒内安装叶片或搅拌轴上安装叶片两种结构形式。

2）上料机构。它是向搅拌筒内投放配合料的机构，常见的有翻转式料斗、提升式料斗、固定式料斗等形式。

3）卸料机构。它是将搅拌好的新鲜混凝土卸出搅拌筒的机构，有卸槽式、倾翻式、螺旋叶片式等形式。

4）传动机构。它是将动力传递到搅拌机各工作机构上的装置，主要形式有带传动、摩擦传动、齿轮传动、链传动和液压传动。

5）配水系统。它是按混凝土配比要求，定量供给搅拌用水的装置。一般有水泵-配水箱系统、水泵-水表系统以及水泵-时间继电器系统。

（3）常见混凝土搅拌机的基本结构

1）锥形反转出料混凝土搅拌机结构

锥形反转出料混凝土搅拌机的搅拌筒呈双锥形，搅拌筒正转为搅拌，反转为出料。

图 4-8 为 JZC200 型锥形反转出料混凝土搅拌机，它是一种小容量移动式混凝土搅拌机，其主要由搅拌机构、上料机构、供水系统、底盘和电气控制系统等组成。

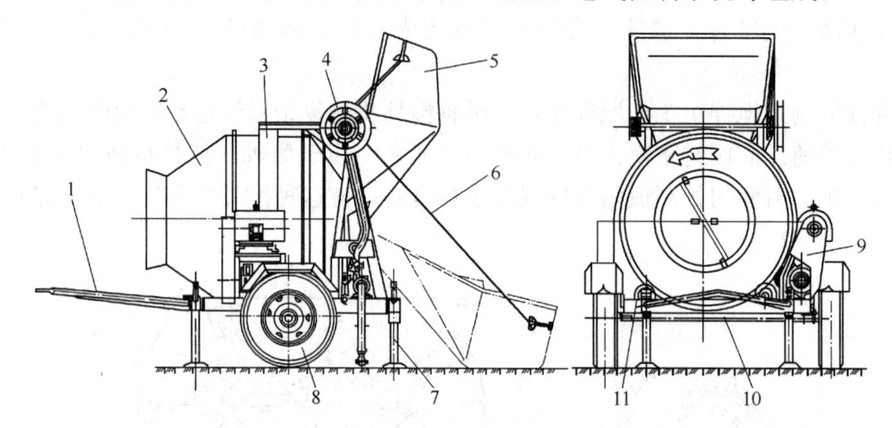

图 4-8 JZC200 型混凝土搅拌机

1—牵引杆；2—搅拌筒；3—大齿圈；4—吊轮；5—料斗；6—钢丝绳；7—支腿；8—行走轮；9—动力及传动机构；10—底盘；11—托轮

① 搅拌与传动机构

JZC200 型搅拌机搅拌传动机构主要由搅拌筒、传动机构和托轮等组成。搅拌筒中间为圆柱体，两端为截头圆锥体，通常采用钢板卷焊而成。搅拌筒内壁焊有一对交叉布置的高位叶片和低位叶片，分别与搅拌筒轴线呈 45°夹角，呈相反方向，如图 4-9 所示。

当搅拌筒正转时，叶片使物料除作提升和自由下落运动外，而且还强迫物料沿斜面作轴向窜动，并借助于两端锥形筒体的挤压作用，从而使筒内物料在洒落的同时又形成沿轴向往返交叉运动，强化了搅拌作用，提高了搅拌效率和搅拌质量。当混凝土搅拌好后，搅拌筒反转，混凝土拌合物即由低位叶片推向高位叶片，将混凝土卸出搅拌筒外。

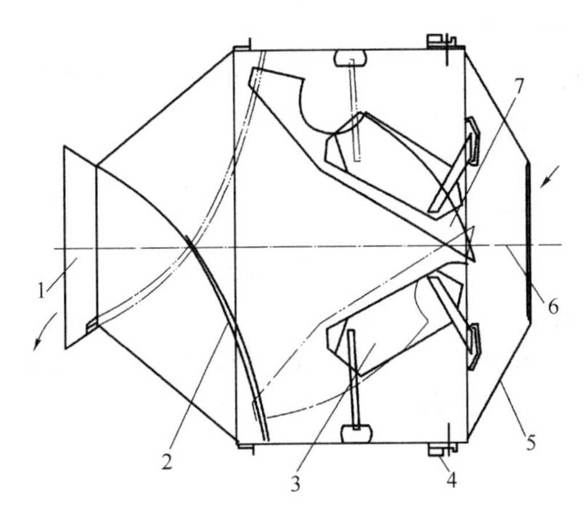

图 4-9　JZC200 型搅拌机的搅拌筒
1—出料口；2—出料叶片；3—高位叶片；4—驱动齿圈；5—搅拌筒体；6—进料口；7—低位叶片

② 上料机构

JZC200 型搅拌机的上料机构由料斗、钢丝绳、吊轮、操作手柄和离合器卷筒等组成，如图 4-10 所示。料斗提升由钢丝绳牵引，带有离合器的钢丝绳卷筒装在减速器输出轴上。

③ 供水系统

JZC200 型搅拌机的供水系统由电动机、水泵和流量表等组成，如图 4-11 所示。它是由电动机带动水泵直接向搅拌筒供水，通过时间继电器控制水泵供水时间来实现定量供水。

④ 底盘

底盘由槽钢焊成，装有两只轮胎，前面装有牵引杆供拖行用。在底盘的四角装有可调高低的支腿，搅拌机工作时，须通过转动丝杠将支腿撑起，使轮胎卸荷，并通过支腿将搅拌机调至水平位置，以提高机器工作时的稳定性。拖行时需将支腿放至最高位置，并用插销定位。

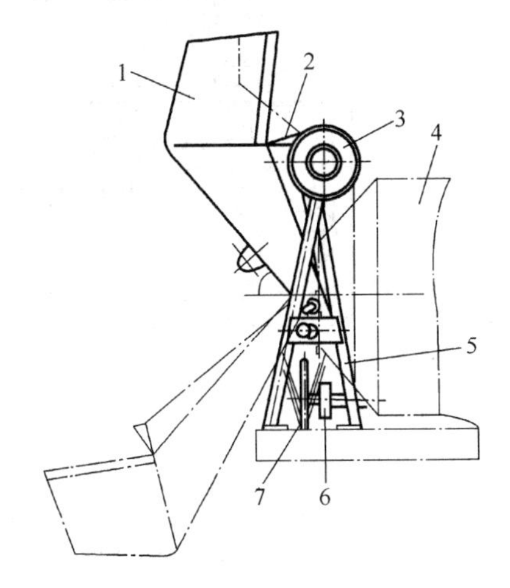

图 4-10　JZC200 型搅拌机的上料机构
1—料斗；2—钢丝绳；3—吊轮；4—搅拌筒；5—支架；6—离合器卷筒；7—操作手柄

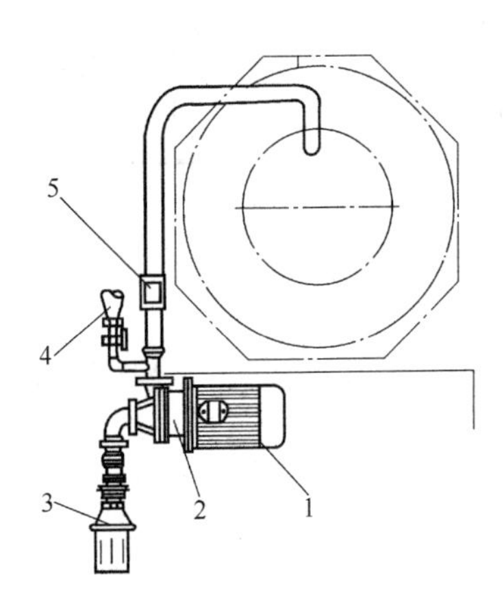

图 4-11　JZC200 型搅拌机的供水系统
1—电动机；2—水泵；3—吸水阀；4—引水杯；5—流量表

⑤ 电气控制系统

搅拌筒的正转、停止、反转，水泵的运转、停止和振动分别由 6 个控制按钮来实现。供水量由时间继电器的延时来确定。

2）卧轴强制式混凝土搅拌机

卧轴强制式混凝土搅拌机兼有自落式和强制式两种机型的优点，即搅拌质量好，生产率高，能耗低，可用于搅拌干硬性、塑性、轻集料混凝土等。在结构上它有单卧轴和双卧轴之分。前者多属小容量机种，后者则适用于大容量机种。两者在搅拌原理、功能特点等方面十分相似，所不同的是搅拌筒、搅拌装置和卸料方式。

图 4-12 为 JS500 型双卧轴强制式混凝土搅拌机。该机主要由搅拌机构、上料机构、传动机构、卸料装置等组成。

① 搅拌与传动机构

搅拌机构由水平安置的两个相连的圆槽形拌筒和两根相反方向转动的搅拌轴等组成，在两根轴上安装了几组搅拌叶片，其前后上下都错开一定的空间，从而使拌合料在两个拌筒内得到搅拌，一方面将搅拌筒底部和中间的拌合料向上翻滚，另一方面又将拌合料沿轴线分别前后挤压，从而使拌合料得到快速而均匀的搅拌，如图 4-13 所示。搅拌机的传动机构由电动机、二级齿轮减速器、输出小齿轮、搅拌轴输入大齿轮等组成，如图 4-13 所示。

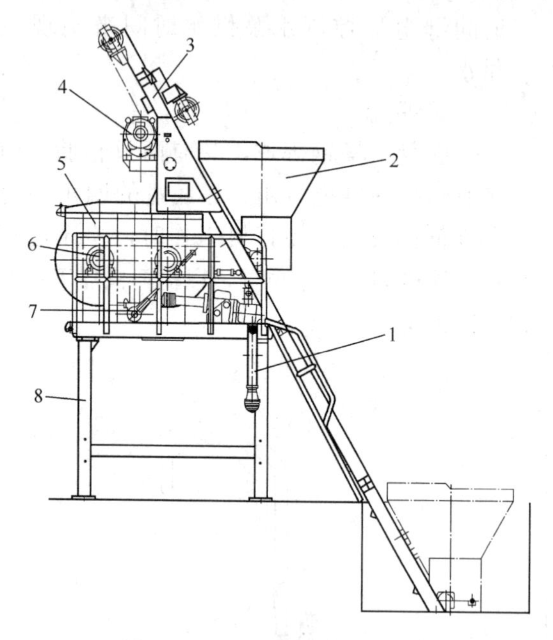

图 4-12 JS500 型双卧轴强制式混凝土搅拌机

1—供水系统；2—上料斗；3—上料架；4—卷扬装置；5—搅拌筒；6—搅拌装置；7—卸料门；8—机架

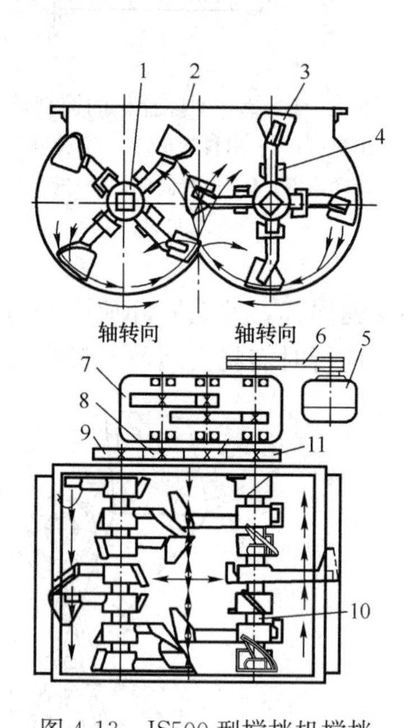

图 4-13 JS500 型搅拌机搅拌与传动机构图

1—水平轴；2—搅拌筒；3—搅拌叶片；4—中心叶片；5—电动机；6—三角皮带传动；7—二级齿轮减速机；8—输出小齿轮；9、11—搅拌轴输入大齿轮；10—介轮

② 上料机构

上料机构主要由上料斗、上料架和卷扬装置等组成。制动式电机通过减速箱带动卷筒转动，钢丝绳通过滑轮牵引料斗沿上料架轨道向上爬升，当爬升到一定高度时，料斗底部料门上的一对滚轮进入上料架水平岔道，料斗门自动打开，物料经过进料漏斗投入拌筒内。

为保证料斗准确就位，在上料架上装有限位开关，上行程有两个限位开关，分别对料斗上升起限位作用，下行程有一个限位开关，当料斗下降至地坑底部时，钢丝绳稍松，弹簧杠杆机构使下限位动作，卷扬机构自动停车，弹簧机构和下限位均装在轨道架顶部的横梁上。

③ 卸料装置

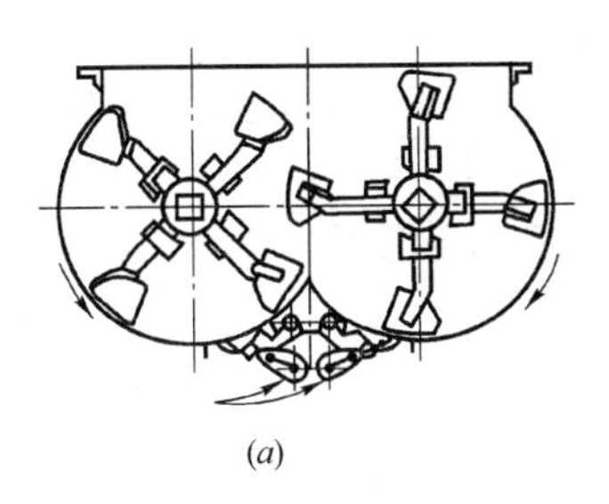

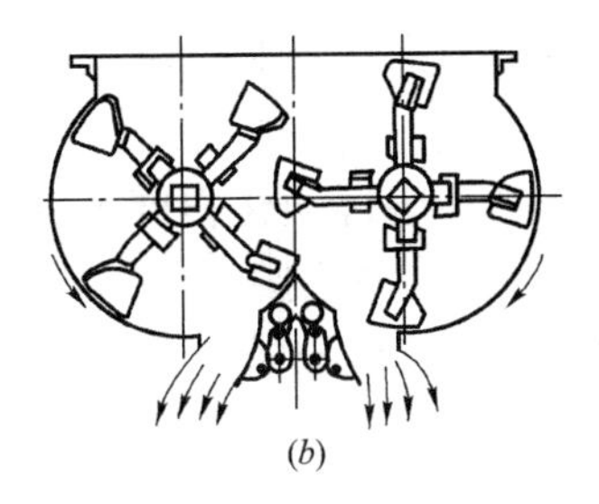

图 4-14 双出料门卸料装置
（a）关闭；（b）开启

双卧轴式搅拌机的卸料装置有单门卸料和双门卸料两种形式。卸料门的启闭方式有人工扳动摇杆、电动推杆、液压缸等方式。

双出料门卸料装置：安装在两个圆槽形拌筒底部的两扇出料门，由汽缸经齿轮连杆得到同步控制，如图 4-14 所示。出料门的长度比拌筒短，所以大部分的混凝土是靠自重向外卸出，残留的则靠搅拌叶片强制向外排出。出料时，搅拌轴转动，即可将料卸清。

第二节 混凝土搅拌楼（站）

混凝土搅拌楼（站）是用来集中搅拌混凝土的联合装置，又称混凝土预拌工厂，如图 4-15 所示。它是由供料、储料、称量、搅拌和控制等系统及结构部件组成，用以完成混凝土原材料（水泥、砂、石子等）的输送、上料、储料、配料、称量、搅拌和出料等工作。混凝土搅拌楼（站）自动化程度高、生产率高，有利于混凝土生产的商品化等特点，所以常用于混凝土工程量大，施工周期长，施工地点集中的大中型建设施工工地。

图 4-15 混凝土预拌工厂联合装置

1. 混凝土搅拌楼分类及型号

按结构形式可分为固定式、装拆式及移动式混凝土搅拌楼（站）。

按生产工艺流程可分为单阶式和双阶式，如图 4-16 所示。单阶式是指在生产工艺流程中集料经一次提升而完成全部生产过程；双阶式是指在生产工艺流程中集料经两次或两次以上提升而完成全部生产过程。

按作业形式可分为周期式和连续式混凝土搅拌楼（站）。

混凝土搅拌楼是一座自动化程度高、生产效率高的混凝土生产工厂，采用单阶式生产工艺流程，整个生产过程用计算机控制。它要配备2～4台搅拌设备和大型集料运输设备，可同时搅拌多种混凝土。

混凝土搅拌站是一种装拆式或移动式的大型搅拌设备，只需配备小型运输设备，平面布置灵活，但效率和自动化程度较低，一般只安装一台搅拌机，适用于中小产量的混凝土工程。

混凝土搅拌楼（站）型号的表示方法见表4-2。

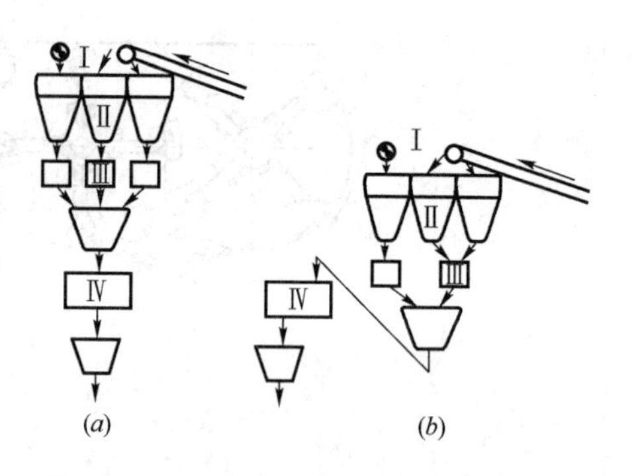

图4-16　混凝土搅拌楼(站)工艺流程图
(a) 单阶式；(b) 双阶式
Ⅰ—运输设备；Ⅱ—料斗设备；
Ⅲ —称量设备；Ⅳ—搅拌设备

混凝土搅拌楼（站）的表示方法　　**表4-2**

机类	机　型	特性	代号	代　号　含　义	主参数
混凝土搅拌楼（站）H（混）	混凝土搅拌楼 L（楼）	锥形反转出料式（Z）	HLZ	锥形反转出料混凝土搅拌楼	生产率（m^3/h）
		锥形倾翻出料式（F）	HLF	锥形倾翻出料混凝土搅拌楼	
		蜗浆式（W）	HLW	蜗浆式混凝土搅拌楼	
		行星式（N）	HLN	行星式混凝土搅拌楼	
		单卧轴式（D）	HLD	单卧轴式混凝土搅拌楼	
		双卧轴式（S）	HLS	双卧轴式混凝土搅拌楼	
	混凝土搅拌站 Z（站）	锥形反转出料式（Z）	HZZ	锥形反转出料混凝土搅拌站	
		锥形倾翻出料式（F）	HZF	锥形倾翻出料混凝土搅拌站	
		蜗浆式（W）	HZW	蜗浆式混凝土搅拌站	
		行星式（X）	HZX	行星式混凝土搅拌站	
		单卧轴式（D）	HZD	单卧轴式混凝土搅拌站	
		双卧轴式（S）	HZS	双卧轴式混凝土搅拌站	

混凝土搅拌楼（站）型号编制如下所示：

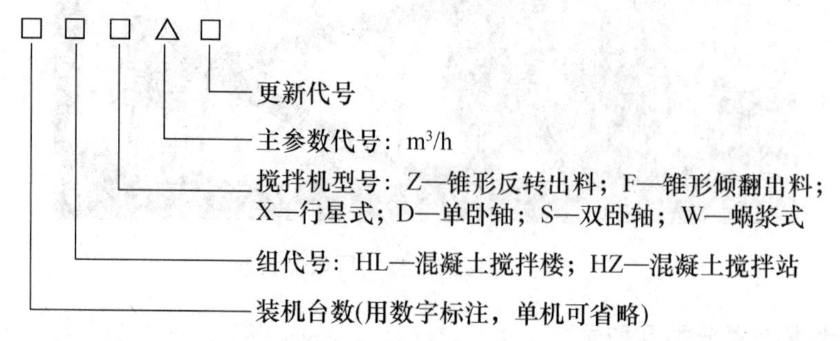

如：JD200型搅拌机表示出料容量为200L，电动机驱动的单卧轴强制式搅拌机。

2. 混凝土搅拌楼（站）的主要结构和工作原理

混凝土搅拌楼（站）主要由集料供储系统、水泥供储系统、配料系统、搅拌系统、控制系统及辅助系统组成。图4-17为混凝土搅拌楼结构和工艺流程图，图4-18为混凝土搅拌站结构和工艺流程图。

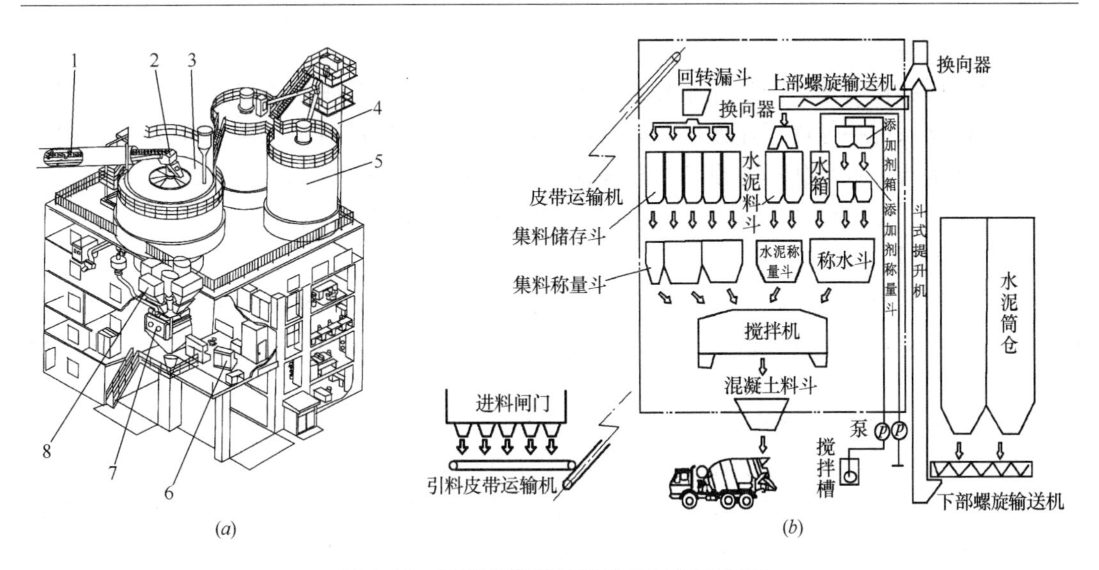

图 4-17 混凝土搅拌楼结构和工艺流程图

（a）混凝土搅拌楼结构图；（b）工艺流程图

1—提升皮带运输机；2—回转分料器；3—集料塔仓；4—斗式垂直提升机；5—水泥筒仓；6—控制系统；7—搅拌系统；8—集料称量斗

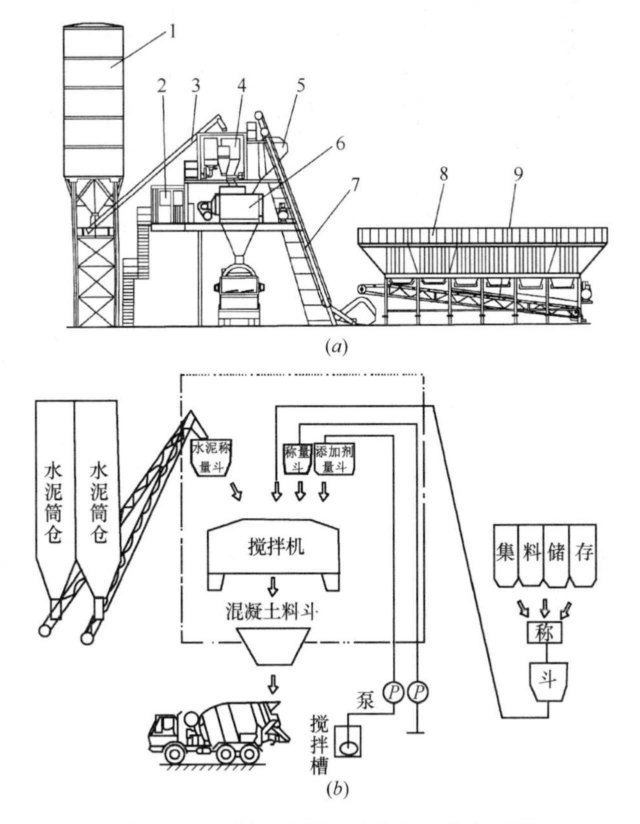

图 4-18 混凝土搅拌站结构和工艺流程图

（a）混凝土搅拌站结构图；（b）工艺流程图

1—水泥筒仓；2—控制系统；3—螺旋输送机；4—配料斗；5—斗式提升机；6—搅拌系统；7—上料导轨；8—集料仓；9—皮带输送机（皮带秤）

(1) 供储系统

混凝土搅拌楼（站）的供储系统包括了砂石集料、水泥、粉煤灰、水及添加剂的供给和储存。供储系统一般由运输设备及储料设备组成。砂石集料的运输设备有皮带运输机、拉铲、装载机等；水泥的运输设备有斗式提升机、螺旋输送机、风动运输设备等；水及添加剂常用泵送。储料设备由储料斗仓、卸料设备和一些其他附属装置组成。

1) 搅拌楼集料供储系统

搅拌楼的集料供储系统由皮带输送机、回转分料器和搅拌楼内的储料塔仓等组成。集料提升一次完成，集料提升设备采用提升皮带运输机，把地面上的集料送往搅拌楼内的储料塔仓，如图 4-19 所示。

2) 搅拌站集料供储系统

搅拌站的集料一般经两次提升，一次将集料提升到地面上的储料斗（仓），二次将集料提升到配料斗。根据储料方式和提升设备的不同一次提升可分为 3 种：①拉铲和星形料仓（图 4-20）；②皮带运输机与储斗式（图 4-21）；③装载机与储斗式（图 4-22）。

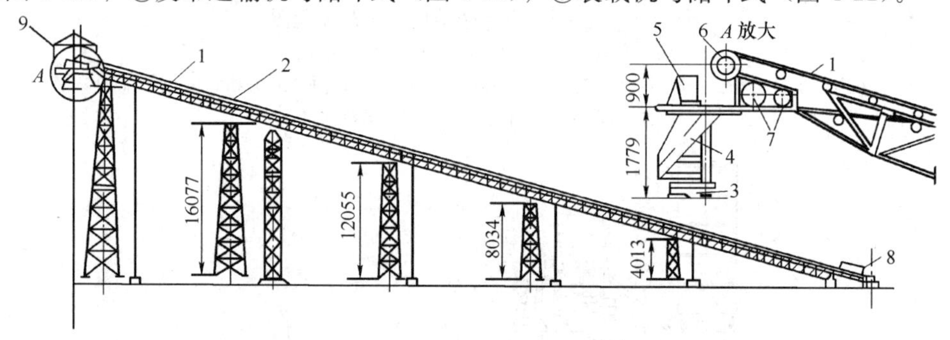

图 4-19 搅拌楼皮带运输机（单位：mm）

1—运输带；2—型钢支架；3—回转进料斗传动装置；4—回转分料斗；5—挡板；6—卸料滚筒；7—驱动滚筒；8—加料斗；9—机房

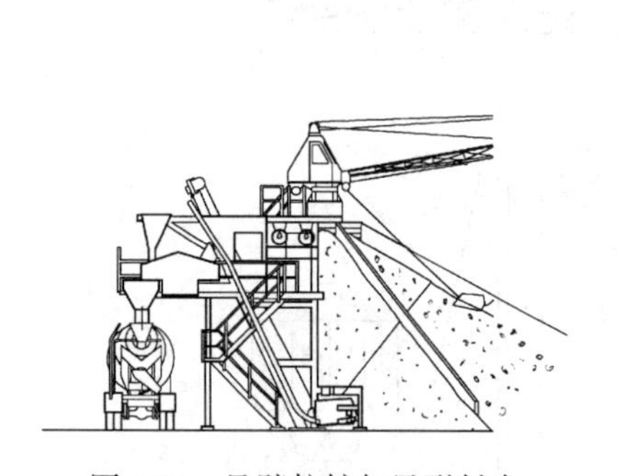

图 4-20 悬臂拉铲与星形料仓

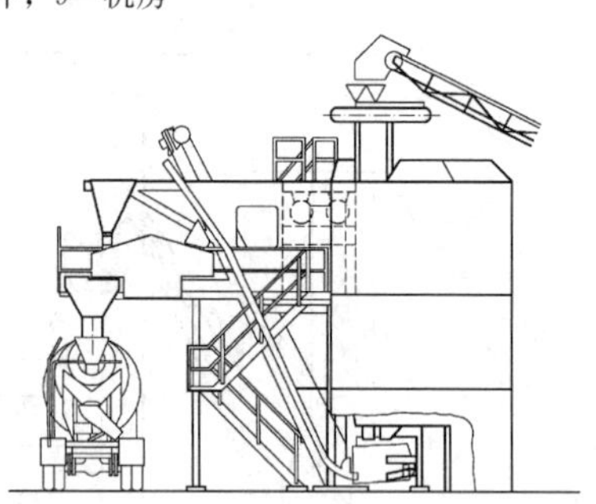

图 4-21 皮带运输机与储斗式

3) 水泥供储系统

水泥供储系统包括水泥筒仓（图 4-23）、水泥输送设备（图 4-24）和水泥储料斗。水泥筒仓中的水泥通过输送设备运送到水泥储料斗，或直接运送到水泥称量斗中。为了使水泥均匀地卸入称量斗，采用给料机作为配料装置，一般采用螺旋输送机兼作配料和运输用，如图 4-25 所示。通常的水泥供储系统由一条与集料分开的独立的密闭通道提升、称量，单独进入搅拌机内，从根本上改变了水泥飞扬现象。在水泥筒仓和储料斗内有料位指示器以实现自动供料。

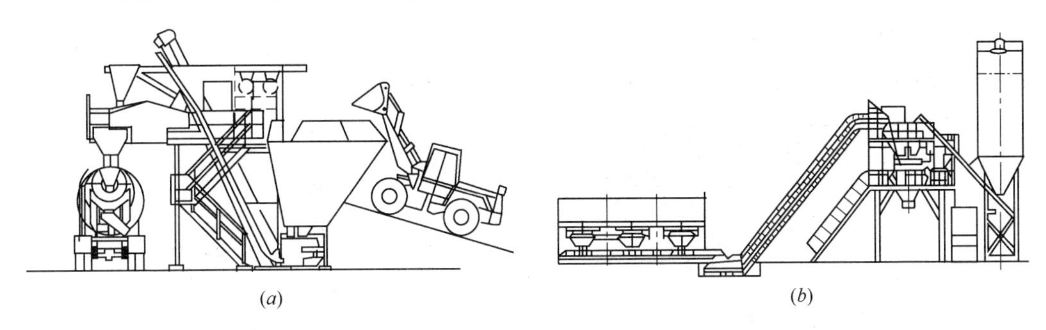

图 4-22 装载机和小容量钢储料仓

（a）锥形钢料仓；（b）直列式钢料箱

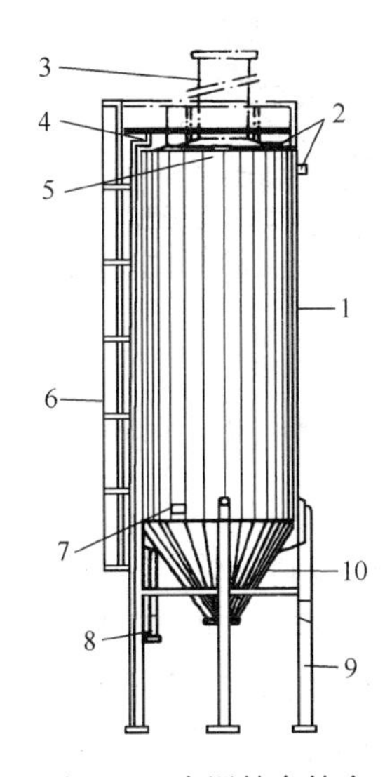

图 4-23 水泥储存筒仓

1—筒体；2—上部料位指示器；3—除尘装置；4—仓顶；5—起吊环；6—爬梯；7—下部料位指示器；8—进料管；9—支架；10—下圆锥

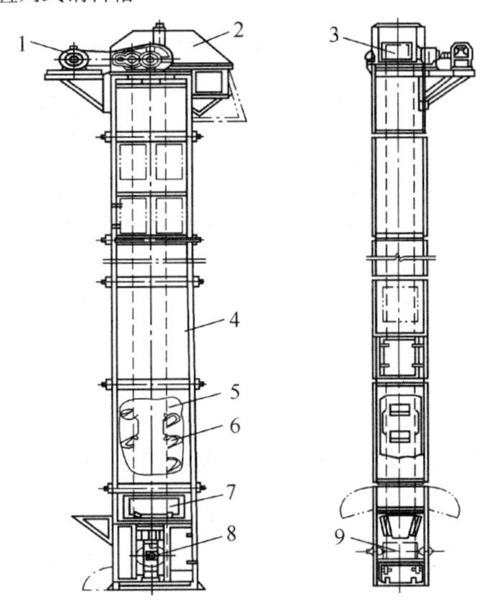

图 4-24 斗式提升机构造简图

1—驱动装置；2—减速器；3—驱动滚筒；4—外罩；5—胶带；6—料斗；7—观察孔；8—张紧装置；9—张紧滚筒

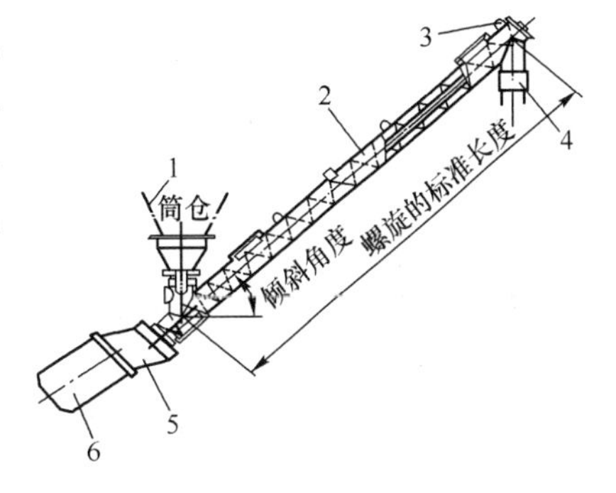

图 4-25 螺旋输送机简图

1—筒仓；2—螺旋叶片；3—悬索；4—套管；5—减速器；6—电动机

水泥从筒仓到储料斗或称量斗的输送，大多采用机械输送。散装水泥车向水泥筒仓卸料采用气力输送。水泥筒仓上装有一根输送管道和吸尘器，利用散装水泥车上的输送泵即可把水泥送到筒仓内。当使用袋装水泥时，需要一套袋装水泥气力抽吸装置进行气力输送。

（2）配料系统

配料系统由配料装置、称量装置及控制部分组成。配料系统是对混凝土的各种组成材料进行配料称量，用以控制各种拌合料的配比。

（3）搅拌系统

自落式和强制式搅拌机均可作为搅拌楼（站）的搅拌机。搅拌楼通常配 2～4 台搅拌机，因为 1 台搅拌机不能充分发挥搅拌楼和其他设备的效率，而且由于搅拌机故障或检修将使整座搅拌楼停产是很不经济的。混凝土搅拌站通常只装一台搅拌机，但也有装 2 台的。搅拌楼（站）所用的搅拌机搅拌容量大，工作效率高，其结构与普通搅拌机的搅拌部分类同，如图 4-26 所示。

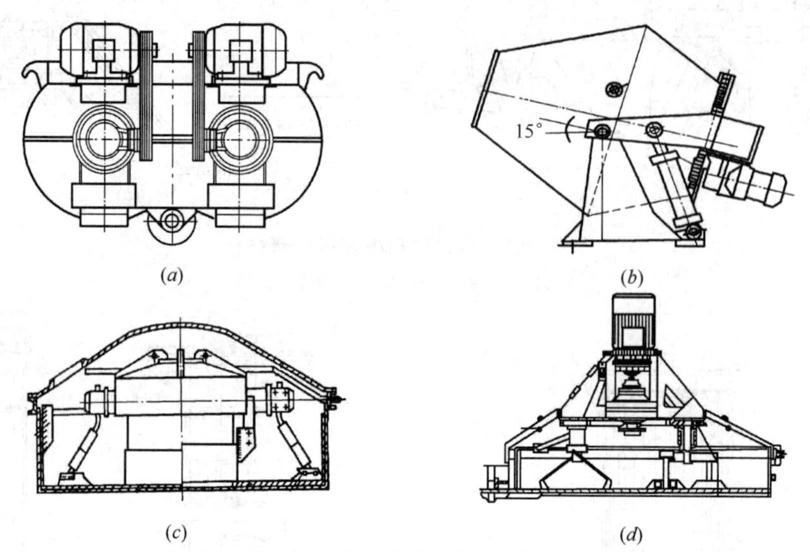

图 4-26　搅拌楼（站）常采用的大型搅拌机结构

（a）双卧轴强制式搅拌机；（b）锥形倾翻出料搅拌机；（c）立轴强制式搅拌机；（d）行星强制式搅拌机

（4）控制系统

混凝土搅拌楼（站）采用计算机控制系统，实现了对配合料的储存、供应、计量、搅拌和卸料等生产工艺过程的自动控制。控制系统包括硬件系统（如可编程控制器、计算机等）和软件系统（如管理程序和可编程控制器控制程序等），如图 4-27 所示。

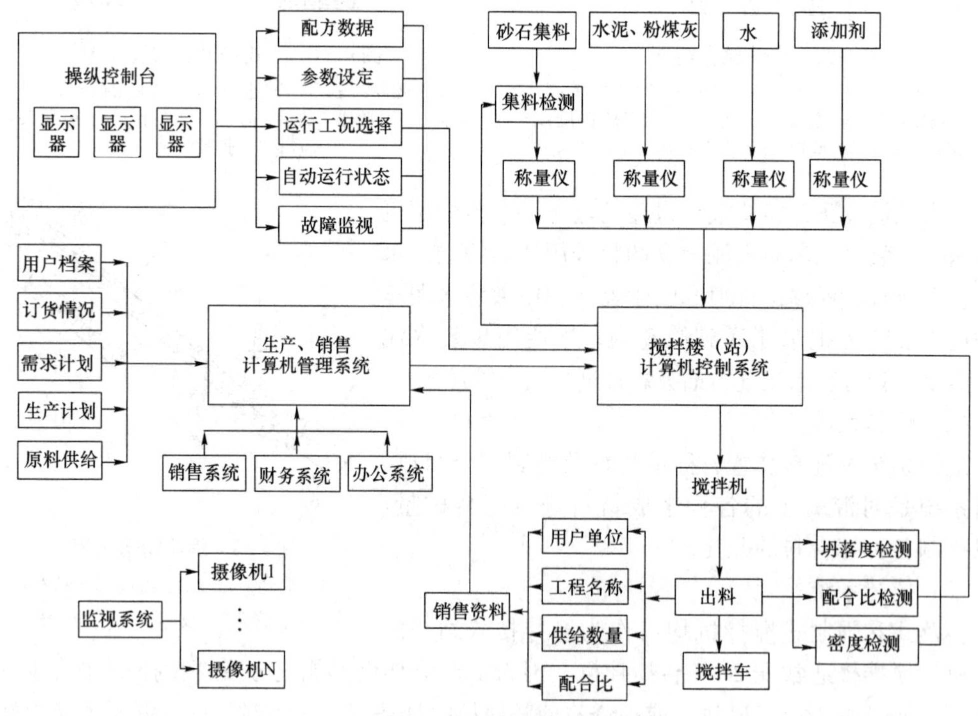

图 4-27　控制系统硬件构成

第三节 混凝土搅拌运输车

混凝土搅拌输送车是一种远距离输送混凝土的专用车辆，如图 4-28 所示。实际上就是在汽车底盘上安装一个可以自行转动的搅拌筒，车辆在行驶过程中混凝土仍能进行搅拌，因此，它是具有运输与搅拌双重功能的专用车辆，是发展商品混凝土必不可少的配套设备。

图 4-28 混凝土搅拌运输车

1. 混凝土搅拌输送车分类及型号

按运载底盘结构形式可分为自行式和拖挂式搅拌输送车。自行式采用普通载重汽车底盘；拖挂式采用专用拖挂式底盘。

按搅拌装置传动形式可分为机械传动和液压传动的混凝土搅拌输送车。采用液压传动与行星减速器易实现大减速，无级调速，结构紧凑等，目前普遍采用这种传动形式。

按搅拌筒驱动形式可分为集中驱动和单独驱动的搅拌输送车。集中驱动为搅拌筒旋转与整车行驶共用一台发动机。它的特点是结构简单、紧凑、造价低廉。但因道路条件的变化将会引起搅拌筒转速的波动，影响混凝土拌合物的质量。单独驱动是单独为搅拌筒设置一台发动机。该形式的搅拌输送车可选用各种汽车底盘，搅拌筒工作状态与底盘的行驶性能互不影响。但是其制造成本较高，装车质量较大，适用于大容量搅拌输送车。

按搅拌容量大小可分为小型（搅拌容量为 $3m^3$ 以下）、中型（搅拌容量为 3～$8m^3$）和大型（搅拌容量为 $8m^3$ 以上）。中型车较通用，特别是容量为 $6m^3$ 的最常用。混凝土搅拌输送车代号的表示方法见表 4-3。

混凝土搅拌输送车代号的表示方法 表 4-3

机类	机型	特 性	代号	代 号 含 义	主参数
混凝土搅拌输送车（JC）	自行式	飞轮取力	JC	集中驱动的飞轮取力搅拌输送车	搅拌输送容量（m^3）
		前端取力（Q）	JCQ	集中驱动的前端取力搅拌输送车	
		单独驱动（D）	JCD	单独驱动的搅拌输送车	
		前端卸料（L）	JCL	前端卸料搅拌输送车	
		附带臂架和混凝土泵（B）	JCB	附带臂架和混凝土泵的搅拌输送车	
		附带皮带输送机（P）	JCP	附带皮带输送机的搅拌输送车	
		附带自行上料装置（Z）	JCZ	附带自行上料装置的搅拌输送车	
		附带搅拌筒倾翻机构（F）	JCF	附带搅拌筒倾翻机构的搅拌输送车	

2. 混凝土搅拌输送车的主要结构与工作原理

混凝土搅拌输送车主要由传动系统、搅拌筒、供水系统、汽车底盘及车架、进料和卸料装置等组成，如图 4-29 所示。搅拌筒的底端支承在轴承座上，上端通过滚道支承在两个托滚上，采用三点支承。工作时，发动机通过传动系统驱动搅拌筒转动，搅拌筒正转时进行装料或搅拌，反转时则卸料。

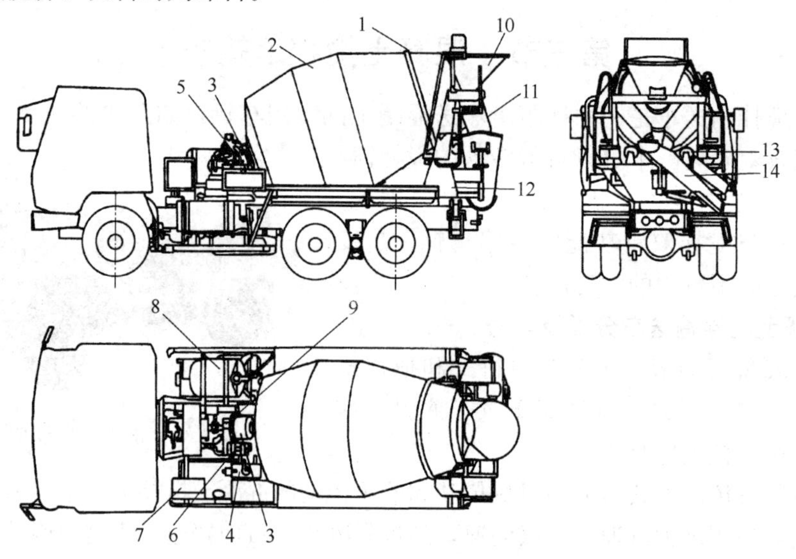

图 4-29 混凝土搅拌输送车结构图

1—滚道；2—搅拌筒；3—轴承座；4—油箱；5—减速器；6—液压马达；7—散热器；8—水箱；9—油泵；10—漏斗；11—卸料槽；12—支架；13—托滚；14—滑槽

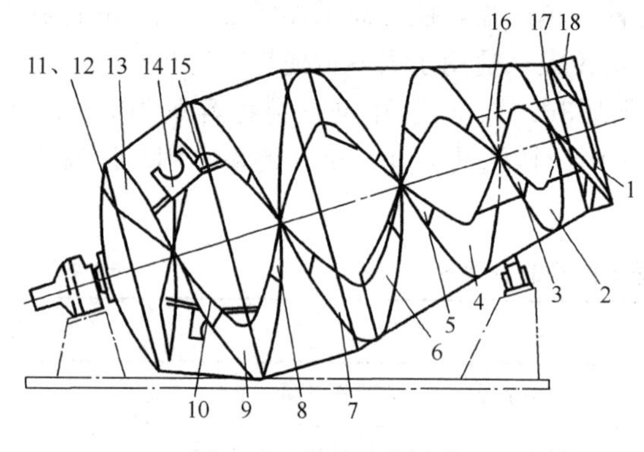

图 4-30 搅拌筒的结构

1～13—搅拌叶片；14、15—辅助叶片；16—密封叶片；17—进料导管；18—筒口叶片

(1) 搅拌筒

搅拌筒的外形呈梨状，从中部直径最大处向两端对接着一对不等长的截头圆锥，上段锥体较长，底段锥体较短，端部为球面形，如图 4-30 所示。通过搅拌筒的中心轴线在底端面上安装着中心转轴，该转轴固定在轴承座或通过花键直接插入变速器的输出轴套内。上端锥体的过渡部分有一条环形滚道，它焊接在垂直于搅拌筒轴线的圆周上。另外，卸料口处设有四条辅助出料叶片，更加确保出料的连续均匀性。搅拌筒的中段设两个安全盖，用于发动机出现故障时对筒内混凝土的清理和维修。

为了适应在同一筒口处反转卸料和正转进料搅拌的工艺要求，搅拌筒从筒口到筒体沿内壁对称的焊接着两条连续的带状螺旋叶片，当搅拌筒转动时，两条叶片即被带动作围绕搅拌筒轴线的螺旋运动。筒内还装有提高搅拌效果的辅助搅拌叶片。

在搅拌筒的筒口处，沿两条螺旋叶片的内边缘焊接了一段进料导管，进料导管与筒壁将筒口分割为两部分，导管内部分为进料口，导管与筒壁形成的环形空间为出料口，从出料口的端面看它被两条螺旋叶片分割成两半，卸料时，混凝土在叶片反向螺旋运动的顶推作用下，从此流出。

(2) 传动系统

混凝土搅拌输送车的搅拌筒为完成加料、搅拌和卸料等不同工况，将作不同速度和不同方向的转动，都需要动力供给，并由传动系统引取动力，按工况控制动力的传递。搅拌输送车的搅拌装置是安装在汽车底盘上，并能在运输行驶中工作。

混凝土搅拌输送车的传动系统普遍采用的液压传动形式。搅拌筒驱动机构的动力是从汽车发动机飞轮端直接传出来的，通过传动轴使油泵转动，油泵泵出的高压油驱动油马达，再通过行星减速器以及球铰联轴器驱动搅拌筒，如图 4-31 所示。

(3) 供水系统

搅拌输送车的供水系统用于给搅拌系统供水和清洗搅拌装置，用水一般由搅拌站供应。搅拌输送车的供水系统，由电动机驱动水泵对搅拌筒内加水。在进行干式搅拌时，进水由 C 阀控制，水从支承轴中心孔向搅拌筒内注入；另一路由排水龙头控制，通过 D 阀从进料口加水，如图 4-32 所示。利用清洗水管可对搅拌车进行清洗。

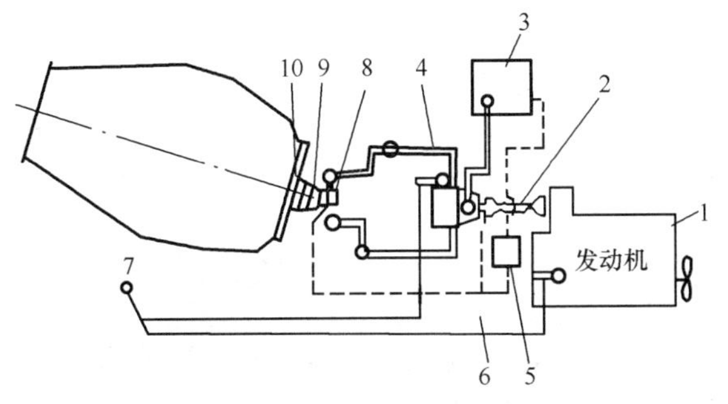

图 4-31 液压传动系统示意图

1—发动机；2—传动轴；3—油箱；4—配管；5—油液冷却器；6—油泵；7—后部控制柄；8—油马达；9—行星减速器；10—球铰联轴器

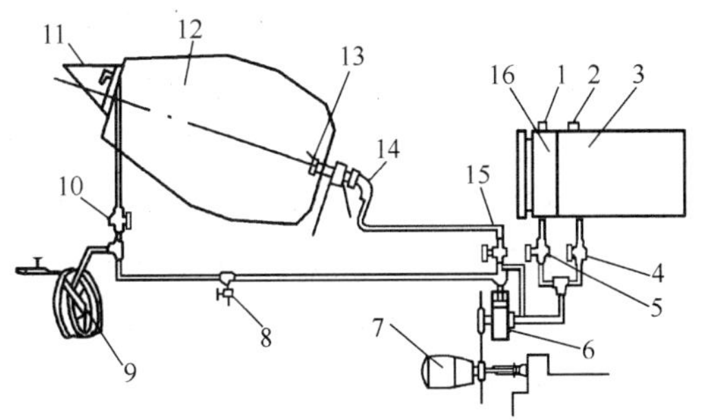

图 4-32 搅拌输送车的供水系统示意图

1、2—盖；3—搅拌水箱；4—A 阀；5—B 阀；6—水泵；7—发动机；8—排水龙头；9—清洗水管；10—D 阀；11—装料斗；12—搅拌筒；13—钟式喷嘴；14—球形接头；15—C 阀；16—清洗水水箱

(4) 装料和卸料装置

搅拌输送车的装料和卸料装置是辅助搅拌筒工作的重要机构，如图 4-33 所示，加料斗的外形为喇叭状，下斗口插入搅拌筒的进料导管。整个加料斗铰接在门形支架上，可以绕铰接轴向上翻转，以便对搅拌筒进行清洗和维护。在搅拌筒卸料口两侧，V 形设置两片断面为弧形的固定卸料槽，它们分别固定在两侧的门架上，其上端包围着搅拌筒的卸料口，下端向中间聚拢对着活动卸料滑槽。活动卸料滑槽通过调节机构斜置在汽车尾部的机架上，并能在水平面内作 180°的扇形转动，丝杆式伸缩臂还可使活动卸料滑槽在垂直平面内作一定角度的仰状，从而使卸料滑槽适应不同卸料位置，并加以锁定。

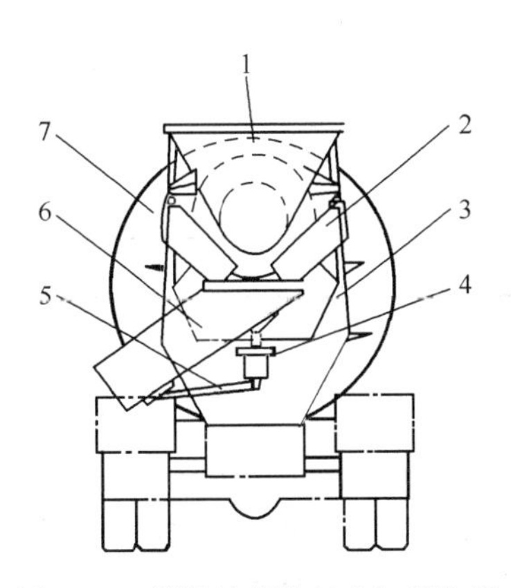

图 4-33 搅拌筒的装料和卸料装置

1—加料斗；2—固定卸料溜槽；3—门形支架；4—活动溜槽调节转盘；5—活动溜槽调节臂；6—活动卸料溜槽；7—搅拌筒

(5) 液压系统

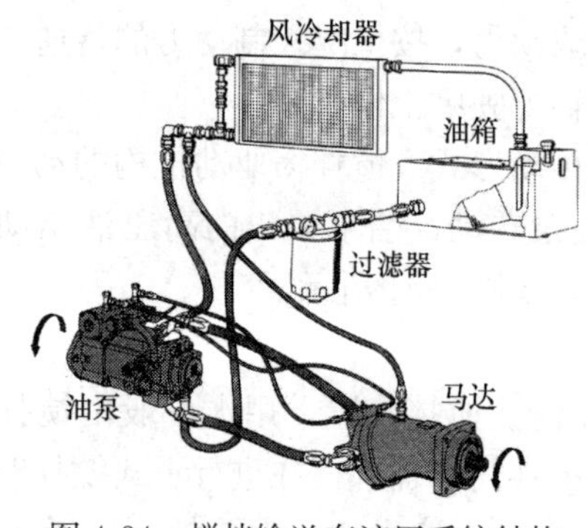

图 4-34 搅拌输送车液压系统结构

搅拌输送车的一个比较典型的液压传动系统，由双向（伺服）变量柱塞泵和定量柱塞液压马达以及随动控制阀等组成，是一个闭式液压系统，如图 4-34 所示，采用典型的变量泵容积式无级调速，由变量柱塞泵和定量柱塞液压马达组成，还有与柱塞泵（以下简称主泵）同泵设置并装成一体的辅助泵（摆线转子泵）和由它组成的辅助低压回路以及冷却回路等。

第四节 混凝土输送泵

混凝土泵是利用水平或垂直管道连续输送混凝土到浇筑点的机械，能同时完成水平和垂直输送混凝土，工作可靠，如图 4-35 所示。混凝土泵适用于混凝土用量大、作业周期长及泵送距离和高度较大的场合，是高层建筑施工的重要设备之一。

1. 混凝土输送泵和混凝土泵车用途、分类及编号

混凝土泵按分配阀的结构形式分为管形阀、闸板阀和转阀三种类型。目前常用的是双缸活塞式管形阀和闸板阀的液压式混凝土泵。本书重点介绍这两种类型的混凝土泵。

图 4-35 混凝土泵

根据排量大小可分为小型（泵排量小于 $30m^3/h$）、中型（泵排量为 $30\sim80m^3/h$）和大型混凝土泵（泵排量大于 $80m^3/h$）。

根据驱动形式可分为电动式和内燃式混凝土泵。

根据移动方式分为固定式、拖挂式和车载式混凝土泵（混凝土泵车），见表 4-4。固定式混凝土泵多由电动机驱动，适用于工程量大，移动少的施工场合。拖挂式混凝土泵是把泵安装在简单的台车上，由于装有车轮，所以既能在施工现场方便地移动，又能在道路上牵行拖运，这种形式在我国使用较普遍。

混凝土输送泵的代号及表示方法 表 4-4

机　类	机　型	代号	代 号 含 义	主参数
混凝土输送泵（HB）	固定式（G）	HBG	固定式混凝土输送泵	搅拌输送量（m^3/h）
	拖挂式（T）	HBT	拖挂式混凝土输送泵	
	车载式（C）	HBC	车载式混凝土输送泵	

2. 混凝土泵的结构和工作原理

HBT60 型拖挂式混凝土输送泵为液压双缸活塞式混凝土泵，采用柴油机驱动，泵送系统采用闭式油路，恒功率控制，并具备液压无级调速及调节混凝土输送量功能。该泵主要由动力装置、混凝土推送机构、混凝土分配阀、混凝土搅拌机构、液压系统、电控控制系统、润滑系统和支承行走机构等组成，如图 4-36 所示。

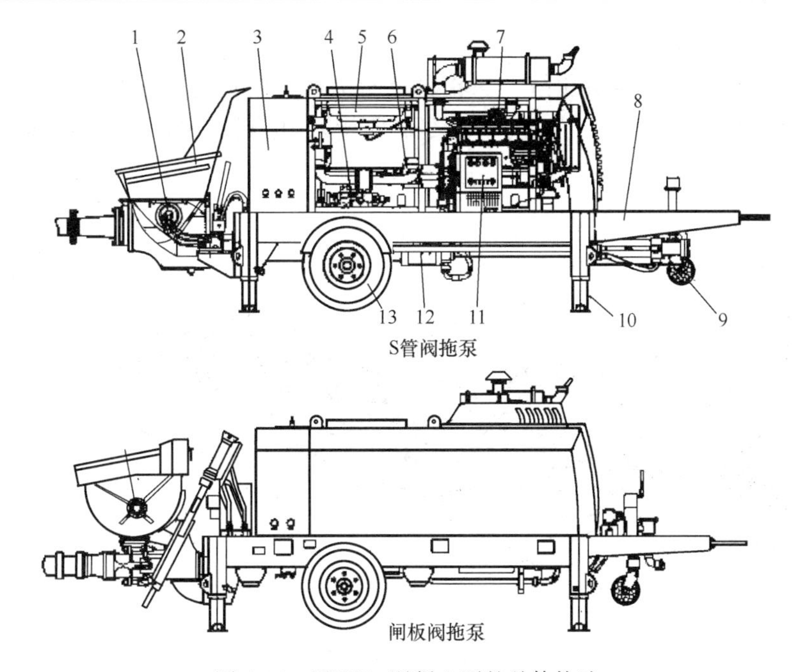

图 4-36　HBT60 混凝土泵的总体构造

1—搅拌机构；2—料斗总成；3—液压油箱；4—液压阀；5—冷却系统；6—液压泵；7—发动机；8—车架；9—支地轮；10—支腿；11—电气系统；12—泵送系统；13—拖运桥

（1）动力装置

混凝土拖泵动力装置有柴油机和电动机两种，由柴油机（或电动机）、联轴器、泵座、主油泵和齿轮泵等组成，如图 4-37 所示。发动机（电动机）功率和主油泵必须匹配，主油泵采用轴向柱塞式变量泵，输出流量与驱动转速及泵的排量成正比，并可在最大与零之间无级变化，具有恒功率控制、压力切断和电比例流量调节功能。

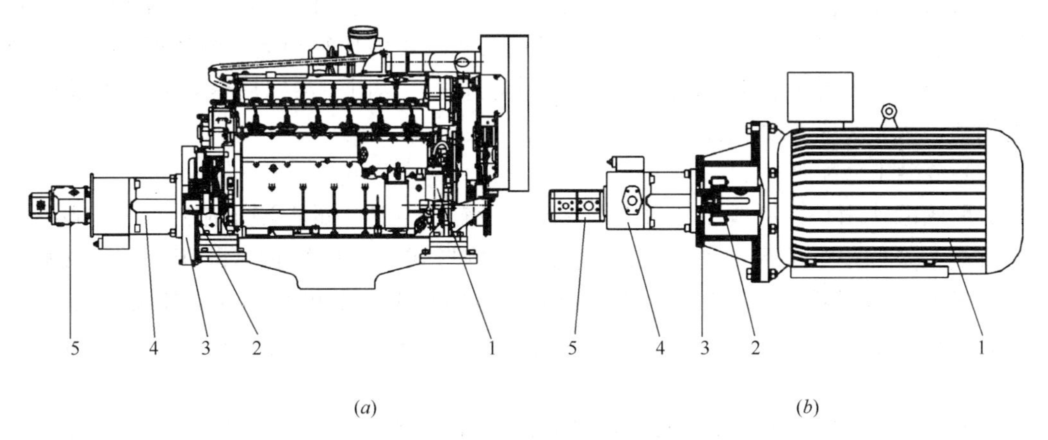

图 4-37　动力装置结构图

（a）柴油机动力装置；（b）电动机动力装置

1—柴油机（或电动机）；2—联轴器；3—泵座；4—主油泵；5—齿轮泵

（2）泵送机构

泵送系统是把液压能转换为机械能的动力执行机构，其功能是推动混凝土使其克服管道阻力而达到浇筑部位。

泵送机构主要由两只主液压缸、水箱、换向机构、两只混凝土缸、两只混凝土缸活塞、摆臂、两只摆动液压缸、分配阀（又称 S 管）、出料口和料斗等组成，如图 4-38 所示。

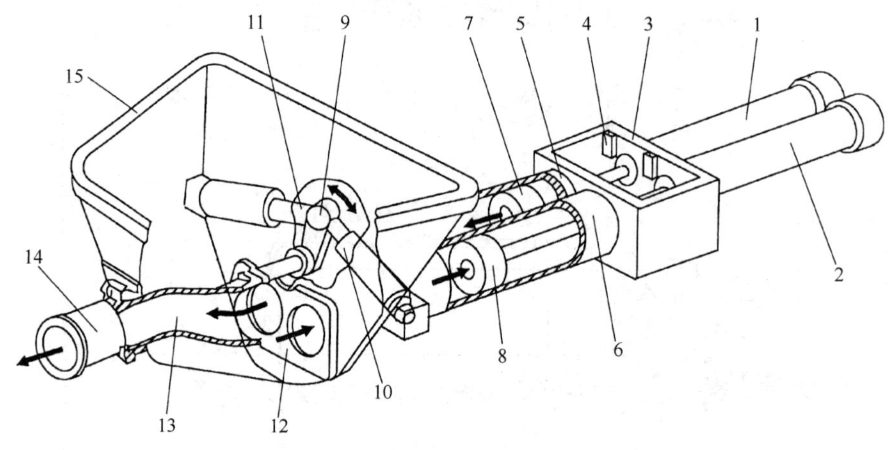

图 4-38 泵送机构

1、2—主液压缸；3—水箱；4—换向机构；5、6—混凝土缸；7、8—混凝土缸活塞；9—摆臂；10、11—摆动液压缸；12—眼镜板；13—分配阀；14—出料口；15—料斗

混凝土缸的活塞分别与主液压缸活塞杆连接，主液压缸在液压油作用下，作往复运动，一缸前进，则另一缸后退；混凝土缸出口与料斗连通，分配阀一端接出料口，另一端通过花键轴与摆臂连接，在摆动液压缸作用下，可以左右摆动。

泵送混凝土料时，在主液压缸作用下，一活塞前进，另一活塞后退，同时在摆动液压缸作用下，分配阀与混凝土缸连通，混凝土缸与料斗连通。这样活塞后退便将料斗内的混凝土料吸入混凝土缸，另一活塞前进，将混凝土缸内的混凝土料送入分配阀泵出。当混凝土活塞后退至行程终端时，触发水箱中的换向装置，主液压缸换向，同时摆动液压缸换向，使分配阀与混凝土缸连通，混凝土缸与料斗连通，这时一活塞后退，另一活塞前进。如此循环，从而实现连续泵送。

（3）混凝土分配阀

分配阀的作用是控制料斗、两个混凝土缸及输送管道中的混凝土流道。分配阀是活塞式混凝土泵的一个关键部件，混凝土泵的结构形式主要区别在分配阀。它直接影响混凝土泵的结构形式、吸入性能，压力损失和适用范围。如集料斗及搅拌装置的布置、泵的出口形式、输送容积效率以及工作可靠性等；泵送混凝土的堵塞故障 90％发生在分配阀处。

混凝土泵两个缸共用一个集料斗，两个缸分别处于吸入行程和排出行程，处于吸入行程的工作缸和料斗相通，而处于排出行程的工作缸则与输送管相通，所以分配阀应具有两位四通（通料斗、两缸及输送管）的性能。

分配阀可分为转阀、闸板阀及管形阀三大类。目前在液压式混凝土泵中普遍使用的分配阀为闸板阀和管形阀。

（4）料斗与搅拌系统

料斗与搅拌系统由料斗、搅拌轴组件、传动装置及润滑装置等部分组成，如图 4-39 所示。

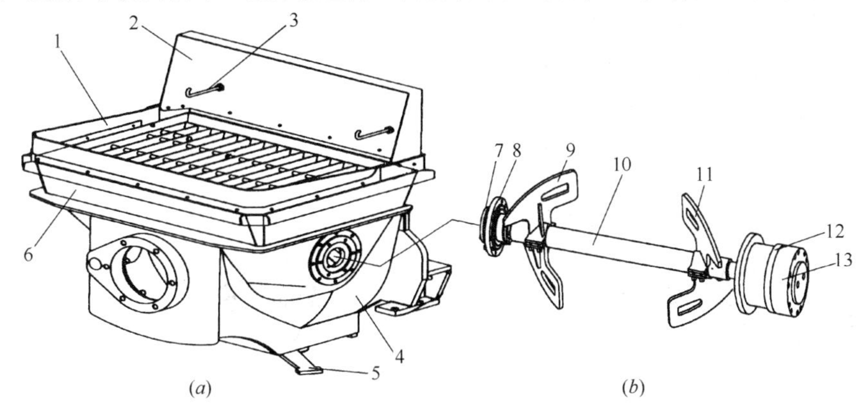

图 4-39　料斗与搅拌机构

（a）料斗结构；（b）搅拌机构

1—筛网；2—后板；3—止动钩；4—料斗体；5—料门；6—上斗体；7—端盖；8—轴承座；9—左搅拌叶片；10—搅拌轴；11—右搅拌叶片；12—马达座；13—搅拌马达

料斗的容积应与泵的混凝土输送量相适应，料斗上部均设有方格筛网，防止大块集料或杂物进入集料斗。料斗中有搅拌叶片，对混凝土拌合物进行二次搅拌，并具有把混凝土拌合物推向混凝土分配阀口的喂料作用。

（5）泵的支承和行走机构

支承和行走机构主要由底架、车桥（含行走轮）、导向轮和支腿等组成。

底架是拖泵各部件连接的基础件，由型材和钢板焊接而成，对各部件起支承作用，如图 4-40 所示。底架前与料斗相连，后有拖架，可将拖泵由一个工地转运到另一个工地。

（6）水泵装置

水泵装置是闸板阀拖泵用于清洗管道和泵机的一种水洗装置。由水缸、水过滤器、水压力表、液压缸、水阀四通块及吐阀、吸阀等组成，如图 4-41 所示。

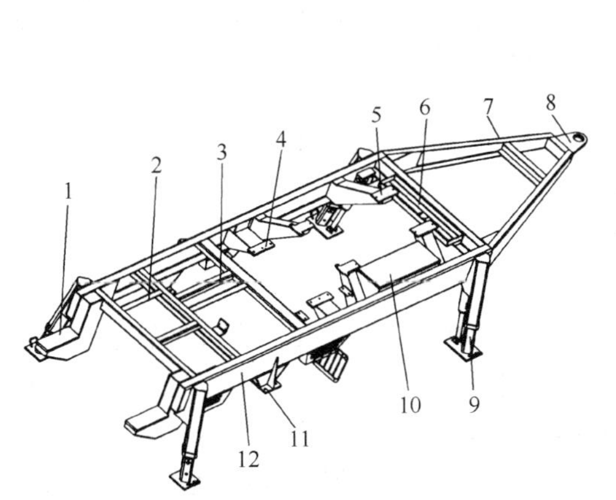

图 4-40　底架结构

1—料斗固定座；2—液压油箱固定架；3—主阀块支座；4—水箱固定座；5—柴油机安装座；6—电瓶箱座；7—导向轮安装板；8—拖架；9—活动支腿；10—工具箱；11—车轿安装座；12—框架

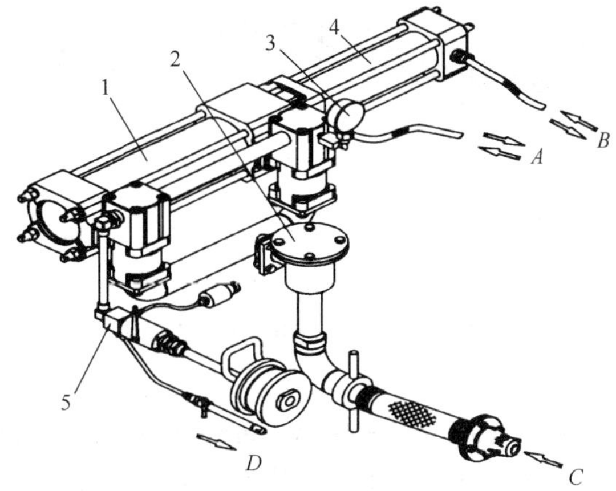

图 4-41　水泵装置结构

1—水缸；2—水过滤器；3—水压力表；4—液压缸；5—水阀四通块

A、B—进出油口；C—进水口；D—出水口

（7）冷却系统

液压油的冷却有水冷、风冷、风冷＋水冷三种方式，如图 4-42、图 4-43 所示。根据地区气候的差异及施工条件，可选用不同的冷却方式。

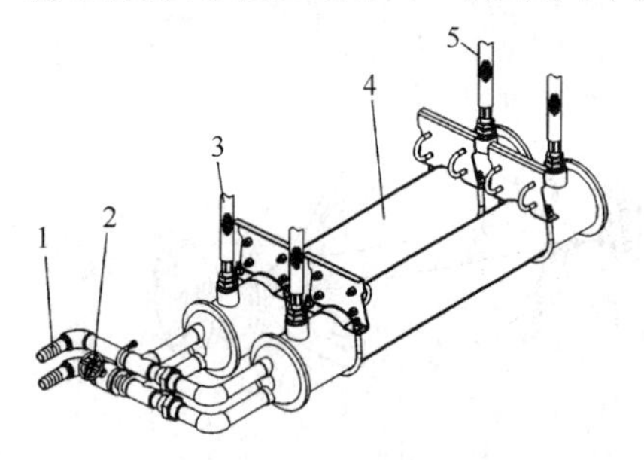

图 4-42 水冷却系统

1—进出水口；2—阀门；3—回油管；4—冷却器；5—进油管

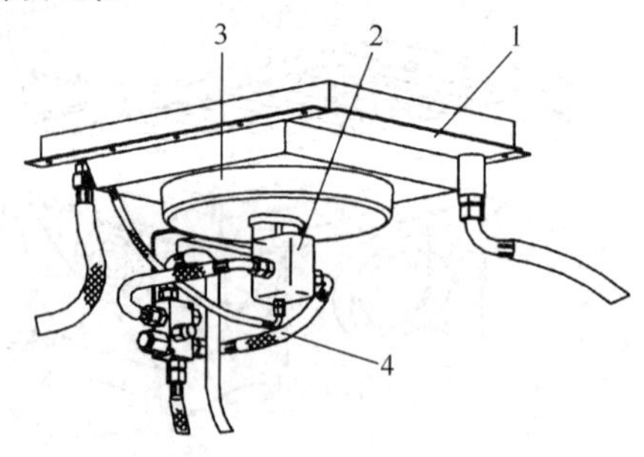

图 4-43 风冷却系统

1—散热器；2—液压马达；3—风扇；4—胶管

第五节 车 载 混 凝 土 泵

车载混凝土泵是一种具有行驶功能的混凝土泵，如图 4-44 所示，泵送系统工作原理与拖泵基本相同，但底盘、支撑系统、液压系统、电气系统的构造与拖泵不同。

车载泵不论是动力共用型还是动力独立型，一般可由底盘、动力系统、冷却系统、电气系统、液压系统、支撑系统、水清洗系统、润滑系统和泵送系统等组成，如图 4-45 所示。

图 4-44 车载混凝土泵

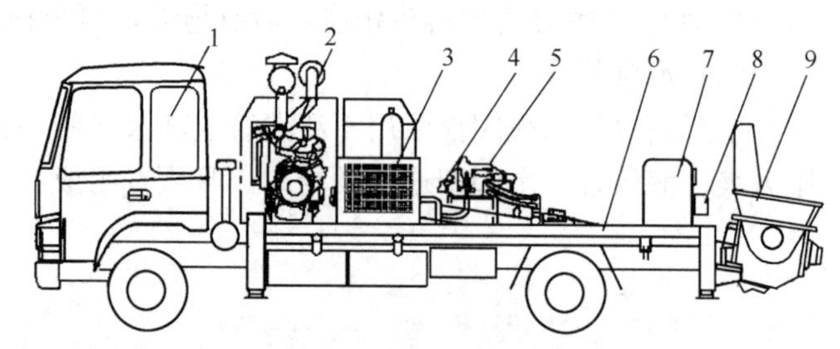

图 4-45 车载泵基本构造

1—底盘；2—动力系统；3—冷却系统；4—电气系统；5—液压系统；6—支撑系统；7—水清洗系统；8—润滑系统；9—泵送系统

车载混凝土泵由发动机带动液压泵产生压力油，驱动两个主液压缸带动两个混凝土输送缸内的活塞产生往复活动。再通过 S 阀与主液压缸之间的有序动作，使得混凝土不断从料斗吸入混凝土缸并压出，再通过输送管道送到施工现场。

车载泵底盘一般都由普通载货汽车底盘（4×2）改装而成，但是根据动力共用与否，其所起作用也不尽相同。动力独立型车载泵底盘主要是起行驶作用，其功率要求也不高，只要能满足行驶就够了，改装时传动部分基本可以不作改动，底盘改动量也就相对较小。动力共用型车载泵底盘不但起行驶作用，在进行混凝土泵送作业时还要向泵送系统提供动力，因此对相同规格的泵送系统来说，底盘功率要求也相对要大些；并且底盘改装时还需要对其传动系统加装分动箱或取力器，其改动量也就相对较大，如图4-46所示。

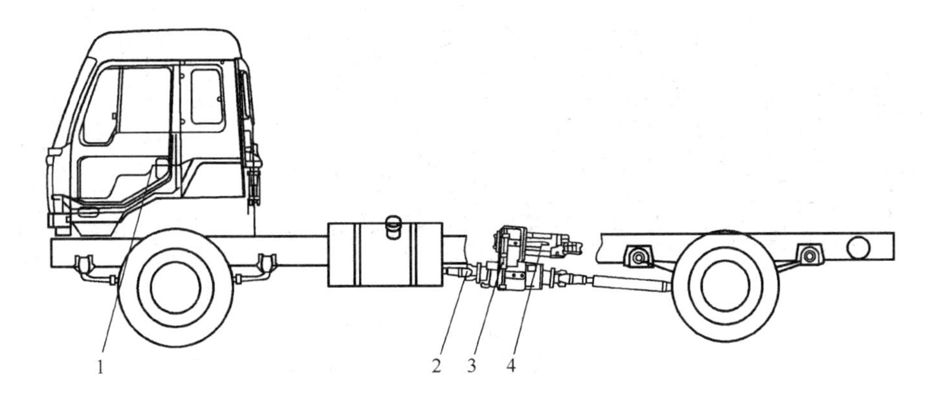

图4-46 底盘改装

1—底盘；2—传动轴；3—分动箱；4—油泵组

支撑系统主要包括副车架、前后支腿等，如图4-47所示。车载泵进行泵送时将整机支起，保证机器的稳定性。副车架包括副梁架、平台、料斗支承、梯子等，主要是用来固定发动机、泵送系统，并将上装部分与底盘连成一台整机。支腿包括支腿液压缸、支腿座等，支腿液压回路是采用液压锁的锁紧回路，可以将液压缸较长时间锁定在工作位置，并可防止由于外部油路泄漏而引起液压缸下滑。车载泵工作原理与拖泵基本相同，这里不再赘述。

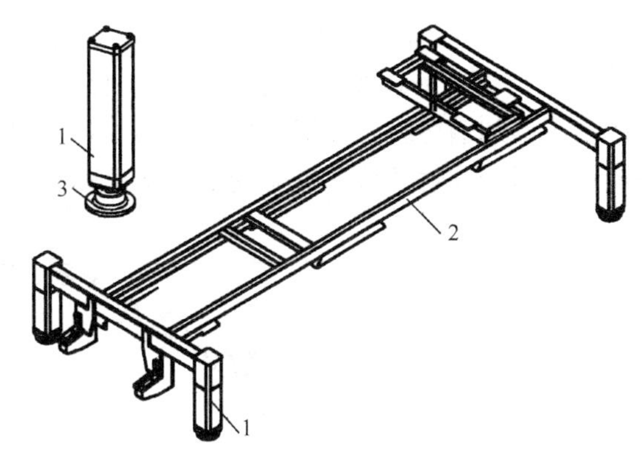

图4-47 支撑系统

1—支腿；2—副车架；3—支腿座

第六节 混凝土泵车

混凝土泵车是把混凝土泵和布料装置直接安装在汽车底盘上的混凝土输送设备，如图4-48所示。混凝土泵利用汽车发动机的动力，通过动力分动箱将动力传给液压泵，然后带动混凝土泵进行工作。其泵送混凝土的原理和拖式泵是一样的，常采用管形或闸板阀。通过布料装置，混凝土可被送到一定的高度及距离。它的机动性好，布料灵活，使用方便，适合于大型基础工程和零星分散工程的混凝土输送。

图4-48 混凝土泵车

混凝土泵车主要由汽车底盘、回转机构、布料装置、混凝土泵和支腿等组成，如图 4-49 所示。

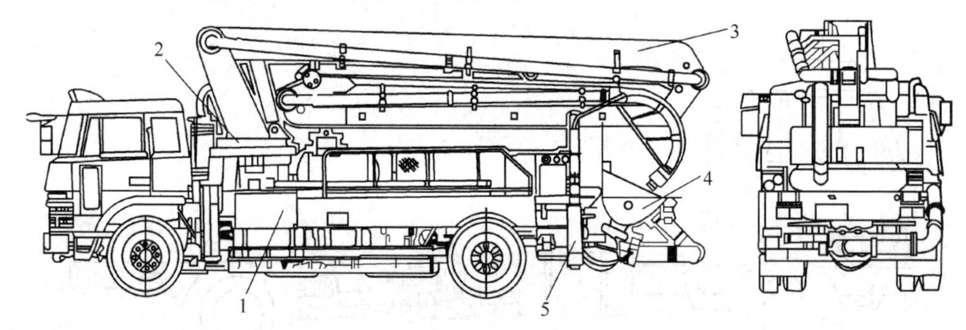

图 4-49 混凝土泵车外形构造

1—汽车底盘；2—回转机构；3—布料装置；4—混凝土泵；5—支腿

混凝土泵装在汽车底盘的尾部上，以便于混凝土搅拌车向泵的料斗卸料，混凝土泵的结构与拖式混凝土泵结构和工作原理基本相同。上车装有布料装置，臂架为“回折”形三节折叠臂。

HTB37 型混凝土泵车主要由底盘、臂架系统、转塔、泵送机构、液压系统和电气系统等组成，如图 4-50 所示。泵送机构安装在汽车底盘的尾部，卸入料斗的混凝土料由泵送机构压送到输送管，经浇筑软管排出。各节臂架的展开和收拢靠各个臂架的液压液缸来完成，在回转马达及减速机驱动下臂架可作 360°旋转。

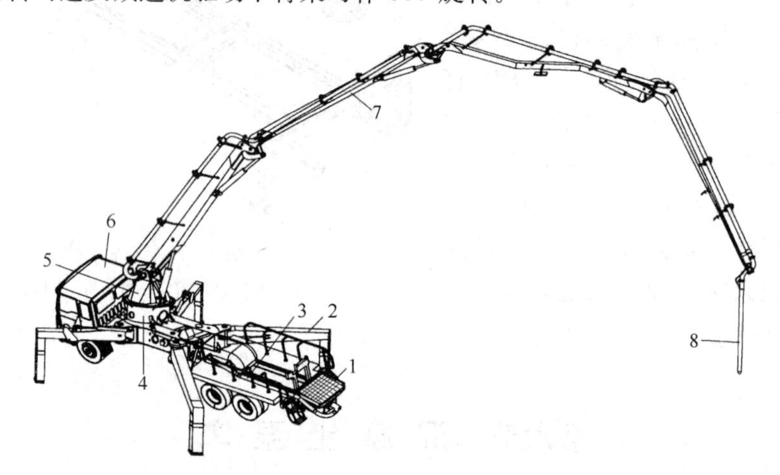

图 4-50 HTB37 型混凝土泵车

1—泵送机构；2—支腿；3—配管总成；4—固定转塔；5—转台；6—汽车底盘；
7—臂架总成；8—浇筑软管

底盘部分由汽车底盘、分动箱、传动轴等部分组成，为泵车移动和工作时提供动力。通过气动装置推动分动箱中的拔叉，拨叉带动离合套，可将汽车发动机的动力经分动箱切换。切换到汽车后桥使泵车行驶，切换到液压泵则进行混凝土的输送和布料。

臂架系统由四节臂架、连杆、液压缸、浇筑软管和连接件等部分组成（图 4-51），四节臂架依次铰接，各节臂的折叠靠各自的液压缸完成；输送管附着在各节臂架上，拐弯处用密封可靠的回转接头连接。整个臂架安装在转台上，可作 360°全回转。臂端浇筑软管可摆动，可使浇灌口达到浇筑的位置。

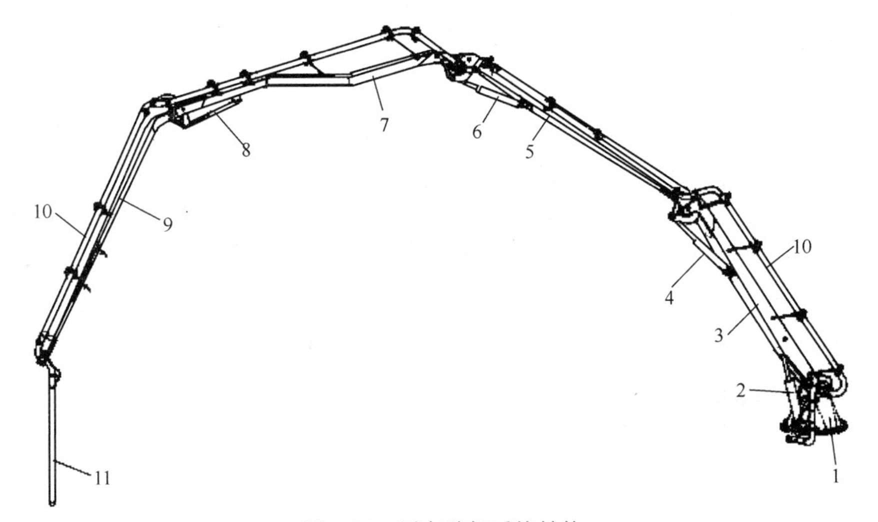

图 4-51　泵车臂架系统结构

1—转台；2—1 号臂架液压缸；3—1 号臂架；4—2 号臂架液压缸；5—2 号臂架；6—3 号臂架液压缸；7—3 号臂架；8—4 号臂架液压缸；9—4 号臂架；10—输送管；11—浇筑软管

臂架系统用于混凝土的输送和布料。通过臂架液压缸伸缩、转台转动，将混凝土经由附在臂架上的输送管，直接送达臂架末端所指位置即浇筑点。

图 4-52 是 37m 混凝土泵车臂架在一个固定点的某一平面内的工作范围图，因为有回

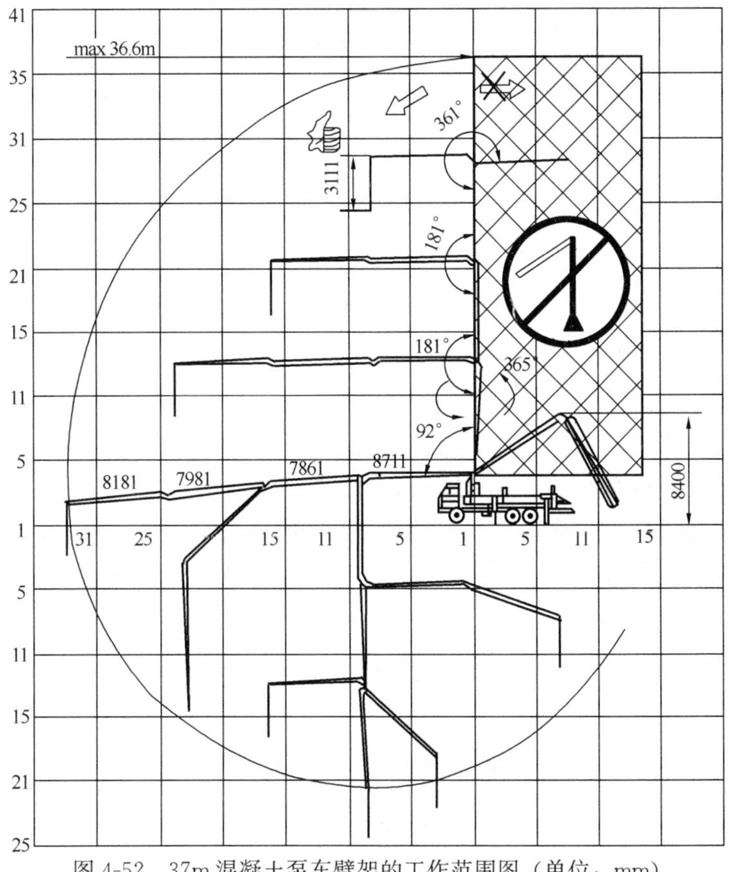

图 4-52　37m 混凝土泵车臂架的工作范围图（单位：mm）

转机构，故工作范围实际上可以形成一个立体空间。该泵车臂架的水平输送距离 32.62m，垂直输送距离 36.6m。

臂架有多种折叠形式如 R 型、Z 型（或 M 型）、综合型等，如图 4-53 所示。

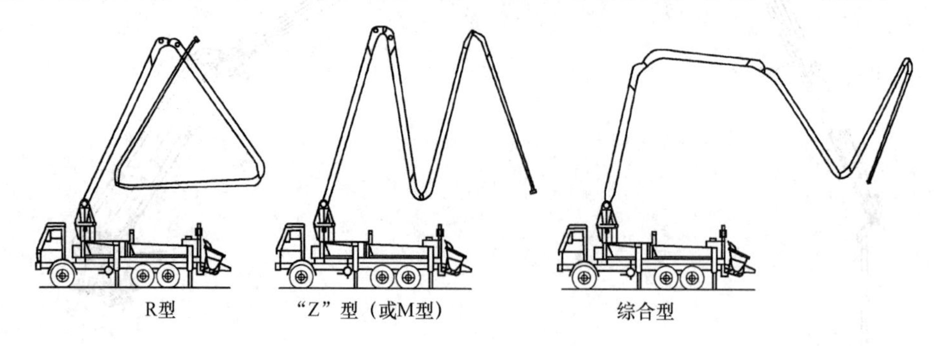

图 4-53　臂架折叠形式

固定转塔是由高强度钢板焊接而成的箱形受力结构件，是臂架、转台、回转机构的底座，如图 4-54 所示。混凝土泵车行驶时固定转塔主要承受上部的重力，而混凝土泵车泵送时主要承受整车的重力和臂架的倾翻力矩。因此，固定转塔要有足够的强度和刚性。

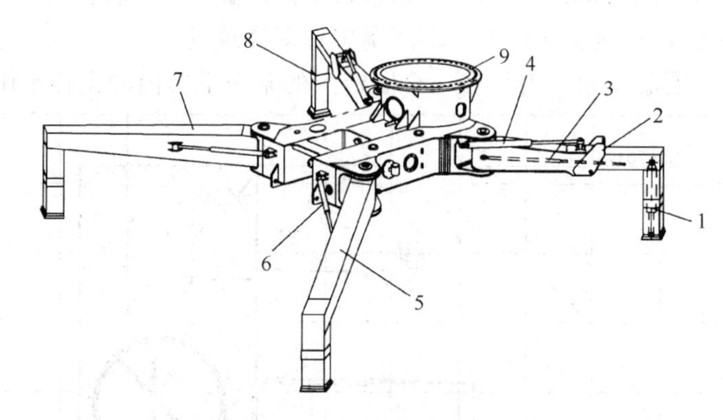

图 4-54　固定转塔和支撑结构

1—支撑液压缸；2—右前支腿；3—前支腿伸缩液压缸；4—前支腿展开液压缸；5—右后支腿；6—后支腿展开液压缸；7—左后支腿；8—左前支腿；9—固定转塔

支撑结构由四条支腿和多个液压缸组成，如图 4-54 所示。其作用是将整车稳定的支撑在地面上，直接承受整车的负载力矩和重力。四条支腿、前后支腿展开液压缸、前支腿伸缩液压缸和支撑液压缸构成大型框架，将臂架的倾翻力矩、泵送机构的反作用力和整车的自重安全地由支腿传递至地面。支腿收拢时与底盘同宽，展开支撑时能保证足够的支撑跨距。工作状态下，保证其承载能力和整车的抗倾翻能力，确保泵车工作时的安全稳定性。

第七节　混 凝 土 布 料 机

由臂架和混凝土输送管组成的装置称为布料机，如图 4-55 所示。布料机要在其所及范围内作水平和垂直方向的输送，甚至要能够跨越障碍进行浇筑，能抬高、放低、伸缩和回转。

布料机的种类很多，常用四种形式：塔式布料机、移置式布料机、爬升式布料机、固定式布料机。

（1）塔式布料机

图 4-55　混凝土布料机

HGT41 型塔式布料机是将折叠式臂架装在塔吊的塔身上，其布料范围大（布料半径 41m），臂架 360°回转，一般用于高层建筑施工。它主要由折叠式臂架、转台、回转机构、平衡臂、配重、液压泵站、顶升机构、塔套、附着装置、塔身、浇筑管和固定基础等组成，如图 4-56 所示。布料机的塔身固定在地面的基础上，随着建筑物的增高，通过顶升机构加装标准节增加布料机的工作高度，利用附着装置将塔身附着在建筑物外墙的主体上，保证整机稳定。臂架的结构与混凝土泵车的臂架基本相同，由四节臂架、连杆、液压缸、浇筑软管和连接件等组成。由液压泵站驱动回转机构和臂架的相应液压缸，调节臂架工作位置完成浇筑混凝土和收折臂架。

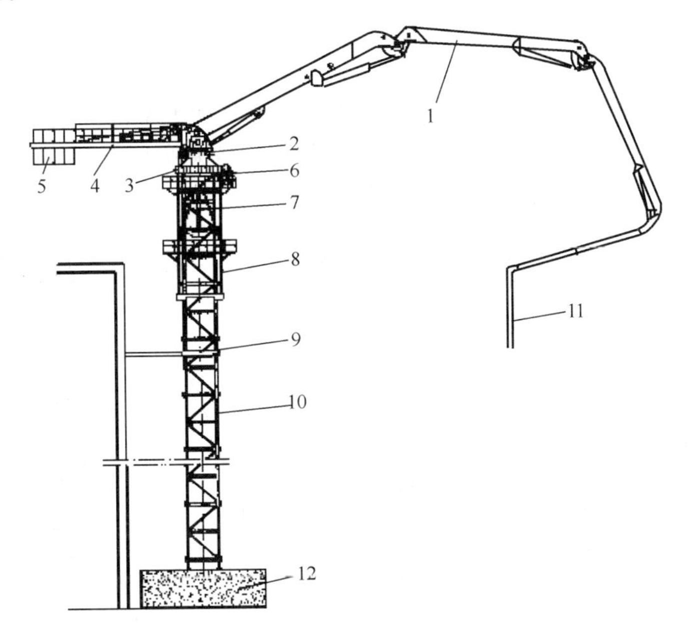

图 4-56　塔式布料机的结构

1—折叠式臂架；2—转台；3—回转机构；4—平衡臂；5—配重；6—液压泵站；7—顶升机构；8—塔套；9—附着装置；10—塔身；11—浇筑管；12—固定基础

（2）移置式布料机

HGY15 型移置式布料机最大布料半径 15m，臂架 360°全回转。它主要由浇筑管、拉杆、旋转输送管、回转座、臂架、输送管、塔顶、拉杆、配重、平衡臂、回转机构、塔身和支腿等组成，如图 4-57 所示。移置式布料机通常放置在建筑物的施工面上，塔身高度不变，臂长较短，布料范围小。工作时需要塔机吊移位置来满足大范围的布料要求。

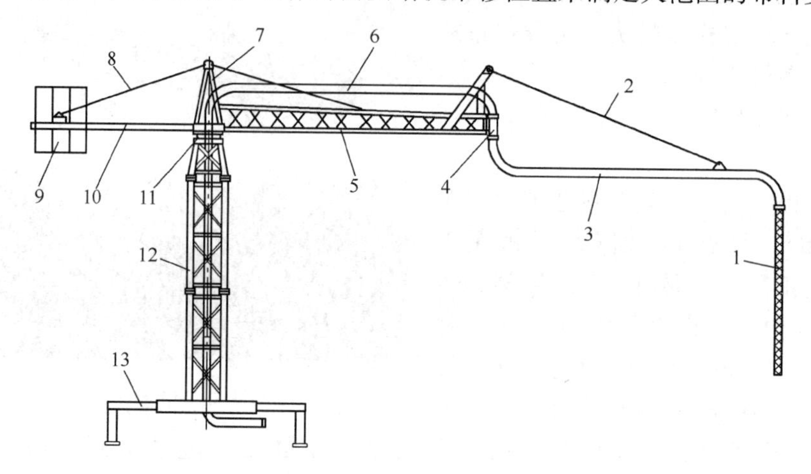

图 4-57 移置式布料机结构

1—浇筑管；2—拉杆；3—旋转输送管；4—回转座；5—臂架；6—输送管；7—塔顶；8—拉杆；9—配重；10—平衡臂；11—回转机构；12—塔身；13—支腿

移置式布料机适合作业面较小的工程施工。由于具有结构简单、重量轻、移置方便和价格低等特点，其在实际工程中应用广泛。

(3) 爬升式布料机

爬升式布料机有楼层固定式、电梯井式和挂臂式三种类型，如图 4-58 所示。采用折叠式臂架，方形立柱，臂架 360°回转，全液压驱动，最大布料半径一般为 28～32m。整机可随建筑物的增高自动爬升，可用于高层建筑施工。

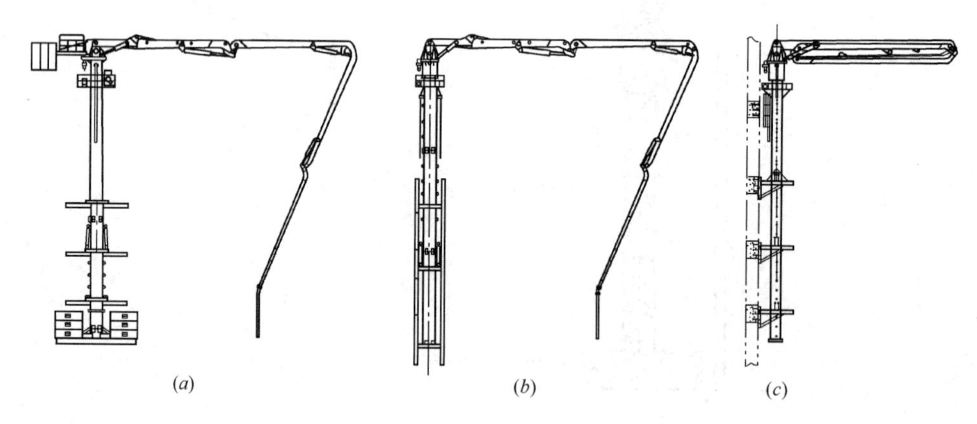

图 4-58 爬升式布料机

(a) 楼层固定式；(b) 电梯井式；(c) 挂臂式

HGD32 型电梯井式布料机布料半径 32m。主要由折叠式臂架、转台、回转机构、液压系统、提升机构、立柱、爬升装置、顶升液压缸和浇筑管等组成，如图 4-59 所示。转台为臂架提供支撑，回转机构将转台与立柱连成一体。液压系统给臂架、回转、提升机构和顶升液压缸提供动力。

布料机有三个爬升装置，它是布料机的固定部分，布料机的爬升靠它来实现。爬升装置为矩形框架结构，内腔有8个楔块副，通过调节楔块副的距离，将布料机立柱胀紧，依靠摩擦力来支撑布料机。提升机构可实现爬升装置在立柱上作上下运动。整机固定在电梯井内，配置自动爬升机构，利用液压缸顶升，在电梯井内自动爬升，使布料机随着楼层的升高而升高。爬升过程如图4-60所示。

对于施工作业面大，受电梯井位置限制，电梯井式布料机不能覆盖整个作业面时，应采用楼面固定式布料机。

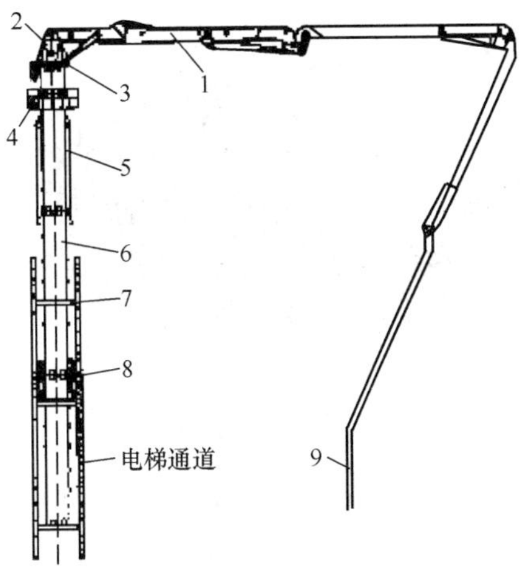

图4-59　HGD32型电梯井式布料机

1—臂架；2—转台；3—回转机构；4—液压系统；5—提升机构；6—立柱；7—爬升装置；8—顶升液压缸；9—浇筑管

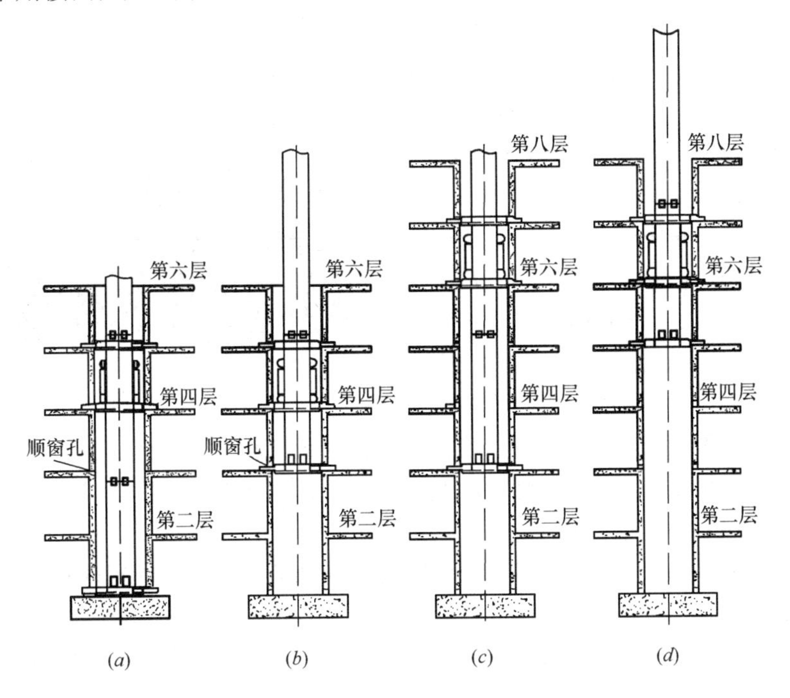

图4-60　电梯井式布料机爬升过程示意图

(a) 立柱固定在一层；(b) 立柱爬升到三层；(c) 立柱固定在三层；(d) 立柱爬升到五层

第八节　细石混凝土泵

细石混凝土泵适用于高层建筑物墙地面、构造柱、地暖工程、屋面、高铁、桥梁、隧道等的细石混凝土（或称小骨料混凝土、豆石混凝土）、砂浆及高黏度浆料的输送，特别适于狭窄空间施工。

图 4-61 细石混凝土泵

细石混凝土泵也被称为细石混凝土输送泵、细石混凝土车等，主要由 S 管摆阀、柴油机、料斗、电机、三联泵组、阀组、电器控制箱、冷却器、水冷冷却器、保护罩、托盘、轮胎、输送管等组成，如图 4-61 所示。

细石混凝土泵的工作原理：细石混凝土泵是依靠电机或柴油机为动力设备，带动油泵作业，油泵作业中使压力油产生压力，压力油再驱动液压缸活塞运动，在压力推动下，液压缸活塞杆不停做往复运动，带动混凝土缸活塞运动，将混凝土推送至输送管道内。如此不断的反复作业，混凝土被大量的输送至输送管内，最终通过输送管口将混凝土排出。

第九节 混凝土喷射机

混凝土喷射机是利用压缩空气，将按一定级配和水灰比拌合好的混凝土料，通过输送管经过喷射机的喷嘴，以很高的速度喷射出去，从而在受喷面上形成混凝土支护层，是目前喷射混凝土施工作业中的主要设备，如图 4-62 所示。

图 4-62 混凝土喷射机

混凝土喷射机主要分为干式喷射机和湿式喷射机两种。干式混凝土喷射机是将水泥、粗细骨料和速凝剂，通过人工或机械干式混合均匀后，用压缩空气，在输送管内呈稀薄流态输送到喷嘴，并在喷嘴前按规定水灰比加入压力水，与干混合料迅速混合为混凝土后，由喷嘴喷射到井巷围岩壁面上，实现喷射混凝土支护。干喷机具有输送距离长、工作风压低、喷头脉冲小、工艺设备简单、对渗水岩面适应性好，以及混合料可以存放较长时间等特点。干喷机在矿山井巷喷射混凝土支护中占主导地位。

湿式喷射机是把已加水拌合好了的混凝土加入到喷射机中，然后经输送管路在压缩空气等的作用下由喷嘴喷射到工作面上的设备。其具有生产率高、回弹率低等优点，同时可大大改善喷射混凝土的品质，提高混凝土的均质性，大大降低了机旁和喷嘴外的粉尘浓度，消除了对工人健康的危害。

由于混凝土喷射技术具有工艺简便，节约混凝土、钢材、木材，节省劳动力，提高施工效率，降低工程费用等特点，因此混凝土喷射机的应用越来越普遍。目前已广泛应用于铁路、公路、水利、隧道、土木、国防、堤坝、煤炭等建筑工程中，成为隧道、道路护坡、煤炭基坑、地下工程的临时和永久支护理想的施工作业机械。

第五章　钢筋及预应力机械

在建筑、市政、公路、桥梁等工程中，广泛采用钢筋混凝土和预应力钢筋混凝土结构。作为钢筋混凝土结构的骨架，钢筋在构筑物和构件中起着极其重要的作用。因此，钢筋机械已成为建设施工中的重要机械。

钢筋就外形来说有光面和带肋两种；就直径不同分为盘圆的细钢筋和直条的粗钢筋。钢筋的加工生产程序为：

盘圆钢筋→开盘→冷加工→调直→切断→弯曲→点焊或绑扎成形；

直条钢筋→除锈→对焊→冷拉→切断→弯曲→焊接或机械连接成形；

直条粗钢筋→调直→除锈→对焊→切断→弯曲→焊接或机械连接成形。

钢筋及预应力机械是完成这一系列加工工艺过程的机械设备，主要包括钢筋强化机械、钢筋成形机械、钢筋连接机械和预应力机械等。

第一节　钢筋强化机械

为了挖掘钢筋强度的潜力，通常是对钢筋进行冷加工。冷加工的原理是：利用机械对钢筋施以超过屈服点的外力，使钢筋产生变形，从而提高钢筋的强度和硬度，减少塑形变形。同时还可以增加钢筋长度，节约钢材。钢筋冷加工主要有冷拉、冷拔、冷轧和冷轧扭四种工艺。钢筋强化机械是对钢筋进行冷加工的专用设备，在施工现场主要使用钢筋冷拉机和钢筋冷拔机。

1. 钢筋冷拉机

钢筋冷拉是在常温下对钢筋进行强力拉伸的一种工艺，主要目的是提高钢筋的屈服极限。常用的钢筋冷拉机有卷扬机式、液压式和阻力轮式等，如图 5-1 所示。

(*a*)

(*b*)

图 5-1　钢筋冷拉机

(*a*) 卷扬机式冷拉机；(*b*) 阻力轮式冷拉机

卷扬机式冷拉机的特点是：结构简单，适应性强，冷拉行程不受设备限制，可冷拉不同长度的钢筋，便于实现单控和双控。

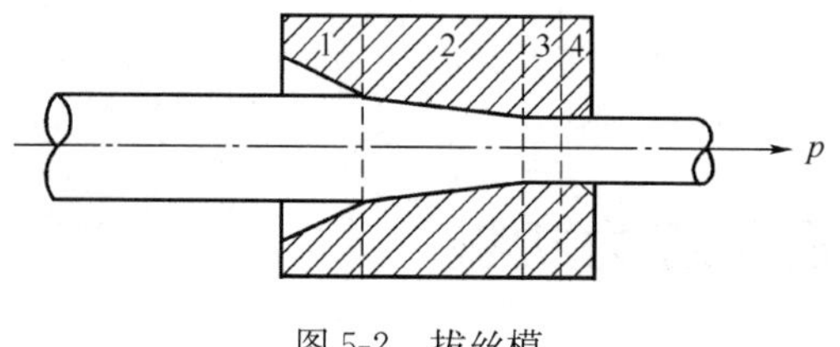

图 5-2　拔丝模

1—进口区；2—挤压区；3—定径区；4—出口区

2. 钢筋冷拔机

钢筋冷拔是在常温下将直径 6～10mm 的钢筋，以强力拉拔的方式，通过比原钢筋小 0.5～1mm 的钨合金制成的拔丝模，使钢筋被拉拔成直径较小的高强度钢丝，如图 5-2 所示。

钢筋冷拔机按卷筒的布置方式分为立式和卧式两种，每种又有单卷筒和双卷筒之分，如图 5-3 所示。

(a)

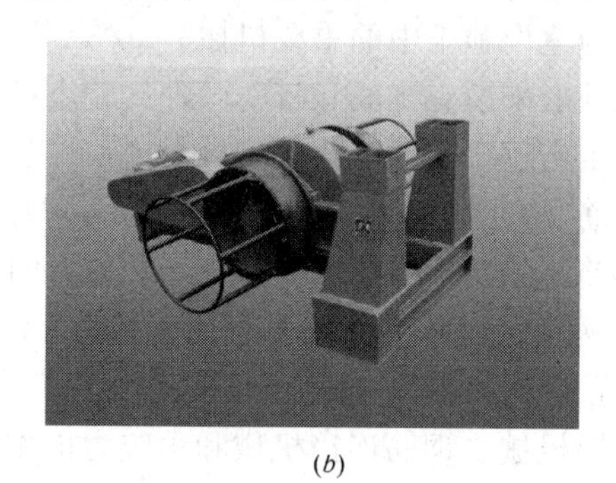

(b)

图 5-3　钢筋冷拔机

(a) 立式单卷筒钢筋冷拔机；(b) 卧式双卷筒冷拔机

钢筋在卷筒旋转产生的强拉力作用下，通过拔丝模盒完成冷拔工序，并将拔出的钢丝缠绕在卷筒上，结构简单，操作方便。

第二节　钢筋部品化加工设备

钢筋部品化加工设备是把原料钢筋按照各种混凝土结构对钢筋制品的要求进行加工的机械设备，主要有钢筋调直切断机、钢筋切断机、钢筋弯曲机、钢筋弯箍机和钢筋镦粗机。

1. 钢筋调直切断机

钢筋在使用前需要进行调直，否则混凝土结构中的曲折钢筋将会影响构件的受力性能及钢筋长度的准确性。钢筋调直切断机能自动调直和定尺切断钢筋，并可对钢筋进行除锈。

钢筋调直切断机按调直原理的不同可分为孔模式和斜辊式两种；按其切断机构的不同有下切剪刀式和旋转剪刀式两种。根据切断控制装置的不同下切剪刀式可分为机械控制式和光电控制式。

(1) 孔模式钢筋调直切断机

其工作原理是：电动机的输出轴端装有两个带轮，大带轮带动调直筒旋转，小带轮通过传动箱带动送料辊和牵引辊旋转，并且驱动切断装置。当调直后的钢筋进入承料架滑槽内时被切断，如图 5-4 所示。

调直筒内装有一组不在同中心线上的调直模，钢筋在每个调直模的中心孔中穿过，由

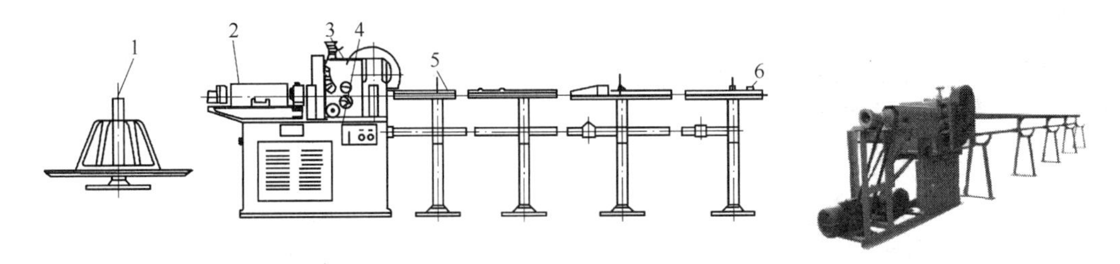

图 5-4　GT4/8 型钢筋调直切断机

1—盘料架；2—调直筒；3—传动箱；4—机座；5—承料架；6—定长器

牵引轮向前送进。调直筒高速旋转，调直模反复连续弯曲钢筋，将钢筋调直。孔模式钢筋调直切断机适用于盘圆钢筋和冷拔低碳钢丝的调直。

斜辊式钢筋切断技术目前得到广泛应用，如图 5-5 所示，其一般分为数控钢筋调直切断机、半自动钢筋调直切断机、全自动调直切断机等种类。

图 5-5　斜辊式调直切断机

（2）数控钢筋调直切断机

数控钢筋调直切断机是采用光电测长系统和光电计数装置，自动控制钢筋的切断长度和切断根数，切断长度的控制更准确。其调直、送料和牵引部分与 GT4/8 型钢筋调直切断机基本相同，在钢筋的切断部分增加了一套由穿孔光电盘、光电管等组成的光电测长系统及计量钢筋根数的计数信号发生器，如图 5-6 所示。

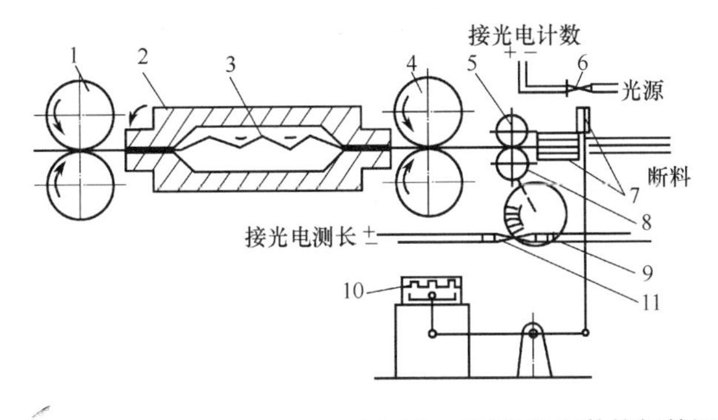

图 5-6　GTS3/8 型数控钢筋调直切断机

1—送料辊；2—调直筒；3—调直模；4—牵引辊；5—传送压辊；6、11—光电管；7—切断装置；8—摩擦轮；9—光电盘；10—电磁铁

2. 钢筋切断机

钢筋切断机是对钢筋原材或调直后的钢筋按混凝土结构所需要的尺寸进行切断的专用设备。按结构形式分为卧式和立式；按传动方式分为机械式和液压式。机械式切断机又分为曲柄连杆式和凸轮式，如图 5-7 所示。

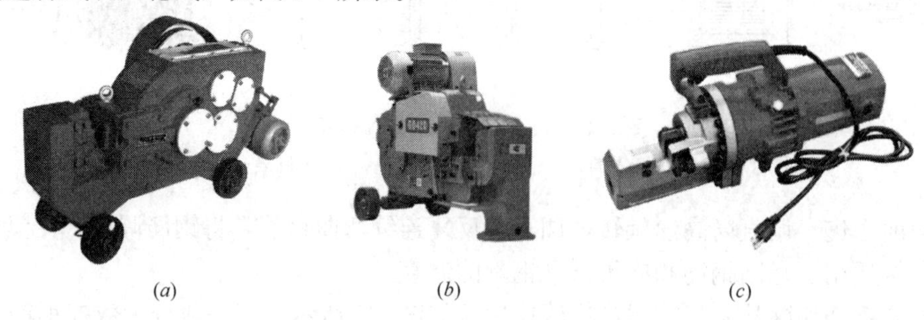
(*a*)　(*b*)　(*c*)

图 5-7　钢筋切断机

（*a*）曲柄连杆式钢筋切断机；（*b*）凸轮式钢筋切断机（*c*）液压钢筋切断机

3. 钢筋弯曲机

钢筋弯曲机是将钢筋弯曲成所要求的尺寸和形状的设备，如图 5-8 所示。常用的台式钢筋弯曲机按传动方式分为机械式和液压式两类。机械式钢筋弯曲机又分为蜗轮蜗杆式和齿轮式。

工作盘上有 9 个轴孔，中心孔用来插中心轴或轴套，周围的 8 个孔用来插成型轴或轴套。当工作盘旋转时，中心轴的位置不变化，而成型轴围绕着中心轴作圆弧转动，通过调整成型轴位置，即可将被加工的钢筋弯曲成所需形状，如图 5-9 所示。

图 5-8　钢筋弯曲机

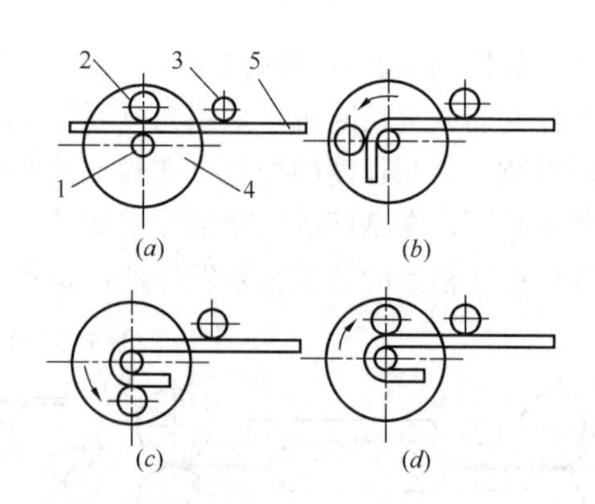

图 5-9　钢筋弯曲机工作过程

（*a*）装料；（*b*）弯 90°；（*c*）弯 180°；（*d*）回位

4. 数控钢筋弯箍机

数控钢筋弯箍机用于混凝土结构用箍筋、单头弯曲长条钢筋、螺旋筋等成形钢筋的加工，具有矫直、测量、弯曲、剪切等功能。对系统维护要求少，自动化程度高，可预先输入超过 500 种加工图形，自动完成钢筋的矫直、定尺、弯曲成形和切断等工序，加工能力全面，可以双向弯曲以及自由控制芯轴伸缩、上下，因此可以加工更多复杂的形状。

电脑数控全自动钢筋弯箍机通过全智能高集成控制实现了从钢筋送料，去氧化皮，校直延伸，弯曲成形，切断多种工艺单机一体活，能直接制作多种尺寸多种规格的箍筋，可以加工多种尺寸多种规格的方形、矩形、菱形、多边形等，同时具有校直功能，如图 5-10所示。

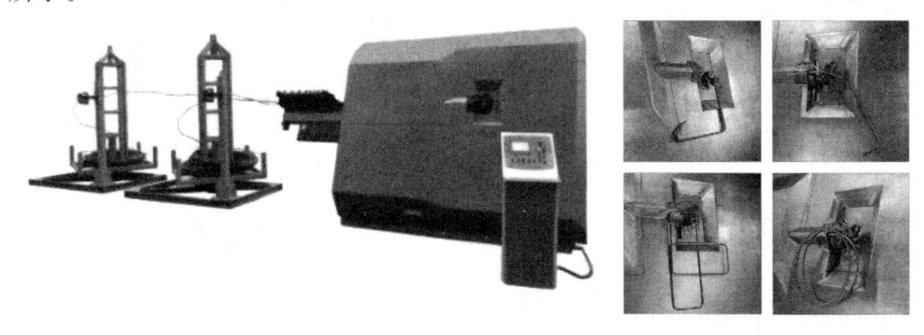

图 5-10　全自动数控钢筋弯箍机

5. 数控钢筋切断生产线

数控钢筋切断生产线主要有剪切生产线和锯切生产线两种，钢筋切断生产线是对棒材定尺切断的设备，替代原有单机切断的方式，采用计算机控制，是一款集高质量剪切、输送、存储、加工为一体的全自动钢筋加工生产线。广泛用于公路、铁路及核电建设等领域，适用于大批量的棒材钢筋加工需求。

（1）钢筋剪切生产线（图 5-11）

图 5-11　钢筋剪切生产线

数控钢筋剪切生产线在加工批量大，钢筋直径大时更易体现出其优越性。同一种规格批量大时用剪切线可以同时多根剪切，效率明显提高。当钢筋直径比较大时，钢筋重量增大，人工劳动强度很大，设备可以明显减少人的劳动强度。剪切生产线高效可靠，成品收集采用移动仓储技术，降低对行车的依赖性。

采用伺服电机和变频电机以及气动方式驱动，自动化程度高，每个机构即可独立动作，又可相互协调一致连续动作。它具有很高的剪切能力和灵活性。整个生产线分为原料存储机构、原料送进机构、操作台、摆料机构、平切主机、下料机构、成品收集架 7 个模块，如图 5-12 所示。

（2）钢筋锯切生产线（图 5-13）

该生产线可加工Ⅰ、Ⅱ、Ⅲ、Ⅳ级带肋钢筋，广泛用于铁路、公路、矿山及核电建设等工程。对棒材定尺切断并能保证端头平齐，自动化程度高，具备自动传送、自动定位、自动收集等功能。一般采用模块化组合，根据需求选择不同的配置模式；成品采用移动收

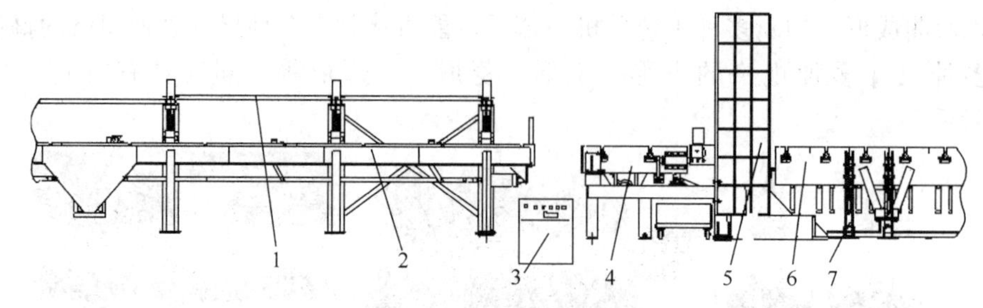

图 5-12　切断线工艺流程图

1—原料存储架；2—原料送进机构；3—操作台；4—摆料架；5—切断主机；6—下料架；7—成品收集架

图 5-13　钢筋锯切生产线

集模式，减少吊车使用量；生产的钢筋端头端面平直，可直接与全自动锚杆生产线配套。

6. 钢筋立式弯曲生产线（图 5-14）

立式弯曲生产线适用于公路和桥梁的施工现场、钢筋集中加工工厂等钢筋批量加工。采用数字控制，具有操作简单、维护方便、经济实用等特点，生产效率高，是传统加工设备产量的 10 倍以上。能够实现自动测长、自动弯曲夹紧、快速成形等功能。采用进口伺服电机传动及控制，实现双向数控移动弯曲，可完成多达 20 个角度以上的角度图形。

立式钢筋弯曲角度自动定位装置，可以准确加工多种角度钢筋尺寸，无需操作人员进行多次调整误差，经由人机接口电控程序的控制，当调整钢筋弯曲的长度及位置时，仅需在面板上更换图形。设定长度即可准确旋转到任意定点，使得钢筋弯曲机加工任意角度钢筋。

(*a*)　(*b*)

图 5-14　钢筋立式弯曲生产线

(*a*) 两机头立式弯曲线；(*b*) 五机头立式弯曲线

7. 钢筋笼全自动焊接生产线（图 5-15）

钢筋笼全自动焊接生产线可自动一次性加工成形钢筋笼。钢筋笼的主筋通过人工穿过固定旋转盘相应模板圆孔至移动旋转盘的相应孔中进行固定，把盘筋（绕筋）端头先焊接

图 5-15 钢筋笼自动焊接生产线

在一根主筋上，然后通过固定旋转盘及移动旋转盘转动把绕筋缠绕在主筋上（移动盘是一边旋转一边后移），同时进行焊接，从而形成产品钢筋笼。生产线采用可编程控制器进行动作控制，伺服动力系统为整机提供动力，设有液压辅助回转支撑机构和全自动焊枪，根据程序指令焊接，能够实现全自动焊接，自动化程度高，机械化数控作业精度高、成形快，取代传统人工加工模式，避免了钢筋笼采用手工轧制或手工焊接的方式造成的尺寸不规范。由于采用的是机械化作业，数控的定尺调整可以保证主筋、缠绕筋的间距均匀；配合机械旋转作业模式，确保进料中的盘筋与主筋缠绕紧密；先成形后加内箍筋，钢筋笼直径一致，可确保钢筋笼同心度。

8. 钢筋网全自动焊接生产线（图 5-16）

钢筋网全自动焊接生产线广泛用于煤矿支护、工业与民用建筑、公路桥梁隧道、水利工程等。网片尺寸规格转换方便，既适合标准钢筋网规模化生产也适合生产定制网。采用先进 PCC（可编程计算机）控制，可进行多任务分时处理，实现了影响焊接质量的 7 个焊接参数的控制，确保网片焊接质量。焊接参数和工作参数等以表格和图形的方式输入，具备网片图形预览功能。计算机具有通信接口，可以进行远程数据输入或输出和在线控制。控制程序具有设备自诊断系统和安全保护系统，可以动态显示设备工作状况。

图 5-16 钢筋网自动焊接生产线

9. 钢筋桁架自动焊接生产线

钢筋桁架自动焊接生产线是集盘条钢筋原料去氧化皮、钢筋矫直、去应力、弯曲成形、自动焊接、整形、定尺切断及成品数控输送为一体的全自动化生产线，可将放线、矫直、弯曲成形、焊接、成品收集、码放等自动完成，流水线化作业更加标准高效，广泛用于楼房建筑（预制楼承板）、高速铁路（双轨式轨枕）等，实现了标准化、工厂化大规模生产，具有焊接质量稳定、钢筋分布均匀及产品尺寸精确等优势，钢筋桁架楼承板比其他压型钢板在综合造价上具有较大优势。

图 5-17 钢筋桁架自动生产线

第三节 钢筋连接机械

钢筋混凝土结构中，大量的钢筋需进行连接。因此，钢筋连接成为结构设计和施工中的重要环节。钢筋连接采用搭接绑扎连接，不仅受力性能差，浪费材料，而且影响混凝土的浇筑质量。随着高层建筑的发展和大型桥梁工程的增多，结构工程中的钢筋布置密度和直径越来越大，传统的钢筋连接方法已不能满足需要，出现了新的钢筋连接技术。目前应用较广泛的钢筋连接有焊接连接和机械连接两类。

1. 钢筋焊接机械

混凝土构件中的钢筋网和骨架以及施工现场的钢筋连接，广泛采用焊接连接。它不仅提高了劳动生产率，减轻了劳动强度，还可保证钢筋网和骨架的刚度，并节约材料。目前普遍采用闪光对焊、点焊、电渣压力焊。

（1）钢筋对焊机（图 5-18）

对焊属于塑性压力焊接，它是利用电能转化成热能，将对接的钢筋端头部位加热到近于熔化的高温状态，并施加一定压力实行顶锻而达到连接的一种工艺。对焊适用于水平钢筋的预制加工。对焊机的种类很多，按焊接方式分为电阻对焊、连续闪光对焊和预热闪光对焊；按结构形式分为弹簧顶锻式、杠杆挤压弹簧式、电动凸轮顶锻式和气压顶锻式等。

（2）钢筋点焊机（图 5-19）

点焊是使相互交叉的钢筋，在其接触处形成

图 5-18 对焊机

图 5-19 点焊机

牢固焊点的一种压力焊接方法，其工作原理与对焊基本相同。适合于在钢筋预制加工中焊接各种形式的钢筋网。电焊机的种类也很多，按结构形式可分为固定式和悬挂式；按压力传动方式可分为杠杆式、气动式和液压式；按电极类型可分为单头、双头和多头等形式。

点焊时，将表面清理好的钢筋交叉叠合在一起，放在两个电极之间预压夹紧，使两根钢筋在交叉点紧密接触，然后踏下踏板，弹簧使上电极压到钢筋交叉点上，同时断路器也接通电路，电流经变压器次极线圈引到电极，两根钢筋的接触处在极短的时间里产生大量的电阻热，把钢筋熔化，在电极压力作用下形成焊点。当松开脚踏板时，电极松开，断路器断开电源，点焊结束。

（3）钢筋电渣压力焊机（图 5-20）

钢筋电渣压力焊因其生产率高、施工简便、节能节材、质量好、成本低而得以广泛应用。其主要适合现浇钢筋混凝土结构中竖向或斜向钢筋的连接。钢筋电渣压力焊实际是一种综合焊接方法，它同时具有埋弧焊、电渣焊和压力焊的特点。

图 5-20　钢筋电渣压力焊机及卡具

钢筋电渣压力焊机按控制方式分为手动式、半自动式和自动式；按传动方式分为手摇齿轮式和手压杠杆式。它主要由焊接电源、控制系统、夹具（机头）和辅件（焊接填装盒、回收工具）等组成。

2. 钢筋机械连接设备

（1）钢筋挤压连接设备

钢筋挤压连接是将需要连接的螺纹钢筋插入特制的钢套筒内，利用挤压机压缩钢套筒，使之产生塑性变形，靠变形后的钢套筒与钢筋的紧固力来实现钢筋的连接。这种连接方法具有节电节能、节约钢材、不受钢筋可焊性制约、不受季节影响、不用明火、施工简便、工艺性能良好和接头质量可靠度高等特点，适合于任何直径的螺纹钢筋的连接。钢筋挤压连接技术有径向挤压工艺和轴向挤压工艺两种。钢筋径向挤压连接应用广泛。

钢筋径向挤压连接是利用挤压机将钢套筒沿直径方向挤压变形，使之紧密地咬住钢筋的横肋，实现两根钢筋的连接，如图 5-21、图 5-22 所示。径向挤压方法适用于连接直径 12～40mm 的钢筋。

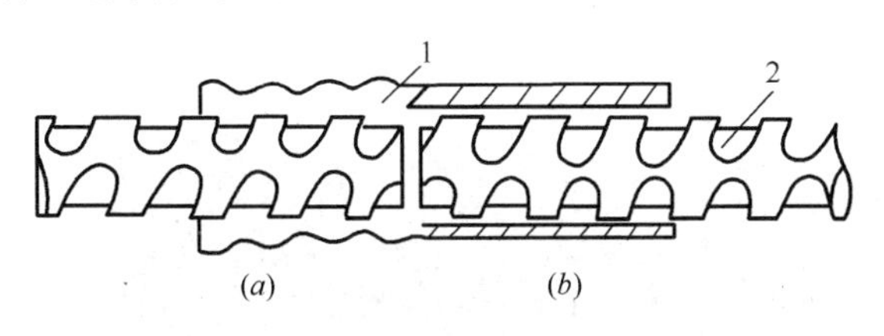

图 5-21　钢筋径向挤压连接

（*a*）已挤压部分；（*b*）未挤压部分

1—钢套筒；2—带肋钢筋

（2）钢筋直螺纹连接设备

钢筋直螺纹连接是利用钢筋端部的外直螺纹和套筒上的内直螺纹来连接钢筋，如图 5-23 所示。钢筋直螺纹连接是钢筋等强度连接的新技术。这种方法不仅接头强度高，而且施工操作简便，质量稳定可靠，适用于 20～40mm 的同径、异径、不能转动或位置不能移动钢筋的连接。钢筋直螺纹连接有镦粗直螺纹连接工艺和滚压直螺纹连接工艺。镦粗直螺纹连接是钢筋通过镦粗设备，将端头镦粗，再加工出小径不小于钢筋母材直

图 5-22　钢筋径向挤压连接设备

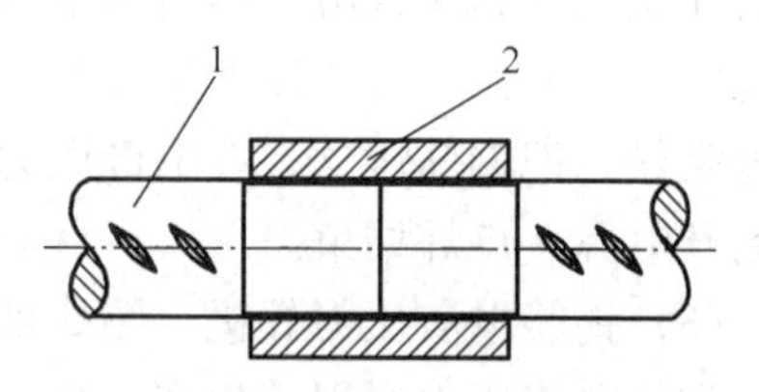

图 5-23　钢筋直螺纹连接
1—钢筋；2—套筒

图 5-24　剥肋滚压直螺纹成形机

径的螺纹，使接头与母材等强度。滚压直螺纹连接是通过滚压后接头部分的螺纹和钢筋表面因塑性变形而强化，使接头与母材等强度。滚压直螺纹连接主要有直接滚压螺纹、挤（碾）压肋滚压螺纹和剥肋滚压螺纹三种形式，如图 5-24 所示。

3. 钢筋螺纹自动化加工生产线（图 5-25）

钢筋螺纹自动化加工生产线采用缩颈滚压螺纹加工工艺，并且将自动定尺切断技术融入生产线，实现了钢筋从上料、定尺切断、加工螺纹，到按成品长度分区收集的全自动化加工，解决了钢筋多次转位搬动用工多、长丝螺纹连接与钢筋母材不等强和直螺纹加工效率低的技术难题，具有适用范围广、自动化程度高、劳动强度低、高效率低损耗等优点。同时有效降低了工人劳动强度和人工用量，改善作业环境，减少材料损耗，对推动我国钢筋专业化集中加工，实现传统建筑业的产业升级和结构调整提供了设备支撑，对于推动绿

图 5-25　钢筋螺纹自动化加工生产线

色建筑、绿色施工，实施节能减排战略具有重要作用。生产线不仅用于建筑钢筋的螺纹加工，同时还用于煤矿支护锚杆螺纹的加工，特别适用于大批量钢筋直螺纹集中加工，如高速铁路、道路桥梁、机场电站、工业与民用建筑、污水处理厂、港口码头、煤矿等钢筋螺纹加工。

第四节　预 应 力 机 械

预应力钢筋混凝土是在承受外荷载前，其结构内部在使用时产生拉应力的区域预先受到压应力，压应力能抵消部分或全部荷载作用时产生的拉应力，通常把这种压应力称为预应力。预应力钢筋混凝土因其具有抗裂度和刚度高，耐久性好，节约材料和构件质量小等优点，而被广泛应用。施加预应力的方法是将混凝土受拉区域的钢筋，拉长到一定数值后，锚固在混凝土上，放松张拉力，钢筋产生弹性回缩，被锚固钢筋的回缩力传给混凝土，混凝土被压缩，产生预应压力。预应力混凝土按施加预应力的时间不同分为先张法和后张法两种。

先张法为先张拉钢筋，后浇筑混凝土。施工过程为：张拉机械张拉钢筋后，用夹具将其固定在台座上，浇筑混凝土，混凝土具有一定强度后，放松钢筋，钢筋回缩，使混凝土产生预应力，如图 5-26 所示。

后张法为先浇筑混凝土，后张拉钢筋。施工过程为：构件中配置预应力钢筋的部位预先留出孔道，混凝土具有一定强度后，把钢筋穿入孔道，张拉机械张拉钢筋后，用锚具将其固定在构件两端，钢筋的回缩力使混凝土产生预应力，如图 5-27 所示。

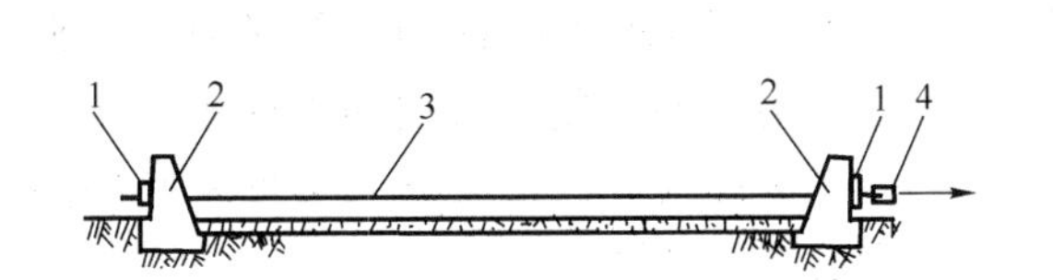

图 5-26　先张法张拉钢筋示意图

1—夹具；2—台座；3—钢筋；4—张拉机械

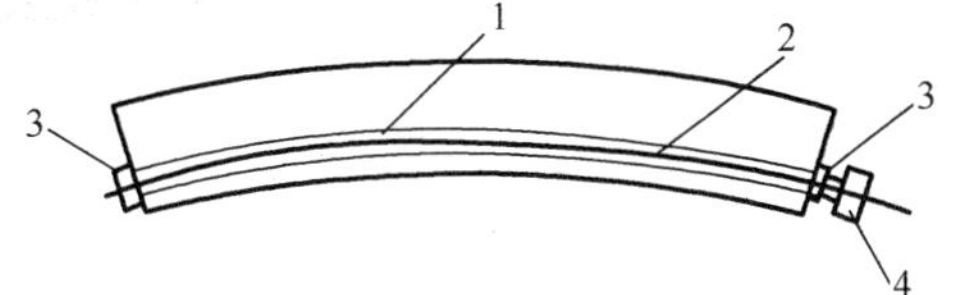

图 5-27　后张法张拉钢筋示意图

1—预留孔道；2—钢筋；3—锚具；4—张拉机械

钢筋预应力机械是预应力混凝土结构中预应力筋的施工设备，主要包括预应力筋张拉设备、电动油泵和锚具、夹具、连接器等。

1. 张拉设备：主要是液压张拉千斤顶。按机型不同分为拉杆式千斤顶、穿心式千斤顶、锥锚式千斤顶和台座式千斤顶等，如图 5-28 所示；按使用功能不同分为单作用千斤顶和双作用千斤顶；按张拉吨位大小分为小吨位（≤250kN）、中吨位（250～1000kN）和大吨位（≥1000kN）千斤顶。

拉杆式千斤顶是我国最早生产的液压张拉千斤顶，利用单活塞杆单作用张拉预应力筋，由于该千斤顶只能张拉吨位不大于 600kN 的支承式锚具，已逐渐被多功能的穿心式千斤顶代替。

穿心式千斤顶是一种具有穿心孔，利用双作用液压缸张拉预应力筋和顶压锚具的千斤顶。这种千斤顶适应性强，既适用于张拉需要顶压的锚具，配上撑脚与拉杆后，也适用于张拉螺杆锚具和镦头锚具；设置前卡式工具锚，可以缩短张拉所需的预应力筋外露长度，

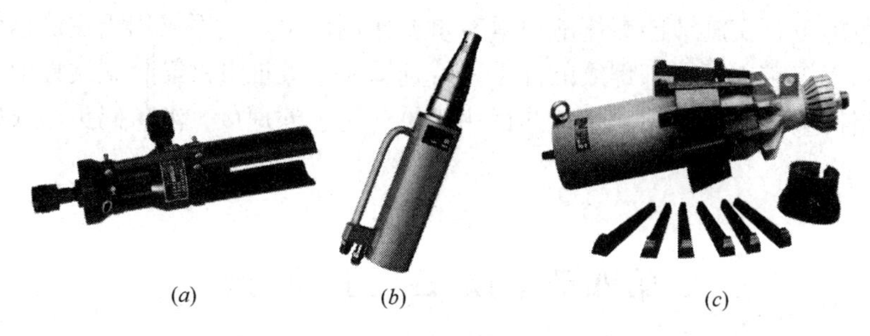

图 5-28　液压千斤顶

(a) 拉杆式液压千斤顶；(b) 穿心式液压千斤顶；(c) 锥锚式液压千斤顶

节约钢材。

锥锚式千斤顶是一种具有张拉、顶锚和退楔功能的三作用千斤顶，用于带钢质锥形锚具的钢丝束。

群锚千斤顶是一种具有一个大口径穿心孔的单液压缸张拉预应力筋的单作用穿心式千斤顶，广泛用于张拉大吨位钢绞线束，配上撑脚与拉杆后也可作为拉杆式穿心千斤顶，如图 5-29 (a) 所示。

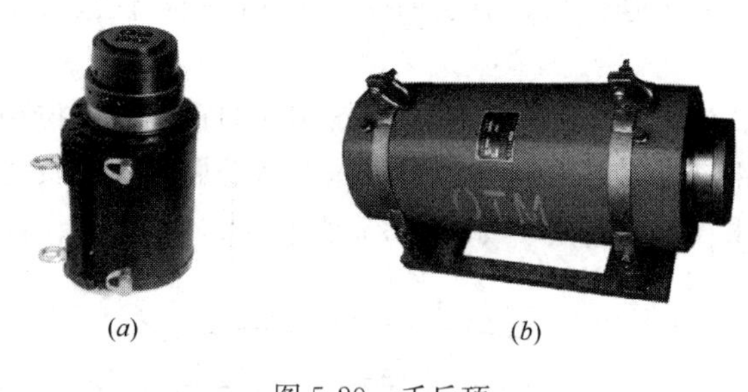

图 5-29　千斤顶

(a) 群锚千斤顶；(b) 台座式千斤顶

台座式千斤顶是在先张法中整体张拉或放松预应力筋的单作用千斤顶，如图 5-29 (b) 所示。

2. 预应力张拉锚具和夹具：锚具是锚固在构件端部，与构件一起共同承受拉力，不再取下的钢筋端部紧固件。夹具是用于夹持预应力钢筋以便张拉，预应力构件制成后，取下来再重复使用的钢筋端部紧固件。

锚具和夹具的种类较多，按其构造和性能特点，可分为螺杆式、镦头式、夹片式和锥销式等类型。图 5-30 为常用的螺杆类锚具和夹具。

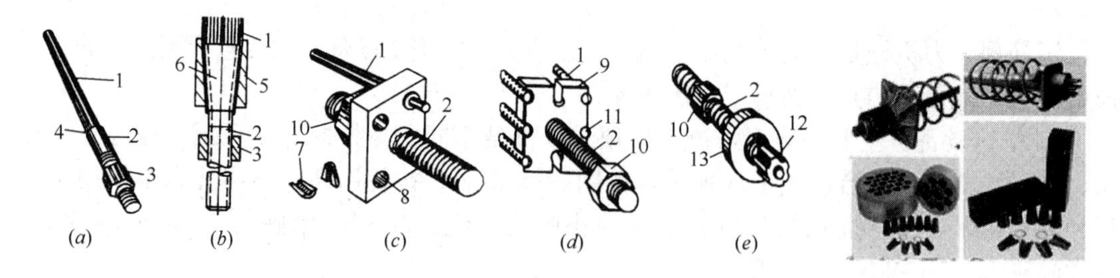

图 5-30　螺杆类锚具和夹具

(a) 螺纹端杆锚具；(b) 锥形螺杆锚具；(c) 螺杆销片夹具；(d) 螺杆镦头夹具；(e) 螺杆锥形头夹具

1—钢筋；2—螺纹端杆；3—锚固用螺母；4—焊接接头；5—套筒；6—带单向齿的锥形杆；

7—锥片；8—锥形孔；9—锚板；10—螺母；11—钢筋端的镦粗头；12—锥形螺母；13—夹套

3. 高压油泵：高压油泵是液压张拉机的动力装置，根据需要，供给液压千斤顶用高压油。高压油泵有手动和电动两种形式，如图 5-31、图 5-32 所示，电动油泵又分为轴向式和径向式。

图5-31 电动油泵

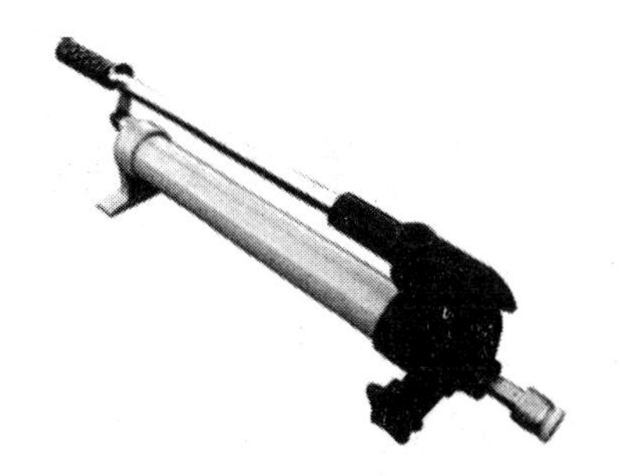

图5-32 手动油泵

第六章　装　修　机　械

装修工程的特点是工种技术复杂，劳动强度大，大型机械使用不便，传统上多靠手工操作。因此，发展小型的、手持式的轻便装修机具，是实现装修工程机械化的有效途径。

装修机械目前有灰浆制备及喷涂机械、涂料喷刷机械、屋面装修机械、高处作业吊篮、擦窗机、高空作业平台等。

第一节　灰浆制备及喷涂机械

灰浆制备及喷涂机械用于灰浆材料加工、灰浆搅拌、灰浆输送、墙体抹灰等工作，主要包括灰浆搅拌机、灰浆泵、灰浆喷枪等。

图 6-1　灰浆搅拌机

1. 灰浆搅拌机械

灰浆搅拌机是将砂、水、胶合材料（如水泥、石膏、石灰等）均匀搅拌成灰浆混合料的机械，如图 6-1 所示。其工作原理与强制式混凝土搅拌机相同。工作时，搅拌筒固定不动，而靠固定在搅拌轴上叶片的旋转来搅拌物料。

灰浆搅拌机按其生产状态可分为周期作业式和连续作业式，按搅拌轴的布置方式可分为卧轴式和立轴式，按出料方式可分为倾翻卸料式和底门卸料式。目前，建筑工地上使用最多的是周期作业的卧轴式灰浆搅拌机。

HJ-200 型灰浆搅拌机的外形与传动系统如图 6-2 所示，主轴上用螺栓固定叶片，以 30r/min 的转速回转。叶片对主轴的倾角以 45°为宜，采用组合式叶片，叶片磨损后易于更换。搅拌时使拌合料既产生周向运动又产生轴向相向运动，使之既搅拌又互相掺和从而

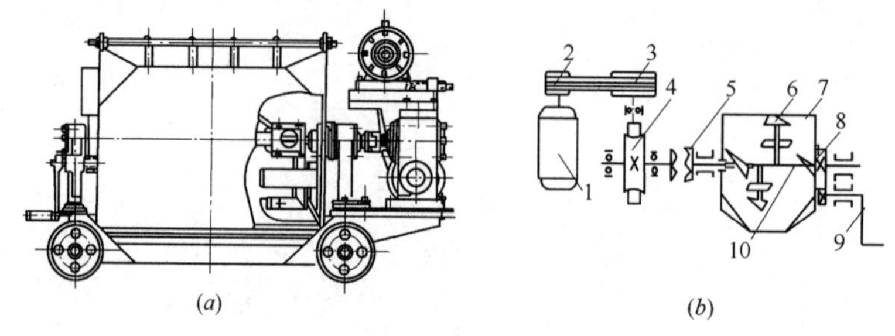

图 6-2　HJ-200 型灰浆搅拌机的外形与传动系统

1—电动机；2、3—小、大皮带轮；4—蜗轮减速器；5—十字滑块联轴节；6—叶片；7—搅拌筒；8—扇形内齿轮；9—摇把；10—主轴

得到良好的拌合效果。卸料时，转动摇把，通过小齿轮带动与筒体固定的扇形齿圈，使搅拌筒以主轴为中心进行倾翻，此时叶片仍继续转动，协助将灰浆卸出。搅拌筒的顶部装有用钢条制成的格栅，防止大块物料及装料工具不慎绞入。

此类搅拌机轴端密封不好，造成漏浆，流入轴承座而卡轴承，烧毁电动机，有待于改进和提高。

2. 灰浆喷涂机械

灰浆喷涂机械是用于输送、喷涂和灌注水泥灰浆的设备。按结构形式可分为柱塞式、隔膜式、挤压式、气动式和螺杆式，目前最常用的是柱塞式灰浆泵和挤压式灰浆泵。

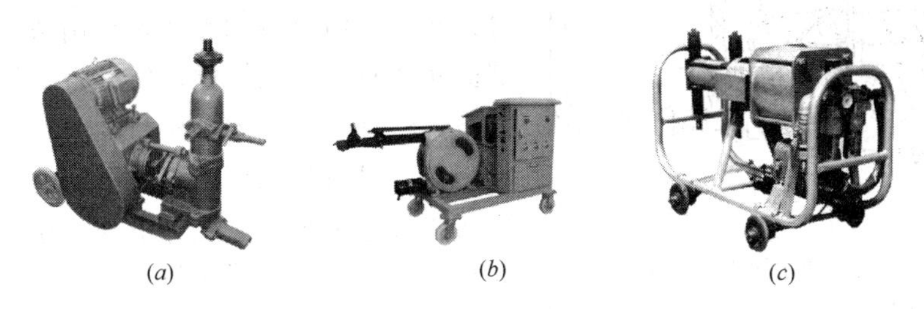

(*a*)　(*b*)　(*c*)

图 6-3　灰浆喷涂机械

(*a*) 柱塞式喷涂泵；(*b*) 挤压式灰浆泵；(*c*) 气动式灰浆泵

(1) 柱塞式灰浆泵

柱塞式灰浆泵利用柱塞在密闭缸体里的往复运动，将进入柱塞缸中的灰浆直接压入输浆管，再送到使用地点。它有单柱塞式和双柱塞式两种类型。

单柱塞式灰浆泵的结构如图 6-4 所示，主要由电动机、减速器、曲柄连杆机构、三通阀、输出口和输送管道等组成。电动机通过三角皮带传动和减速器使曲轴旋转，再通过曲柄连杆机构使柱塞做往复运动。图 6-5 是单柱塞式灰浆泵工作原理图。柱塞回程吸浆，柱塞伸长压浆。吸入阀和压出阀随着柱塞的往复运动而启闭，从而吸入和压出灰浆。气罐内有空气，依靠空气储能，当柱塞回程吸浆时，气罐内的灰浆因空气压力继续输出，并减少灰浆输送的脉动现象。气罐上装有压力表，当工作压力超过 1.5MPa 时，装在三角皮带轮上的过载安全装置能够使大皮带轮停止运转，以保证安全。

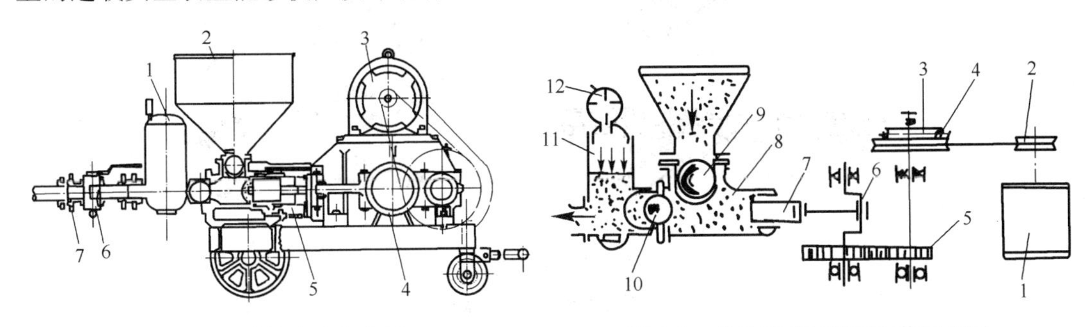

图 6-4　单柱塞式灰浆泵

1—气罐；2—料斗；3—电动机；4—减速器；5—曲柄连杆机构；6—三通阀；7—输出口

图 6-5　单柱塞式灰浆泵工作原理图

1—电动机；2—主动三角皮带轮；3—过载安全装置；4—从动皮带轮；5—减速器；6—曲轴；7—柱塞；8—泵缸；9—吸入阀；10—压出阀；11—气罐；12—压力表

单柱塞式灰浆泵适用于10层以下楼层的灰浆输送和喷涂抹灰，要求砂符合级配要求，且不宜全部使用破碎砂。

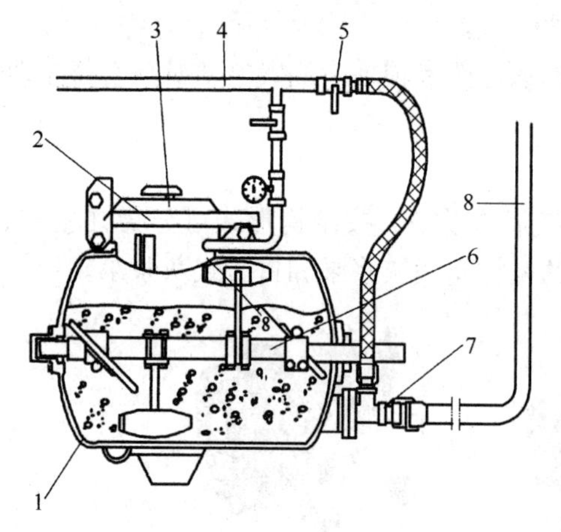

图 6-6 气动式灰浆泵结构示意图

1—压力缸；2—进料口；3—压盖；4—压缩空气管道；5—开关；6—搅拌轴；7—出料口；8—输出管道

(2) 气动式灰浆泵

气动式灰浆泵利用压缩空气压送灰浆，如图6-6所示。它的主体是一个卧式压力缸，顶部装有压盖。缸内装有一根带搅拌叶片的水平搅拌轴，由电动机或柴油机经减速器驱动。这种泵通常配有空压机、液压加料斗、拉铲、行走装置等。灰浆可由自身的搅拌装置制备，也可将制备好的灰浆直接装入缸内，然后将盖压紧，接通压缩空气将其送入密闭的压力缸内，使用时打开出料口，即可将灰浆压出。该机用途广泛，除了用作灰浆输送泵和灰浆搅拌机外，还可以用来搅拌和输送细石混凝土或干料。

(3) 灰浆喷枪

灰浆喷枪是灰浆泵的配套机具，泵送来的灰浆通过它喷涂到墙面上，是灰浆喷涂机械不可缺少的组成部分。常用的灰浆喷枪有普通喷枪和万能喷枪两种，其结构如图6-7所示。普通喷枪用来喷涂石灰灰浆，它是一个锥形口的套管，下接输浆管，压缩空气沿输气管进入锥形口的空间，压缩空气喷出时，带动周围灰浆从锥形口一起喷出，并由开关控制输气量的大小。万能喷枪用来喷涂混合灰浆（石灰水泥灰浆或石灰石膏灰浆），它由三段锥形管组成，灰浆由输浆管送入，压缩空气沿输气管进入，由于锥形管之间的空间减小，可以使压缩空气和灰浆很好地混合，输气量由开关来控制。

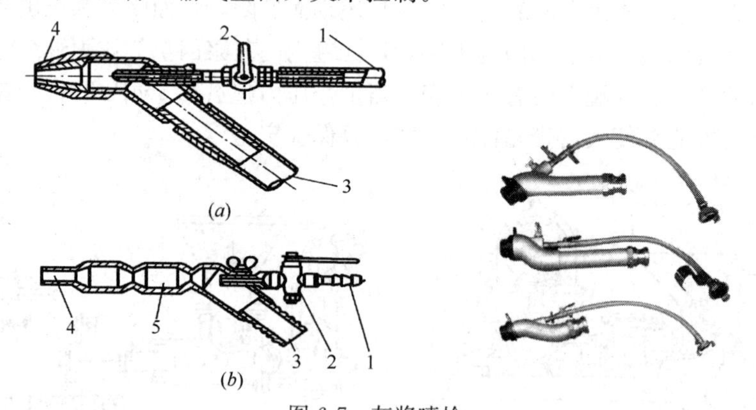

图 6-7 灰浆喷枪

(a) 普通喷枪；(b) 万能喷枪

1—输气管；2—气门开关；3—输浆管；4—喷嘴；5—混合室

第二节 高处作业吊篮

高空作业吊篮主要用于高层及多层建筑物的外墙施工及装饰装修工程，如图6-8所示。高处作业吊篮可用于抹灰浆、贴面、安装幕墙、粉刷涂料、油漆以及清洗、维修等，也可用于大型罐体、桥梁和大坝等工程的作业，可免搭脚手架，从而节约大量钢材和人工，使施工成本大大降低，并具有操作简单灵活、移位容易、方便实用、技术经济效益好等优点。

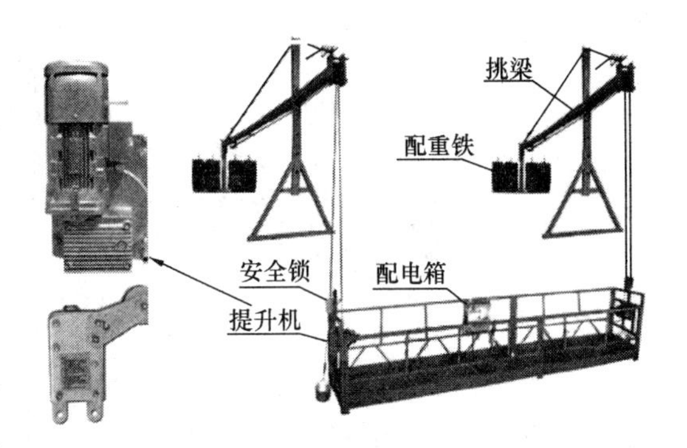

图 6-8　高处作业吊篮

高处作业吊篮按驱动方式分有手动式和电动式两种。按起升机构不同有爬升式和卷扬式两种。目前国内外大多采用电动爬升式吊篮。爬升式电动吊篮主要由屋面悬挂机构、悬吊平台、电控系统及工作钢丝绳和安全钢丝绳等组成，如图 6-9 所示。悬吊平台主要由安全锁、平台篮体、提升机、电控箱和限位开关等组成。

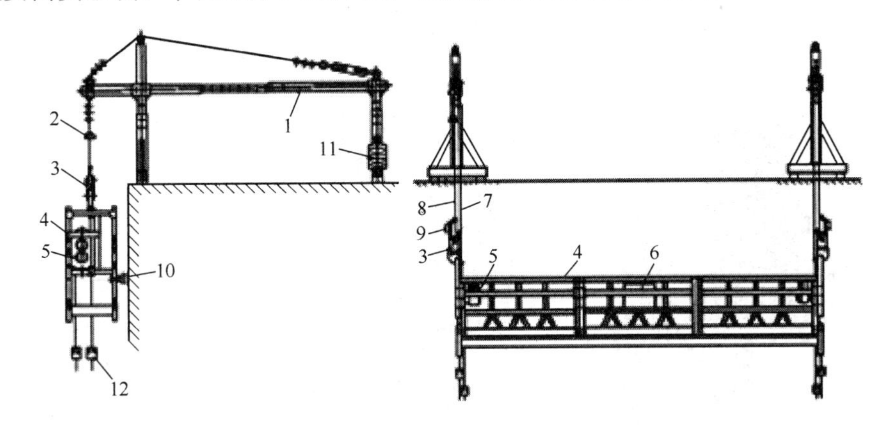

图 6-9　爬升式电动吊篮

1—悬挂机构；2—撞顶止挡板；3—安全锁；4—吊篮；5—提升机；6—电气控制箱；7—工作钢丝绳；8—安全钢丝绳；9—撞顶限位开关；10—靠墙轮；11—配重块；12—绳坠铁

1. 平台篮体

平台篮体有整体式和组合式两种。工程中常用组合式篮体，组合式篮体可由一～三节不同长度的篮体对接，用螺栓连接而成，如图 6-10 所示。可根据实际工作需要改变篮体的长度。

2. 提升机

提升机是高空作业吊篮的动力装置。根据卷扬方式的不同，分为卷扬式和爬升式两种提升机。目前吊篮常用爬升式提升机，它是利用绳轮与钢丝绳之间产生的摩擦力作为吊篮爬升的动力，工作时钢丝绳静止不动，提升机的绳轮在钢丝绳上爬行，从而带动吊篮整体提升，如图 6-11 所示。

3. 安全锁

安全锁是保证吊篮安全工作的重要部件，如图 6-12 所示。当提升机构钢丝绳突然切断或发生故障产生超速下滑等意外发生时，应迅速动作，在瞬时将悬吊平台锁定在安全钢丝绳上。按照其工作原理不同，安全锁分为离心触发式和摆臂防倾式两种。

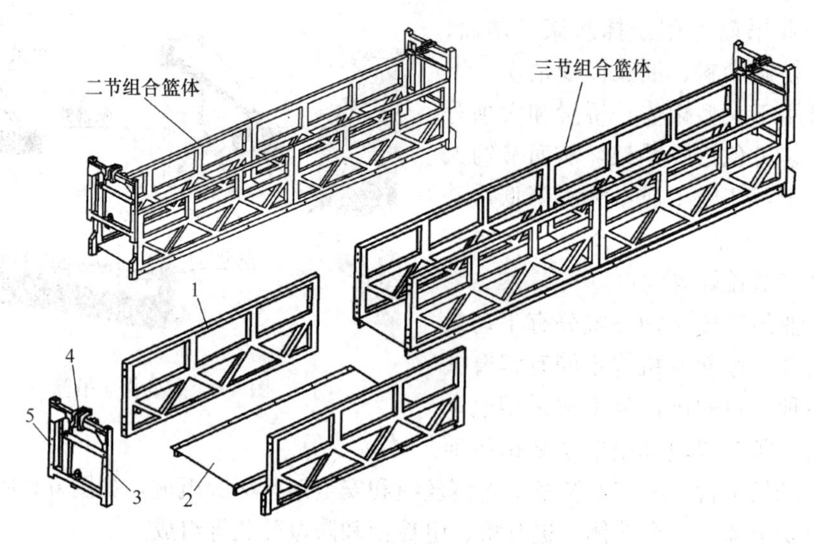

图 6-10 组合式篮体结构

1—栏杆；2—底板；3—侧栏杆；4—安全锁固定座；5—提升机固定座

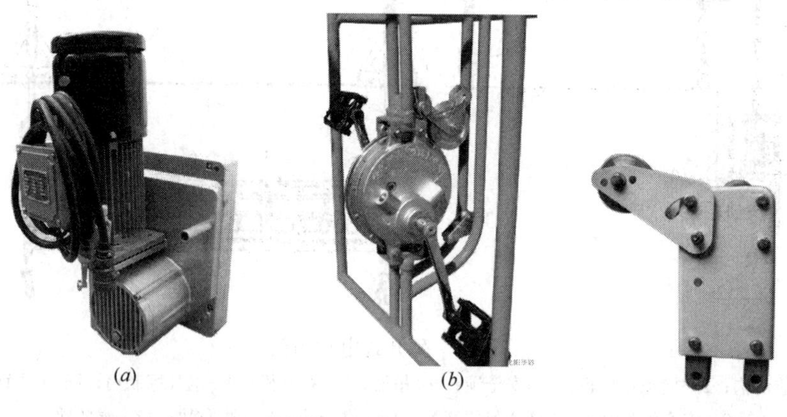

图 6-11 吊篮提升机

(a) 电动爬升式提升机；(b) 脚踏爬升式提升机

图 6-12 安全锁

4. 屋面悬挂机构

屋面悬挂机构是架设在建筑物上（不一定是顶部），通过钢丝绳悬挂悬吊平台的装置，如图 6-13 所示。它根据建筑物的不同可以有多种结构形式。

1）依托建筑物的悬挂机构

该悬挂机构的荷载完全由女儿墙或檐口、外墙面承担，主要有 3 种常见形式，如图 6-14 所示。

2）屋面悬挂机构的典型结构

悬挂机构最常见的典型结构如图 6-15 所示。为方便搬运和吊篮移位，悬挂机构设计成组合结构。主梁由前梁、中梁、后梁组成，互相插接形成主梁，且前梁、后梁均可以伸缩，使结构具有不同的悬伸长度，以及解决屋顶作业平面狭窄等问题。前支架上的伸缩支架和后支架上的后伸缩支架可调整主梁的高度。前支架和后支架下装有脚轮，以便整体横

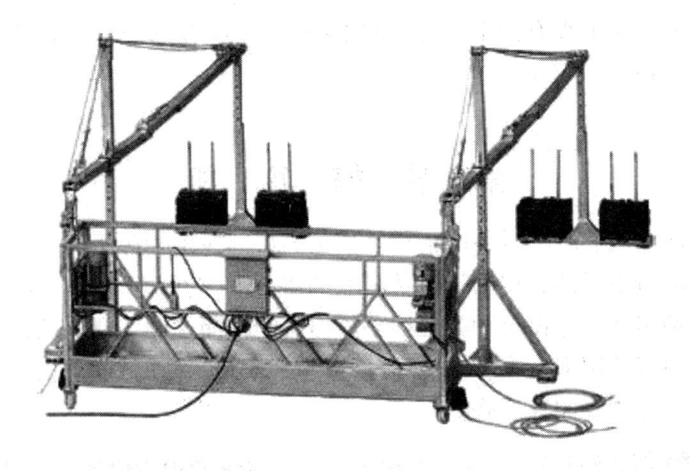

图 6-13　屋面悬挂机构

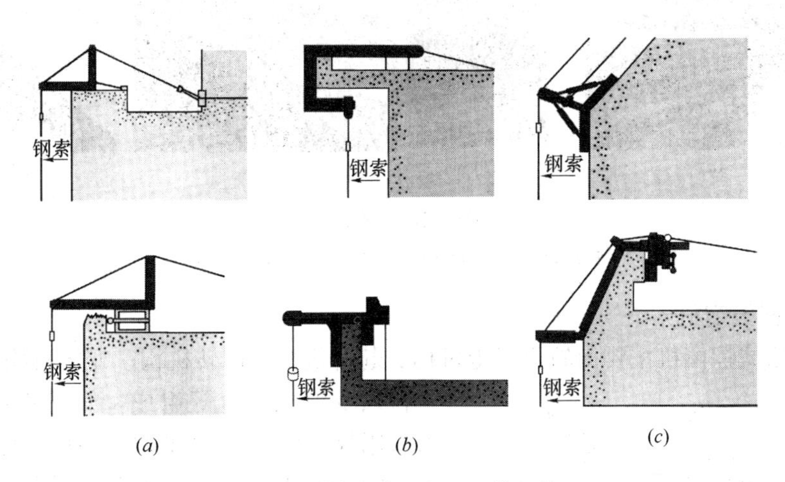

图 6-14　依托建筑物的悬挂机构

(a) L形悬挂机构；(b) 钩形悬挂机构；(c) 特殊悬挂机构

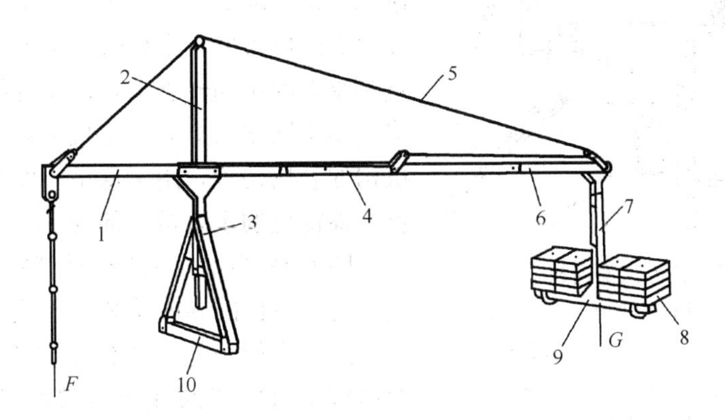

图 6-15　屋面悬挂结构

1—前梁；2—上支架；3—前伸缩支架；4—中梁；5—加强钢丝绳；6—后梁；7—后伸缩支架；8—配重铁；9—后支梁；10—前支架

向移位。后支架的底座上焊有四个立管，配重铁的中心孔穿过立管摆放整齐，使配重铁在吊篮使用中不会晃掉。

第三节　擦　窗　机

擦窗机是墙面清洗和维护设备的俗称，也是高层建筑维护施工的常设专用设备。该设备主要进行墙面的清洗保洁、墙面设施及幕墙的维护和检查以及墙面的装饰装修等施工。由于建筑结构多种多样，擦窗机种类也很多，但必须按照不同的建筑结构特点选择合适的机型。根据我国现行的国家标准，按照产品的安装和移位方式目前擦窗机有轨道式、轮载式、悬挂轨道式、插杆式四种形式。

(*a*)

(*b*)

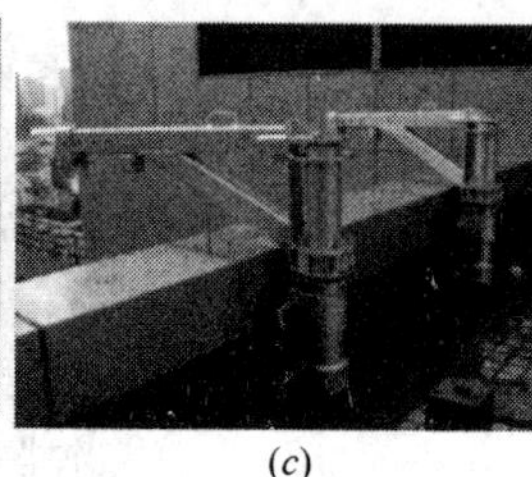
(*c*)

(*d*)

图 6-16　擦窗机

(*a*) 轨道式；(*b*) 轮载式；(*c*) 插杆式；(*d*) 悬挂轨道式

1. 轨道式擦窗机

单臂轨道式擦窗机主要由轨道行走机构、起升机构、回转机构、变幅机构、悬吊工作平台以及电控系统等组成，如图 6-17 所示。轨道采用标准的工字钢或 H 型钢，铺设在提前预制好的屋顶基座上。行走机构采用两个带制动的标准电机减速机直接驱动。主机立柱带有电机减速机直接驱动的回转支承，便于悬吊工作平台很好向立面侧收回。主机臂头也带一个电机减速机直接驱动的小回转支承，便于悬吊工作平台接近建筑物不同拐角立面。主机架箱体中装有带排绳机构的卷扬装置，用于悬吊工作平台的升降，它也是擦窗机的主要核心部件。

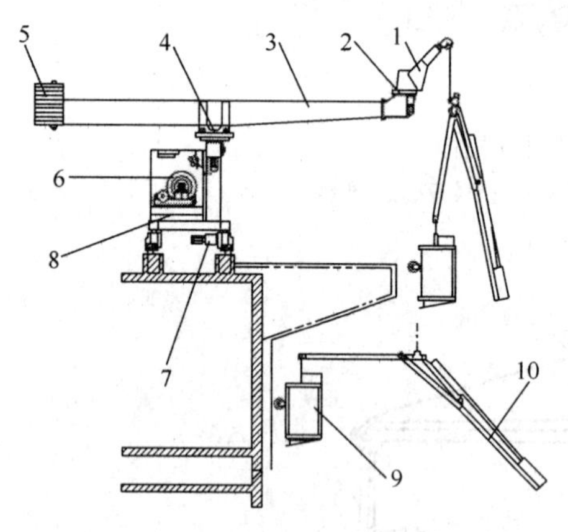

图 6-17　轨道式擦窗机

1—臂头；2—臂头回转机构；3—吊臂；4—吊臂回转机构；5—配重；6—卷扬机构；7—行走机构；8—机体；9—吊船；10—伸展机构

图 6-18 为沿女儿墙内侧铺设的轨道式擦窗机，行走机构的导向轮装在上轨道，驱动轮装在下轨道。为便于悬吊工作平台很好地收回立面，双吊臂带有电机减速机直接驱动的丝杠变幅机构。主机不带起升卷扬机构，吊篮上装配收绳装置和安全装置。

为了满足不同建筑结构的工作要求，轨道式擦窗机有多种结构形式，在实际工程中轨道式擦窗机使用方便、安全性好、应用最多。常用的轨道式擦窗机如图 6-19 所示，一般应根据建筑物的高度、立面的结构形式以及清洗面积的大小来确定擦窗机的结构形式。

2. 轮载式擦窗机

轮载式擦窗机如图 6-20 所示，与轨道式擦窗机除行走机构不同外，其他机构大体相同。该行走机构采用实心橡胶轮胎，并由标准电机减速机直接驱动。

3. 插杆式

插杆式擦窗机如图 6-21 所示，是最简单的产品形式，它由悬吊工作平台和屋面插杆两大部分组成。悬吊工作平台装配带有收绳装置的吊篮进行升降作业。屋面插杆可固定在提前预制好的屋顶基座上，也可固定在提前安装好的女儿墙基座上。吊篮在所需位置工作时，将两根插杆人工移至所需对应位置的基座上，用插销和紧固件固定，并将吊篮的钢丝绳连接到插杆的吊点上，使吊篮可以上下工作。

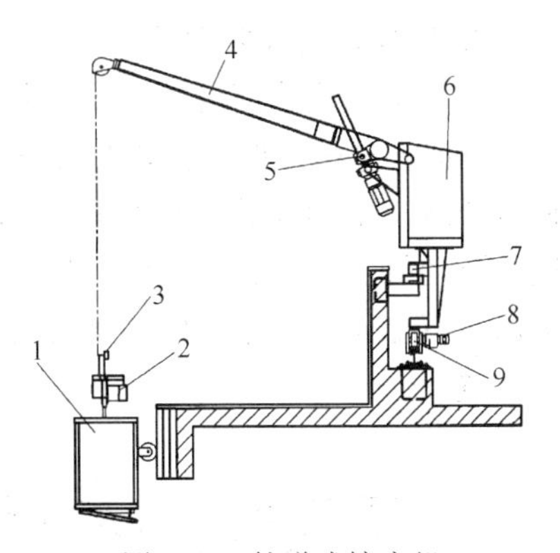

图 6-18 轨道式擦窗机

1—吊篮；2—提升机；3—安全锁；4—吊臂；5—变幅机构；6—机体；7—行走导向轮；8—电机减速器；9—驱动轮

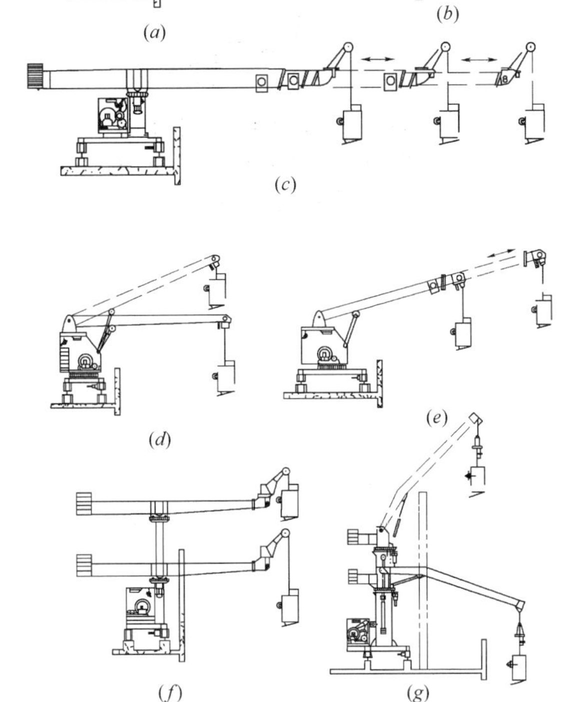

图 6-19 轨道式擦窗机结构形式

(*a*) 固定臂式（带平衡臂）；(*b*) 固定臂式；(*c*) 伸缩臂式；(*d*) 变幅式；(*e*) 变幅和伸缩臂式；(*f*) 立柱式升降式；(*g*) 立柱升降和变幅式

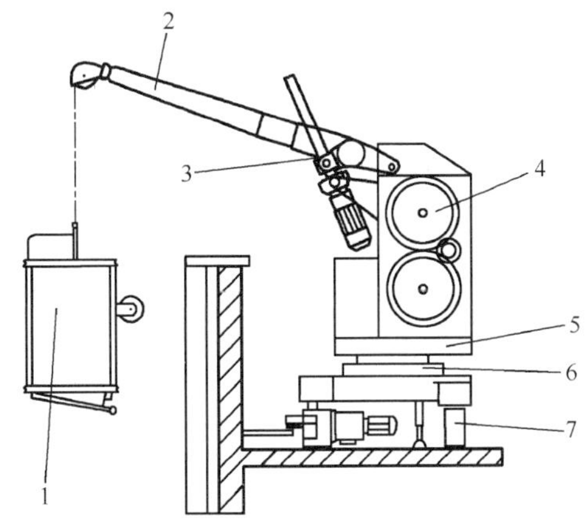

图 6-20 轮载式擦窗机

1—吊篮；2—吊臂；3—变幅机构；4—卷扬机构；5—机体；6—回转机构；7—行走轮胎

4. 悬挂单轨式擦窗机

悬挂单轨式擦窗机由悬吊工作平台、悬挂轨道及轨道行走装置 3 个部分组成，如图 6-22所示。悬吊工作平台装配带有收绳装置的吊篮进行升降作业。悬挂轨道由特制的高强铝合金或工字钢制成，并固定在与墙面安装好的牛腿上。轨道行走装置由带制动的电机减速机驱动行走轮构成。工作时将吊篮的钢丝绳连接到行走机构（爬轨器）吊点上，使吊篮可以上下工作。行走机构（爬轨器）通过吊篮上的电控系统带动吊篮水平移动，以变换工作位置。

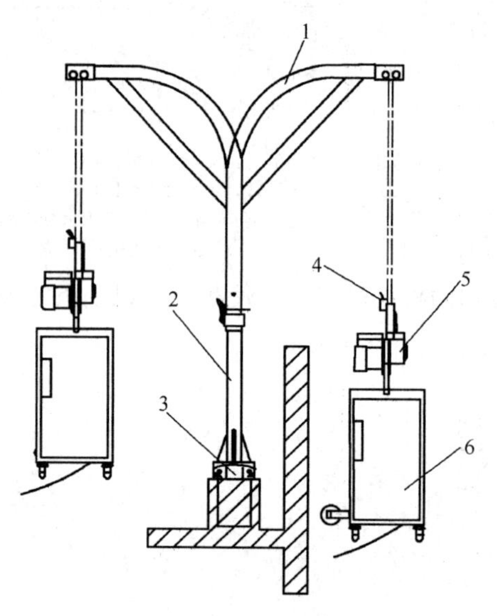

图 6-21 插杆式擦窗机

1—插杆；2—屋顶插杆；3—固定基座；4—安全锁；5—提升机；6—吊篮

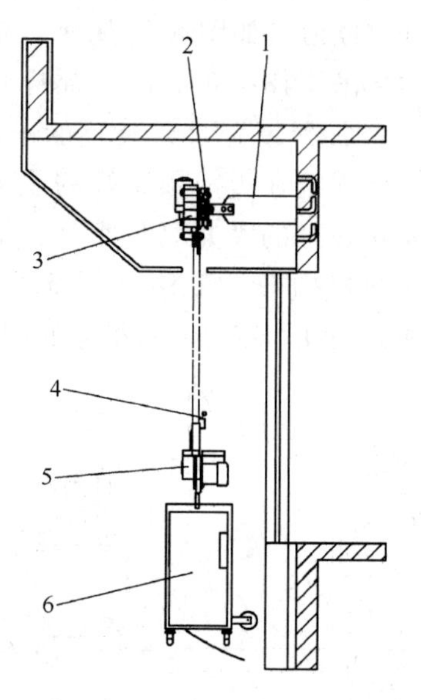

图 6-22 悬挂单轨式擦窗机

1—固定基座；2—悬挂轨道；3—行走机构；4—安全锁；5—提升机；6—吊篮

第七章　高 空 作 业 机 械

《高处作业分级》GB/T 3608—2008 中对高空作业的定义为：在坠落高度基准面 2m 或 2m 以上有可能坠落的高处进行的作业。

第一节　高空作业机械概述

高空作业机械是一种将作业人员、工具、材料等通过作业平台举升到空中指定位置进行各种安装、维修等作业的专用设备。高空作业机械的一般分类如图 7-1 所示。

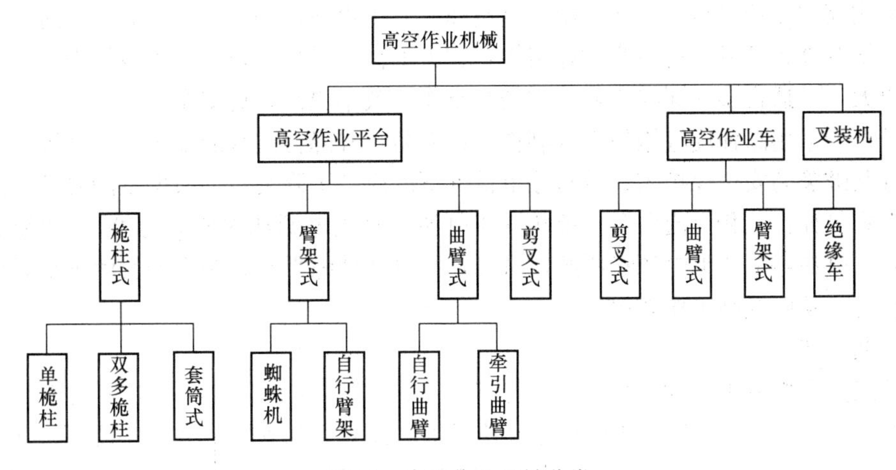

图 7-1　高空作业机械分类

高空作业平台：用来运送人员、工具和材料到指定位置进行工作的设备，包括带控制器的工作平台、伸展结构和底盘。

高空作业车：以定型道路车辆为转场支撑底盘，由车辆驾驶员操纵其移动的高空作业平台设备。

常规上可以理解为：凡带有汽车底盘或其他车辆作行走装置，能在道路上行驶的，称为高空作业车；而未带汽车底盘的，统称为高空作业平台。

第二节　高 空 作 业 平 台

高空作业平台是用于高空作业、设备安装、检修等可移动性高空作业的产品。

1. 分类

主要产品有剪叉式高空作业平台、曲臂式高空作业平台、自行式高空作业平台、铝合金高空作业平台、防爆高空作业平台、拖拉移动式高空作业平台、电动高空作业平台、自行走直臂高空作业平台、越野式高空作业平台、全向自行走高空作业平台。

2. 工作原理

液压油由叶片泵形成一定的压力，经滤油器、隔爆型电磁换向阀、节流阀、液控单向阀、平衡阀进入液缸下端，使液缸的活塞向上运动，提升重物，液缸上端液压油经隔爆型电磁换向阀回到油箱，其额定压力通过溢流阀进行调整，观察压力表读数值。

液缸的活塞向下运动（即重物下降），液压油经防爆型电磁换向阀进入液缸上端，液缸下端回油经平衡阀、液控单向阀、节流阀、隔爆型电磁换向阀回到油箱。为使重物下降平稳，制动安全可靠，在回油路上设置平衡阀，平衡回路，保持压力，使下降速度不受重物影响，由节流阀调节流量，控制升降速度。为使制动安全可靠，防止意外，增加液控单向阀，即液压锁，保证在液压管线意外爆裂时能安全自锁。安装了超载声控报警器，用以区别超载或设备故障。

3. 主要结构和特点

（1）剪叉式

剪叉式高空作业平台是用途广泛的高空作业专用设备，如图 7-2 所示。它的剪叉式机械结构，使升降台起升后有较高的稳定性，宽大的作业平台和较高的承载能力，使高空作业范围更大，并适合多人同时作业。它使高空作业效率更高，更安全。

举升机构采用高强度锰钢钜形管制作。设有防止升降台超载的安全保护装置；设有防止液压管路破裂的安全保护阀；设有停电情况下的应急下降装置。根据不同要求可选择不同动力形式（如：三相交流电源、单相交流电源、直流电源和内燃动力等），加配上手动液压装置，可在停电或无电源场所照常升降，并可加伸缩平台，在平台长度不足时可延伸至所需位置，从而提高工作效率。

（2）曲臂式

曲臂式高空作业平台叫高空作业平台车，如图 7-3 所示，主要用于比较高的作业环境，承载 1～2 人，消防队普遍使用这种升降机。该高空作业平台主要有柴油机自行式、电瓶自行式与拖车式三种动力形式，具有伸缩臂，能悬伸作业，能够跨越一定的障碍或在

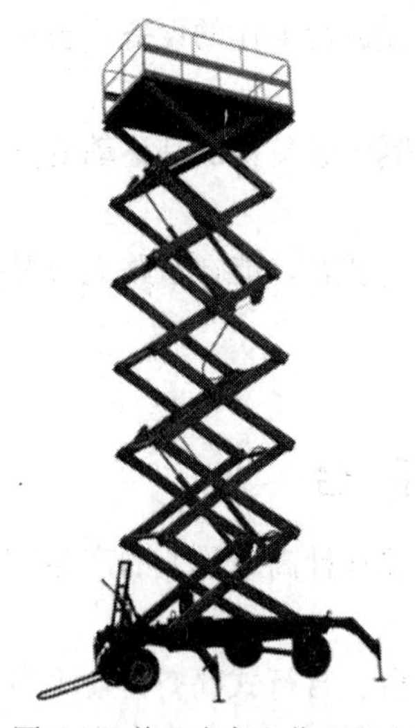

图 7-2　剪叉式高空作业平台

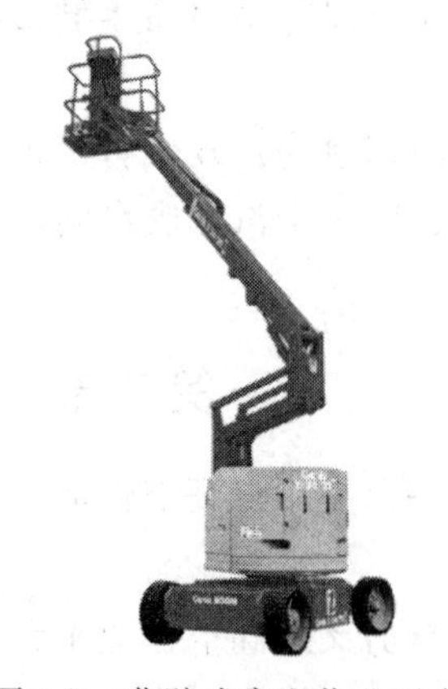

图 7-3　曲臂式高空作业平台

一处升降进行多点作业；360°旋转，平台载重量大，可供 2 人或多人同时作业并可搭载一定的设备；升降平台移动性好，转移场地方便；外形美观，适于室内外作业和存放。其适用于车站、码头、商场、体育场馆、小区物业、厂矿车间等大范围作业。

（3）自行式

自行式高空作业平台的升降台自身具有行走及转向驱动功能，不需人工牵引，不需外接电源，移动灵活方便，令高空作业更方便快捷，是现代企业的理想高空作业设备。辅助自行走式系列升降机，具有自动行走功能，能够在不同工作状态下，不需外接电源，不需外来动力牵引，移动灵活，操作方便，升降自如，只需一人便可完成前进、后退，如图 7-4 所示。该高空作业平台特别适合于机场候机楼、车站、码头、商场、体育场馆、小区物业、厂矿车间等较大范围的作业。

图 7-4　自行式高空作业平台

（4）铝合金桅柱式

铝合金桅柱式高空作业平台一般适用于 1～2 人登高作业，单柱高度在 10m 以下，双柱一般在 12m 以下，多柱高度可以达到 20m 左右。采用桅柱式结构，载重量大，平台面积大，稳定性极好，运转灵活，广泛用于工厂、宾馆、餐厅、车站、机场影剧院、展览馆等场所。

按照立柱数量可分为：单立柱铝合金高空作业平台、双立柱铝合金高空作业平台、三立柱铝合金高空作业平台、四立柱铝合金高空作业平台，如图 7-5 所示。

按照性能可分为：移动式铝合金高空作业平台、固定式铝合金高空作业平台、伸缩台面铝合金高空作业平台、折叠式铝合金高空作业平台。

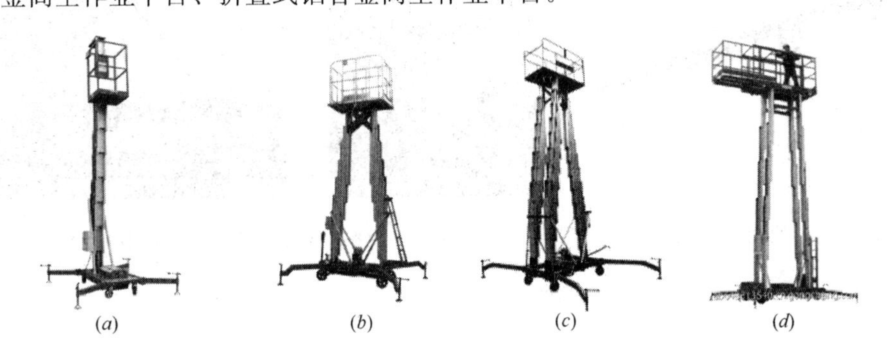

图 7-5　桅柱式平台（按立柱数量分）
（*a*）单立柱；（*b*）双立柱；（*c*）三立柱；（*d*）四立柱

（5）套缸式

套缸式高空作业平台为多级液压缸直立上升，液压缸高强度的材质和良好的机械性能，塔形梯状护架，使升降台有更高的稳定性，如图 7-6 所示。即使身处 20m 高空，也能感受其优越的平稳性能。其适用于车站、码头、酒店、机场以及各种需要登高作业的场合。

图 7-6 套缸式高空作业平台

(6) 导架爬升式

导架爬升式工作平台如图 7-7 所示，其适用于高层建筑外墙装修，玻璃幕墙施工，建筑外表面的清洁等。

平台在纵横方向均可自由组合变化，联合使用，满足建筑外表面为平面和曲面的变化，变频控制运行平稳，配备防超载装置，防不平衡载荷装置，匀速限速器，手动释放装置，以及同步运行装置；采用不固定基础，便于变换施工位置，运输方便。

(7) 蜘蛛式高空作业平台

该平台采用蜘蛛腿式支撑机构、伸缩式臂架结构，可在受局限的空间和地面上工作，从而可对建筑物进行维护保养及清洁，对地面的压力非常小，尤其适合在建筑物内的瓷砖、大理石等地面上工作，如图 7-8 所示。

图 7-7 导架爬升式工作平台

图 7-8 蜘蛛式伸缩臂架高空作业平台

第三节 高 空 作 业 车

1. 分类

按上车部分升降机构的形式，高空作业车可划分为四种基本类型，如图 7-9 所示。

(1) 伸缩臂式

该类型的高空作业车各工作臂之间的相对运动只能为伸缩，如图 7-10 所示。

特点：结构较复杂，操作简单直观，结构紧凑，机动性好，作业范围大，回转时占用

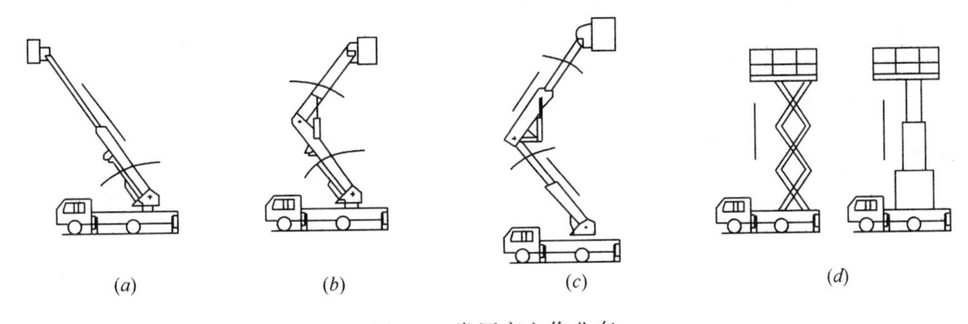

图 7-9　常用高空作业车

(a) 伸缩臂式；(b) 折叠臂式；(c) 混合臂式；(d) 垂直升降式

空间小，跨越障碍能力相对较差。

(2) 折叠臂式

高空作业车工作臂之间的连接全部采用铰接形式，这种高空作业车还可称为铰接式高空作业车，如图 7-11 所示。

图 7-10　伸缩臂式高空作业车

图 7-11　折叠臂式高空作业车

特点：结构比较简单，跨越障碍能力强，可带起重功能，回转时占用空间大，操作比较繁琐。

(3) 混合臂式

高空作业车工作臂之间既有铰接，也有伸缩。图 7-12 中上、下工作臂可伸缩，上工作臂与下臂铰接。

特点：结构复杂多变，相对紧凑，操作较简单直观，跨越障碍能力很强，可以实现特定功能。

图 7-12　混合臂式高空作业车

(4) 垂直升降式

高空作业车升降机构原理与高空作业平台相同，只能在垂直方向上运动，如图 7-13 所示。

特点：结构简单，价格低，承载能力大，作业高度低，作业范围受限制。

按绝缘性能可分为以下 2 类：

(1) 绝缘型

工作平台、部分工作臂采用绝缘材料（一般为玻璃钢）制作，工作平台和大地之间阻抗较大，如图 7-14 所示。作业车可以在高压线路上带电作业。绝缘型高空作业车一般用于电力设施的带电抢修和维护。

（2）非绝缘型

作业车不具备绝缘功能，不能进行带电工作，高空作业时需要远离高压带电体，如图 7-15 所示。非绝缘高空作业车广泛用于市政、电力、交通、园林、电信、港口、油田、风电、变电站等。

图 7-13　垂直升降式高空作业车

图 7-14　绝缘型高空作业车

图7-15　非绝缘高空作业车

2. 基本原理

高空作业车采用定型生产的汽车底盘作为行走机构，实现行走（转场）和运载功能。除汽车底盘外，为实现高空作业功能，高空作业车还包括动力系统、工作机构、机械结构、液压和电气控制系统及安全装置等部分。

使用汽车底盘作为行走机构，使高空作业车具有了其他种类高空作业平台所不具备的高机动性能，从而具有快速转场能力。汽车底盘发动机的动力强大，也是高空作业车实现高空作业功能的主要动力源。

高空作业车动力系统一般指实现高空作业所需要的能源。高空作业车通常使用汽车底盘发动机作为动力源，通过取力系统将底盘发动机的部分动力取出，用以驱动高空作业车的工作机构和伸展结构。这种情况下，底盘、发动机、取力装置以及控制取力装置工作或断开的取力控制系统构成了高空作业车的动力系统。除使用底盘发动机作为动力源外，也有少部分车型使用单独的发动机或使用蓄电池作为动力源。

工作机构是为实现高空作业不同运动要求而设置的。要使装载工作人员和工具的工作平台从某一位置运动到空中任意位置，工作平台要能实现垂直方向和水平方向的运动。为实现几个方向的运动并保证平台运行过程中始终不发生倾斜，高空作业车设有变幅机构、伸缩机构、回转机构和调平机构。变幅机构也可称为俯仰机构，高空作业车的变幅是指改变工作平台与回转中心轴线之间的距离，即幅度。高空作业车的变幅机构一般采用液压缸推动工作臂改变工作臂和水平面夹角实现变幅。伸缩机构实现高空作业车相互套叠的工作臂的伸出或缩回，改变工作臂的长短。工作臂行驶状态缩在基本臂内，不影响高速行驶，工作时伸出达到所需长度。伸缩机构一般采用液压缸配合钢丝绳滑轮组或链条链轮组的同步伸缩。回转机构是为实现高空作业车的回转运动而设置的机构。高空作业车的一部分

（一般指上车部分或回转部分）相对于另一部分（一般指下车部分或非回转部分）做相对的旋转运动，称为回转。国内高空作业车回转范围一般为全回转（回转 360°以上）。调平机构是高空作业平台的专有机构，是用以实现工作臂变幅，工作臂和水平面夹角不断变化时，工作平台和地面夹角始终不变，保证工作人员没有倾覆危险。

高空作业车机械结构包括工作臂、回转平台、副车架（车架大梁、门架、支腿等）等。伸展结构是高空作业车的骨架。它承受高空作业车的自重以及作业时的各种外荷载。各工作机构的零部件都是安装或支承在这个骨架上。

液压和电气控制系统用于实现工作机构的运动，如动力传递的方向，机构运动速度快慢，以及机构启停等。通过液压驱动和电气系统的控制，实现高空作业车各机构的启动、调速、换向和停止，从而实现高空作业要求的各种动作。

第八章　木　工　机　械

木工机械是指在木材加工中，将木材加工的半成品加工成为木制品的机床。木工机床加工的对象是木材。木材是人类利用最早的一种原料，与人类的住、行、用有着密切的关系。人类在长期实践中积累了丰富的木材加工经验。木工机床正是通过人们长期生产实践，不断发现、不断探索、不断创造而发展起来的。

第一节　木工机床分类

（1）按照木工机床的加工工艺，包括加工方式、加工零件的类型、几何尺寸和加工精度等，可以分为精加工木工机床和粗加工木工机床。

（2）按照木工机床加工零件相对切削刀头的位置可以分为通过式木工机床和工位式木工机床。

（3）按照木工机床的工艺适应性可以分为通用木工机床、专门化木工机床和专用木工机床。

（4）按照木工机床同时加工工件的数量，可以将木工机床分为单轴或多轴木工机床、单线或多线木工机床、单头或多头木工机床，以及多刀木工机床。

（5）按照木工机床自动化程度的高低，可以分为手动操作、机械化、半自动化和自动化机床。

（6）类别：1 木工锯机（MJ）、2 木工刨床（MB）、3 木工铣床（MX）、4 木工钻床（MZ）、5 木工榫槽机（MS）、6 木工车床（MC）、7 木工磨光机（MM）、8 木工联合机（ML）、9 木工接合组装涂布机（MH）、10 木工辅机（MF）、11 木工手提机具（MT）、12 木工多工序机床（MD）、13 其他木工机床（MQ）。

第二节　木　工　锯　机

（1）锯机分类（图 8-1）

按结构分：①立式带锯机；②卧式带锯机；也可分为：①跑车带锯机；②台式带锯机；③多联带锯机。

按工艺要求分：①原木带锯机；②再剖带锯机；③细木工带锯机。

按安装形式分：①固定式；②移动式。

锯机的优点：①可以锯切特大径级圆木和采用特殊下锯法锯切珍贵树种木材；②带锯机所使用的薄锯条，锯口宽度最小，节约木材；③带锯机可以实现看材下锯，出材率高于圆锯机和框锯机；④带锯机的进料速度较快，生产率高。

锯机的缺点：①锯条的自由长度大，带锯条薄，升温高，容易产生振动和跑锯，影响锯切精度；②锯切技术要求高；③结构复杂，加工精度高，锯条维护技术高，要求操作工人达到一定的技术水平。

（2）锯机的组成

带锯机主要由机体、上下锯轮、锯条张紧装置和锯条导向装置等组成。

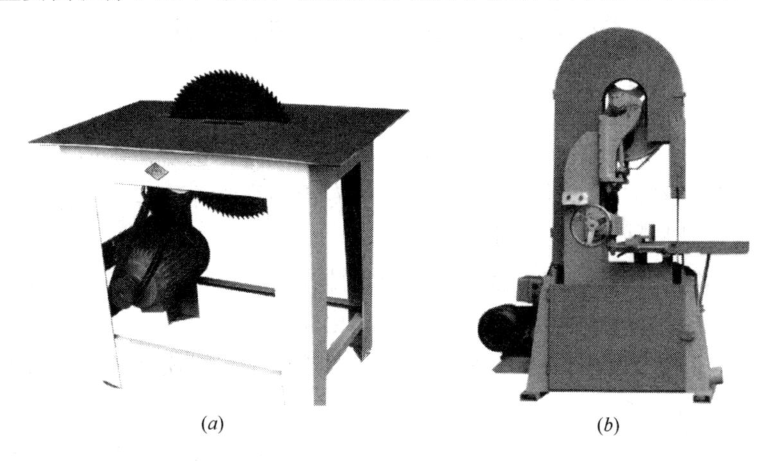

(a) (b)

图 8-1 常用木工锯机

（a）台式木工圆锯机；（b）木工带锯机

第三节 木 工 刨 床

木工刨床分为平刨床、压刨床、四面刨床、精光刨床等类型，如图 8-2 所示。

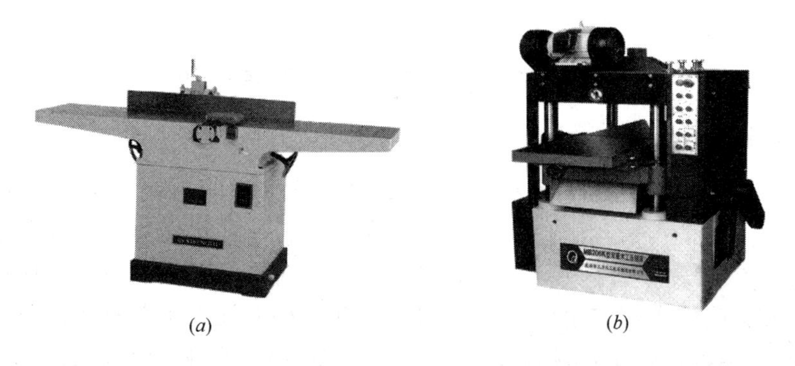

(a) (b)

图 8-2 常用木工刨床

（a）平刨床；（b）压刨床

平刨床特点：平刨床是将毛料的被加工表面加工成平面，使被加工表面成为后续加工工序所要求的加工和测量基准面；也可以加工与基准面相邻的一个表面，使其与基准面成一定的角度，加工时相邻表面可以作为辅助基准面。平刨床的加工特点是被加工平面与加工基准面重合。

单面压刨床的特点：被加工表面是加工基准面的相对面。

平刨床结构组成：床身、前后工作台、刀轴、导尺和传动机构。

压刨床的结构组成：切削机构、工作台和工作台升降机构、压紧机构、进给机构、传动机构、床身、操纵机构。

第九章 路 面 机 械

路面机械是用于道路修筑与维修养护的专用机械设备，主要包括沥青、水泥路面及相应路基的修筑与维修养护所需的机械设备，桥梁专用的维修养护以及道路检测设备等。路面机械的产品特点是品种繁多、功能专一。

修筑沥青路面的机械设备主要有沥青混合料搅拌设备、摊铺机、沥青洒布车、石屑撒布机、沥青熔化与加热设备、沥青运输车以及乳化沥青设备等。

修筑水泥路面的机械设备主要有水泥混凝土搅拌设备、滑模及轨道式摊铺设备、路面拉毛及切缝设备等。

修筑路基的机械设备主要有稳定土厂拌和路拌设备、稳定剂（水泥、石灰、乳化沥青等）撒布及喷洒设备等。

道路维修养护主要设备有沥青路面综合维修车、补缝设备、各种形式沥青路面再生设备、路面铣刨设备、水泥路面破碎设备、多功能养护车、路标清洗设备、清障车、清扫车、画线设备、桥梁专用检测维修车等。

道路检测设备主要有检测道路压实度、平整度、抗滑能力、几何形状等各种专用设备。

第一节 稳 定 土 拌 合 机

1. 稳定土拌合机用途与分类

稳定土拌合机是一种在行驶过程中，以其工作装置对土壤就地松碎，并与稳定剂（石灰、水泥、沥青、乳化沥青或其他化学剂）均匀拌合，以提高土的稳定性的机械。使用这种方法获得稳定混合料的施工工艺称为路拌法，而稳定土拌合机又称为稳定土路拌机，如图 9-1 所示。

图 9-1 稳定土拌合机

根据结构特点，稳定土拌合机可以按以下几个方面进行分类（图 9-2）：

1）按行走部分形式分为履带式、轮胎式和复合式（履带和轮胎结合）。

2）按移动方式分为自行式、半拖式和悬挂式。

3）按动力传动的形式分为机械式、液压式和混合式（机液结合）。

4）按其工作装置（铣刀式拌合机的工作装置称为铣削筒，又称为转子）在机器上的位置分为中置式和后置式两种。一般来说，后置式稳定土拌合机的整机稳定性较差，但更换刀具及拌合转子容易，保养方便；中置式稳定土拌合机由于轴距较大，转弯半径大，机动性受到限制。

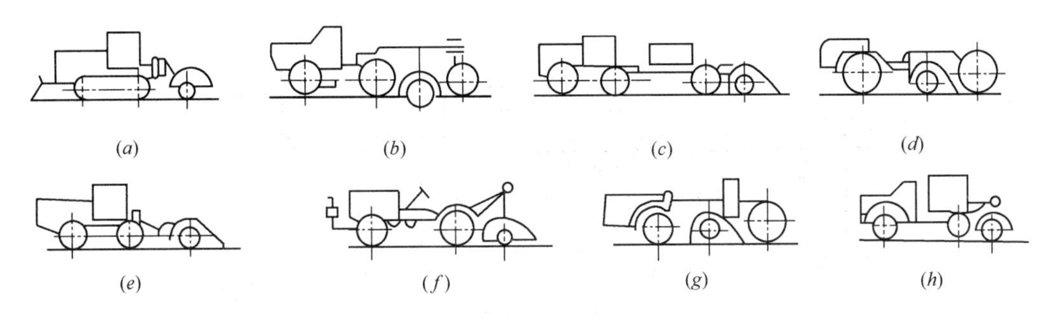

图 9-2　稳定土拌合机分类

（a）履带式；（b）轮胎式；（c）复合式；（d）自行式；（e）半拖式；（f）悬挂式；（g）中置式；（h）后置式

5）按拌合转子旋转方向可分为正转和反转两种。正转：即拌合转子由上向下切削；反转：即拌合转子由下向上切削。正转相对反转拌合阻力小，因此所消耗功率较小，但反转转子对稳定材料反复拌合与破碎，拌合质量比正转好，且正转只适用于拌合松散的稳定材料。

稳定土拌合机主要用于公路工程施工中，完成稳定土基层的现场拌合作业。由于该机型拌合幅度变化范围大，所以它既适用于高等级公路稳定土基层施工，又适用于中、低级路面或县乡道路路面施工，可以拌合Ⅰ、Ⅱ级土，也可以拌合Ⅲ、Ⅳ级土；附设有热态沥青或乳化沥青再生作业、自动洒水装置，可就地改变稳定土的含水率并完成拌合；通过更换作业装置，装上铣削滚筒，还可完成沥青混凝土或水泥混凝土路面铣刨作业。

2. 结构与工作原理

稳定土拌合机的部件结构与作业装置的构造和安装位置有不同的形式，但均由主机、工作装置和稳定剂喷洒控制系统三大部分组成。在筑路工程上，较常见的拌合机是铣刀轮式，本书主要叙述此种机型。图 9-3 为 WBY21 型稳定土拌合机外形结构。

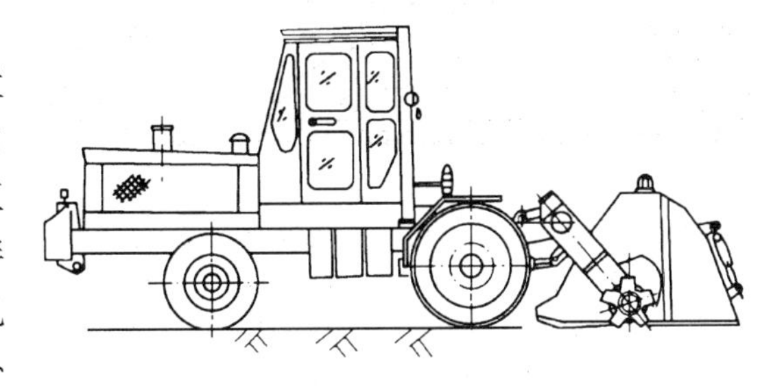

图 9-3　WBY21 型稳定土拌合机外形结构

（1）主机

主机是稳定土拌合机的基础车辆，主要由发动机、传动系统、行走驱动桥、转向桥、操纵机构、电气系统、液压系统、驾驶室和主机车架等组成。各部件均安装在主机车架上。

主机车架为整体框架结构，车机架与后桥刚性连接；前桥是转向桥，与机架之间采用摆动桥铰接式连接，使前桥可以相对车架上下摆动，以适应在地面不平的条件下行驶，如图 9-4 所示。

动力传动由行走传动系统和工作装置传动系统组成。稳定土拌合机常用的传动形式有两种：一种是行走与转子传动系统均为液压式，或称全液压式；另一种是行走为液压，转子为机械式，或称液压-机械式。

全液压式的传动形式具有无级调速且调速范围宽，液压缓冲冲击荷载可保护发动机等优点，但造价较贵。液压-机械式的转子采用机械传动，由于转子的速比不大且范围要求

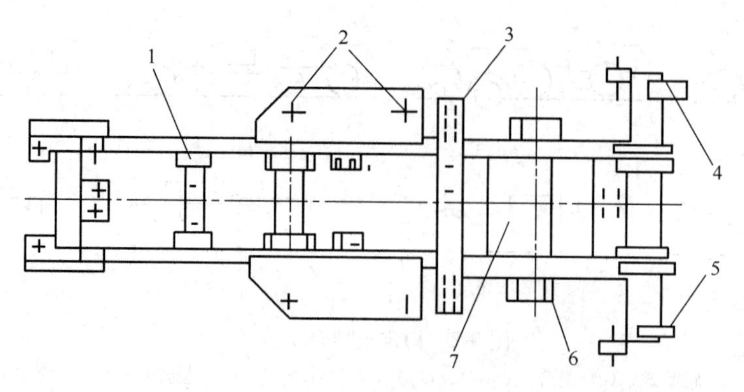

图 9-4 WYB21 型稳定土拌合机的主机车架结构

1—前桥支架；2—驾驶室安装座孔；3—保护架安装座；4—拌合装置安装架；5—铰接支座；6—储气筒安装座；7—后桥支架

不宽，因此是简便可行的，但转子的过载保护装置安全保险销剪断后，安装对中困难。

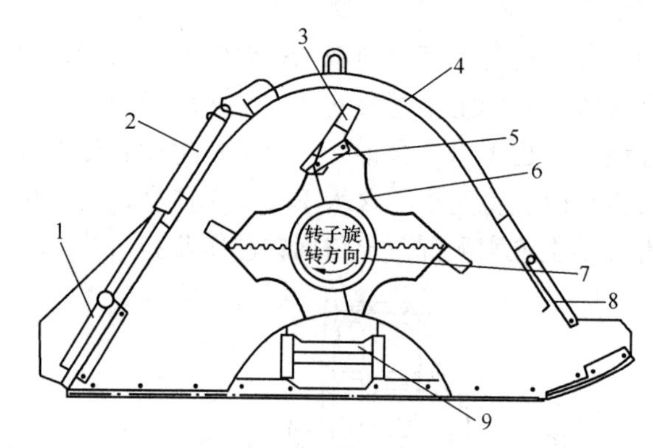

图 9-5 稳定土拌合机转子及罩壳结构示意图

1—后斗门；2—后斗门开启液压缸；3—刀片；4—转子罩壳；5—压管；6—液压马达；7—变速器；8—驱动桥；9—变速软轴支架

(2) 工作装置

工作装置又称拌合装置，主要由转子、转子架以及转子升降液压缸、罩壳后斗门开启液压缸等组成，如图 9-5 所示。

在运输状态中，通过转子升降液压缸使转子被抬起，罩壳支撑在转子两端的轴颈上，因此也被抬起；在工作状态，通过转子升降液压缸使得转子被放下来，罩壳便支撑在地面上，此时，转子轴颈则借助于罩壳两侧长方形孔内的深度调节垫块支撑在罩壳上。因此，在自身重力和转子重力的共同作用下，罩壳紧紧地压在地面上，形成一个较为封闭的工作室，拌合转子在里面完成粉碎拌合作业。转子架一般为框架结构，铰接于车架的悬挂端部，用来支撑工作转子及使转子相对于地面作升降运动。

第二节 稳定土厂拌设备

1. 稳定土厂拌设备用途与分类

稳定土厂拌设备是路面工程机械的主要机种之一，是专用于拌制各种以水硬性材料为结合剂的稳定混合料的搅拌机组，如图 9-6 所示。由于混合料的拌制是在固定场地集中进行，使厂拌设备能够方便地具有材料级配准确、拌合均匀、节省材料、便于计算机自动控制统计打印各种数据等优点，因而广泛用于公路和城市道路的基层、底基层施工，也适用于其他货场、停车场、机场等需要稳定材料的工程。使用这种方法获得稳定混合料的施工工艺称为厂拌法。厂拌需配备大量的汽车、装载机来装运土、石方和拌合好的稳定材料，当稳定材料运到现场后，还需要摊铺设备来摊铺稳定材料，因此厂拌法施工造价较高。

图 9-6　稳定土厂拌设备

稳定土厂拌设备可以根据主要结构、工艺性能、生产率、机动性及拌合方式等进行分类。根据生产率大小，稳定土厂拌设备可分为小型（生产率小于 200t/h）、中型（生产率 200～400t/h）、大型（生产率 400～600t/h）和特大型（生产率大于 600t/h）4 种。根据设备拌合工艺可分为非强制跌落式、强制间歇式、强制连续式 3 种。在强制连续式中又可分为单卧轴强制搅拌式和双卧轴强制搅拌式。双卧轴强制连续式是最常用的搅拌形式。

根据设备的布局及机动性，稳定土厂拌设备可分为移动式、分总成移动式、部分移动式、可搬移式、固定式等结构形式，如图 9-7 所示。

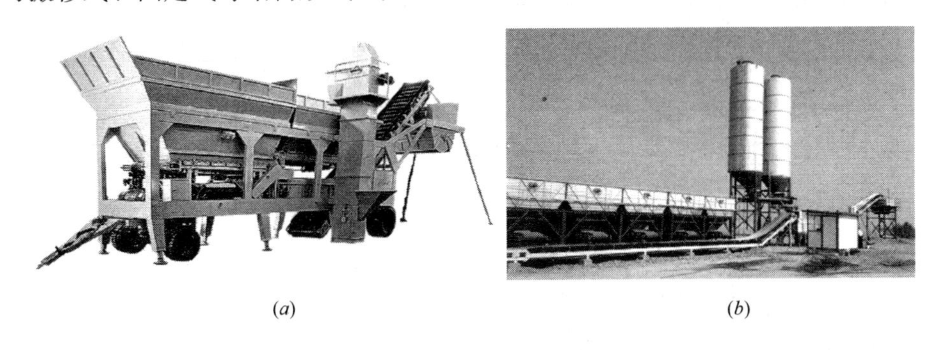

(*a*)　　(*b*)

图 9-7　稳定土厂拌设备

(*a*) 移动式；(*b*) 固定式

移动式厂拌设备是将全部装置安装在一个专用的拖式底盘上，形成一个较大型的半挂车，可以及时转移施工地点。设备从运输状态转到工作状态时不需要吊装机具，仅依靠自身液压机构就可实现部件的折叠和就位。这种厂拌设备一般是中、小型生产能力的设备，多用于工程分散、频繁移动的公路施工工程。

分总成移动式厂拌设备是将各主要总成分别安装在几个专用底盘上，形成两个或多个半挂车或全挂车形式。各挂车分别被拖动到施工场地，依靠吊装机具使设备组合安装成工作状态，并可根据实际施工场地的具体条件合理布置各总成。这种形式多在中、大生产率设备中采用，适用于工程量较大的公路施工工程。

部分移动式厂拌设备也是一种常见的布局方式。采用这种布局的设备在转移工地时将主要的部件安装在一个或几个特制的底盘上，形成一组或几组半挂车或全挂车形式，依靠拖动来转移工地，而将小的部件采用可拆装搬移的方式，依靠汽车运输完成工地转移，这种形式在中、大生产率设备中采用，适用于城市道路和公路施工工程。

可搬移式厂拌设备是我国采用最多的厂拌设备，这种设备将各主要总成分别安装在两个或两个以上的底架上，各自装车运输实现工地转移，再依靠吊装机具将几个总成安装组合成工作状态。这种形式在小、中、大生产率设备中均采用，具有造价较低、维护保养方便等特点，适用于各种工程量的城市道路和公路施工工程。

固定式厂拌设备固定安装在预先选好的场地上，一般不需要搬迁，形成一个稳定材料生产工厂。因此，一般规模较大，具有大、特大生产能力，适用于城市道路施工或工程量大且集中的施工工程。

2. 结构与工作原理

稳定土厂拌设备主要由矿料（土、碎石、砂砾、粉煤灰等）配料机组、集料皮带输送机、粉料配料机、搅拌机、供水系统、电气控制柜、上料皮带输送机、混合料储仓等部件组成，如图 9-8 所示。由于厂拌设备规格型号较多，结构布局多样，因此，各种厂拌设备的组成有所不同。

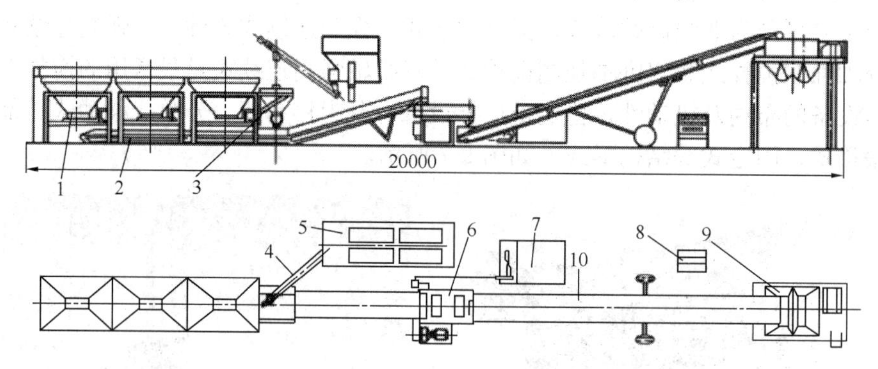

图 9-8　WCB200 型稳定土厂拌设备外形图（尺寸单位：mm）

1—配料机；2—集料机；3—粉料配料机；4—螺旋输送机；5—卧式存仓；6—搅拌机；7—供水系统；8—电气控制柜；9—混合料储仓；10—上料皮带机

稳定土厂拌设备的工作流程：把不同规格的矿料用装载机装入配料机组的各料仓中，配料机组按规定比例连续按量将矿料配送到集料皮带输送机上，再由集料皮带输送机送到搅拌机中；结合料（也称粉料）由粉料配料机连续计量并输送到集料皮带输送机上或直接输送到搅拌机中；水经流量计计量后直接连续泵送到搅拌机中；通过搅拌机将各种材料拌制成均匀的成品混合料；成品料通过上料提升皮带输送机输送到混合料储仓中，然后装车运往施工工地。

第三节　沥青混凝土搅拌设备

1. 沥青混凝土搅拌设备用途

沥青混凝土搅拌设备是生产拌制各种沥青混合料的机械装置，如图 9-9 所示，适用于公路、城市道路、机场、码头、停车场、货场等工程施工。沥青混凝土搅拌设备的功能是将不同粒径的集料和填料按规定的比例掺合在一起，用沥青作结合料，在规定的温度下拌合成均匀的混合料。常用的沥青混合料有沥青混凝土、沥青碎石、沥青砂等。沥青混凝土搅拌设备是沥青路面施工的关键设备之一，其性能直接影响铺筑沥青路面的质量。

图 9-9　沥青混凝土搅拌设备

2. 结构与工作原理

由于机型不同，其工艺流程也不尽相同。目前国内外最常用的机型有两种，一种是间歇强制式，一种是连续滚筒式。它们的工艺流程分别如图 9-10、图 9-11 所示。

间歇强制式沥青混凝土搅拌设备的特点是初级配的冷骨料在干燥滚筒内采用逆流加热方式烘干加热，然后经筛分计量（质量）在搅拌器中与按质量计量的石粉和热态沥青搅拌成沥青混合料，如图 9-12 所示。

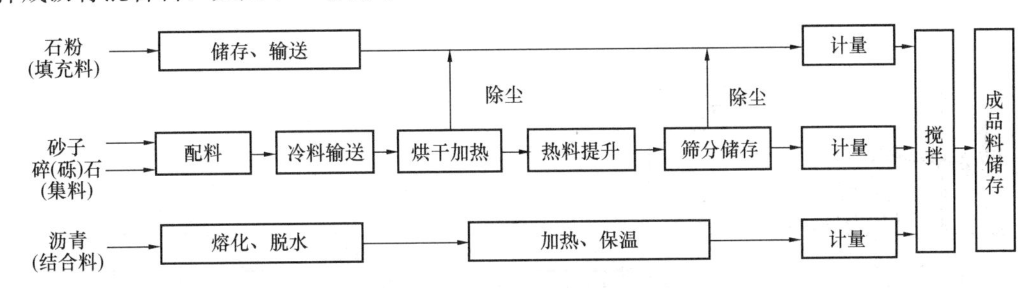

图 9-10　间歇强制式搅拌设备工艺流程

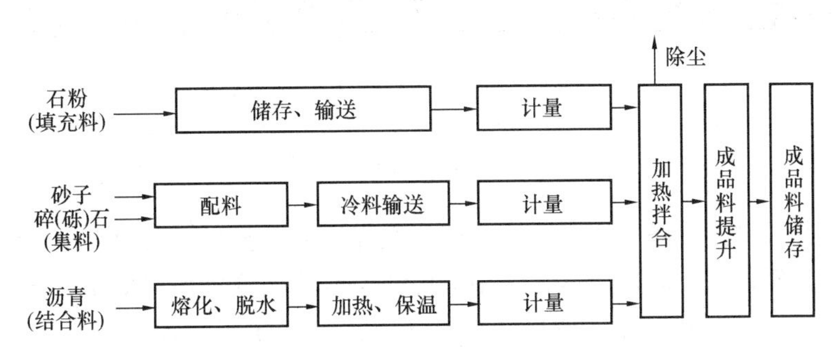

图 9-11　连续滚筒式搅拌设备工艺流程

由于结构的特点，间歇强制式搅拌设备能保证矿料的级配，矿料与沥青的比例可达到相当精确的程度，另外也易于根据需要随时变更矿料级配和油石比，所以拌制出的沥青混合料质量好，可满足各种施工要求。因此，这种设备在国内外使用较为普遍。其缺点是工艺流程长、设备庞杂、建设投资大、耗能高、搬迁困难、对除尘设备要求高（有时所配除尘设备的投资高达整套设备费用的 30%～50%）。

连续滚筒式沥青混凝土搅拌设备的特点是沥青混合料的制备在烘干滚筒中进行，即动态计量级配的冷集料和石粉连续从干燥滚筒的前部进入，采用顺流加热方式烘干加热，然后在滚筒的后部与动态计量连续喷洒的热态沥青混合，采取跌落搅拌方式连续搅拌出沥青混合料，如图 9-13 所示。

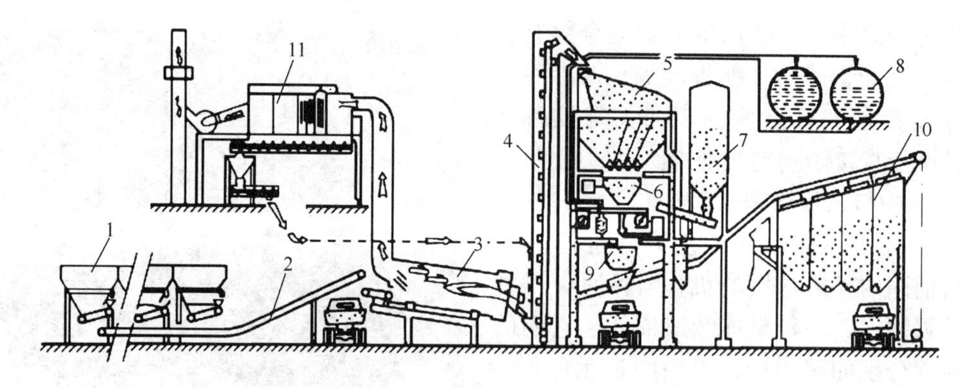

图 9-12　间歇式沥青混凝土搅拌设备总体结构

1—冷集料储存及配料装置；2—冷集料带式输送机；3—冷集料烘干、加热筒；4—热集料提升机；5—热集料筛分及储存装置；6—热集料计量装置；7—石粉供给及计量装置；8—沥青供给系统；9—搅拌器；10—成品料储存仓；11—除尘装置

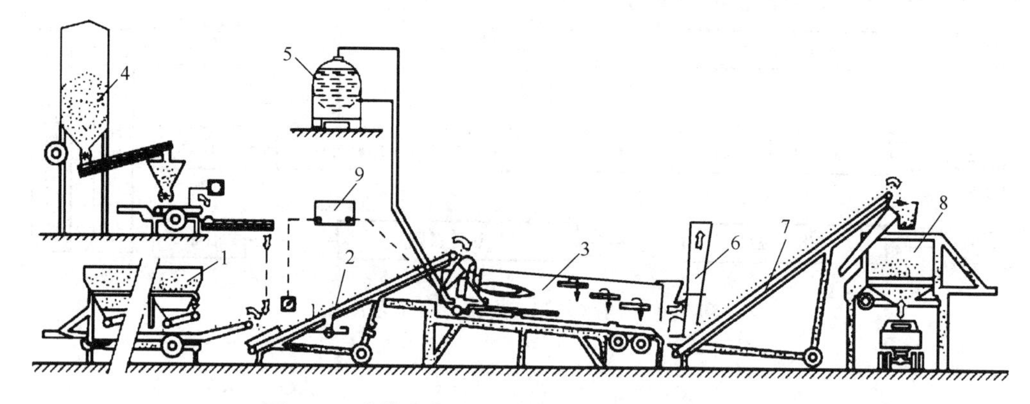

图 9-13　连续滚筒式沥青混凝土搅拌设备总体结构

1—冷集料储存和配料装置；2—冷集料带式输送机；3—干燥筒；4—石粉供给系统；5—沥青供给系统；6—除尘装置；7—成品料输送机；8—成品料储存仓；9—油石比控制仪

与间歇强制式搅拌设备相比，连续滚筒式搅拌设备工艺流程大为简化，设备也随之简化，不仅搬迁方便，而且制造成本、使用费用和动力消耗可分别降低 15%～20%、5%～12%和 25%～30%。另外，由于湿冷集料在干燥滚筒内烘干、加热后即被沥青裹敷，使细小粒料和粉尘难以溢出，因而易达到环保标准的要求。

第四节　沥青混凝土摊铺机

1. 沥青混凝土摊铺机用途与分类

沥青混凝土摊铺机是沥青路面专用施工机械，如图 9-14 所示。它的作用是将拌制好的沥青混凝土材料均匀地摊铺在路面底基层或基层上，并对其进行一定程度的预压实和整形，构成沥青混凝土基层或沥青混凝土面层。摊铺机能够准确保证摊铺层厚度、宽度、路面拱度、平整度、密实度，因而广泛用于公路、城市道路、大型货场、停车场、码头和机场等工程中的沥青混凝土摊铺作业，也可用于稳定材料和干硬性水泥混凝土材料的摊铺作业。

（1）按摊铺宽度，可分为小型、中型、大型和超大型四种。小型：最大摊铺宽度一般小于3600mm，主要用于路面养护和城市巷道路面修筑工程。中型：最大摊铺宽度在4000～6000mm，主要用于一般公路路面的修筑和养护工程。大型：最大摊铺宽度一般在7000～9000mm，主要用于高等级公路路面工程。超大型：最大摊铺宽度为12000mm，主要用于高速公路路面施工。使用装有自动调平装置的超大型摊铺机摊铺路面，纵向接缝少，整体性及平整度好。

（2）按走行方式，摊铺机分为拖式和自行式两种。其中自行式又分为履带式、轮胎式两种。

拖式摊铺机：拖式摊铺机是将收料、输料、分料和熨平等作业装置安装在一个特制的机架上的摊铺作业装置。工作时靠运料自卸车牵引或顶推进行摊铺作业。它的结构简单，使用成本低，但其摊铺能力小，摊铺质量低，所以拖式摊铺机仅适用于三级以下公路路面的养护作业。

履带式摊铺机：履带式摊铺机一般为大型和超大型摊铺机，其优点是接地比压小，附着力大，摊铺作业时很少出现打滑现象，运行平稳。其缺点是机动性差、对路基凸起物吸收能力差、弯道作业时铺层边缘圆滑程度较轮胎式摊铺机低，且结构复杂，制造成本较高，主要用于大型公路工程的施工。

轮胎式摊铺机：轮胎式摊铺机靠轮胎支撑整机并提供附着力，它的优点是转移运行速度快、机动性好、对路基凸起物吸收能力强、弯道作业易形成圆滑边缘。其缺点是附着力小，在摊铺路幅较宽、铺层较厚的路面时易产生打滑现象，另外它对路基凹坑较敏感。轮胎式摊铺机主要用于道路修筑与养护作业。

（3）按动力传动方式，摊铺机分为机械式和液压式两种。

机械式摊铺机：机械式摊铺机的行走驱动、输料传动、分料传动等主要传动机构都采用机械传动方式。这种摊铺机具有工作可靠、维修方便、传动效率高、制造成本低等优点，但其传动装置复杂，操作不方便，调速性和速度匹配性较差。

液压式摊铺机：液压式摊铺机的行走驱动、输料和分料传动、熨平板延伸、熨夹板和振捣器的振动等主要传动采用液压传动方式，从而使摊铺机结构简化、质量减轻、传动冲击和振动减缓、工作速度等性能稳定，并便于无级调速及采用电液全自动控制。随着液压传动技术可靠性的提高，在摊铺机上采用液压传动的比例迅速增加，并向全液压方向发展。全液压和以液压传动为主的摊铺机，均设有电液自动调平装置，具有良好的使用性能和更高的摊铺质量，因而广泛应用于高等级公路路面施工。

（4）按熨平板的延伸方式，摊铺机分为机械加长式和液压伸缩式两种。

机械加长式熨平板：它是用螺栓把基本（最小摊铺宽度）熨平板和若干加长熨平板组装成所需作业宽度的熨平板。其结构简单、整体刚度好、分料螺旋（亦采用机械加长）贯穿整个摊铺槽，使得布料均匀。因而大型和超大型摊铺机一般采用机械加长式熨平板，最大摊铺宽度可达8000～12500mm。

液压伸缩式熨平板：液压伸缩式熨平板靠液压缸伸缩无级调整其长度，使熨平板达到要求的摊铺宽度。这种熨平板调整方便，在摊铺宽度变化的路段施工更显示其优越性。但与机械加长式熨平板相比其整体刚性较差，在调整不当时，基本熨平板和可伸缩熨平板间易产生铺层高差，并因分料螺旋不能贯穿整个摊铺槽，可能造成混合料不均而影响摊铺质量。因而，采用液压伸缩式熨平板的摊铺机最大摊铺宽度不超过 8000mm。

(5) 按熨平板的加热方式分为电加热、液化石油气加热和燃油加热三种形式。

电加热：由摊铺机的发动机驱动的专用发电机产生的电能来加热，这种加热方式加热均匀、使用方便、无污染，熨平板和振捣梁受热变形较小。

图 9-14　沥青混凝土摊铺机

液化石油气（主要采用丙烷气）加热：这种加热方式结构简单、使用方便，但火焰加热欠均匀，污染环境，不安全，燃气喷嘴需经常清洗。

燃油（主要指轻柴油）加热：燃油加热装置主要由小型燃油泵、喷油嘴、自动点火控制器和小型鼓风机等组成，其优点是可以用于各种工况，操作较方便，燃料易解决，但有污染，且结构较复杂。

2. 结构与工作原理

(1) 总体结构

沥青混合料摊铺机是由主机和熨平装置两大部分以及连接它们的牵引大臂组成，如图 9-15 所示。主机主要包括柴油发动机及动力传动系统、驾驶控制台、行走机构、螺旋摊铺器、刮板输送器、接收料斗、大臂提升液压缸和调平浮动液压缸（即调平系统液压缸）。主机用以提供摊铺机所需要的动力和支承机架，并接收、储存和输送沥青混合料，送至螺旋摊铺器。熨平装置主要包括振动机构、振捣机构、熨平板、厚度调节器、路拱调节器和加热系统。熨平板是对铺层材料做整形与熨平的基础机件，并以其自重对铺层材料进行预压实。厚度调节

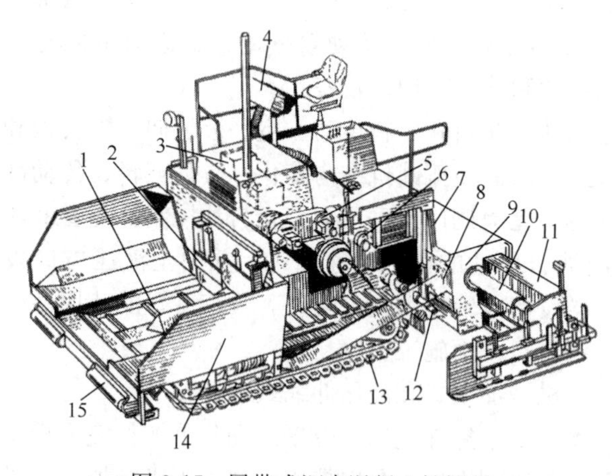

图 9-15　履带式沥青混凝土摊铺机

1—液压独立驱动双排刮板输送器；2—闸门；3—带吸音罩的发动机；4—操纵台；5—带差速器和制动器的变速器；6—轴承集中润滑装置；7—大臂升降液压缸；8—大臂（牵引臂）；9—带有振动器和加热器的振捣熨平装置；10—熨平装置伸缩液压缸；11—伸缩振捣熨平装置；12—独立液压驱动双排螺旋分料器；13—具有橡胶板和永久润滑的履带行走装置；14—接收料斗；15—顶推辊

器为手动调节装置，用以调节平板底面的纵向仰角，以改变铺层的厚度；路拱调节器是位于熨平板中部的螺旋调节装置，用以改变熨平板底面左右两半部分的横向倾角，以保证铺层满足路拱要求；加热系统用于加热熨平板的底板以及相关运动部件，使之不与沥青混合料粘连，保证铺层的平整，即使在较低的气温下也能正常施工；振捣机构和振实机构则先后依次对螺旋摊铺器摊铺好的铺层材料进行振捣和振实，予以初步压实。

（2）工作原理

作业前，首先把摊铺机调整好，并按所铺路段的宽度、厚度、拱度等施工要求，调整好摊铺机的各有关机构和装置，使其处于整装待发状态。装运沥青混合料的自卸车对准接收料斗倒车，直至汽车后轮与摊铺机料斗前的顶推辊相接触，汽车挂空挡，由摊铺机顶推其运行，同时自卸车车厢徐徐升起，将沥青混合料缓缓卸入摊铺机的接收料斗内；位于接收料斗底部的刮板输送器在动力传动系统的驱动下以一定的转速运转，将料斗内的沥青混合料连续均匀地向后输送到螺旋摊铺器前通道内的路基上；螺旋摊铺器则将这些混合料沿摊铺机的整个摊铺宽度向左右横向输送，摊铺在路基上。摊铺好的沥青混合料铺层经熨平装置的振捣梁初步捣实，振动熨平板的再次振动预压、整形和熨平而成为一条平整的有一定密实度的铺层，最后经压路机终压而成为合格的路面（或路面基层）。在此摊铺过程中，自卸车一直挂空挡由摊铺机顶推着同步运行，直至车内混合料全部卸完才开走。另一辆运料自卸车立即驶来，重复上述作业，继续给摊铺机供料，使摊铺机不停顿地进行摊铺作业。

第五节　滑模式水泥混凝土摊铺机

1. 滑模式水泥混凝土摊铺机用途与分类

在给定摊铺宽度（或高度）上，能将新拌水泥混凝土混合料进行布料、计量、振动密实和滑动模板成形并抹光，从而形成路面或水平构造物的处理加工机械统称为滑模式水泥混凝土摊铺机，如图 9-16 所示。

1）按功能和用途分类

① 路面滑模摊铺机：用于市政道路、公路、航空港、码头、车站、竞赛场、停车场和桥面施工。

② 路缘滑模摊铺机：主要用于路缘石的修筑，还可用于道路中间和公园里的花池围墙建筑等。

③ 隔离带滑模摊铺机：可用来修筑公路中间隔离带、低挡土墙、隔声和消声设施等公路附属物。

图 9-16　滑模式水泥混凝土摊铺机

④ 沟渠滑模摊铺机：用来修筑公路排水沟、边坡、水渠和排污设施等。

2）按行走方式和行走装置的形式分类

① 履带式滑模水泥混凝土摊铺机

摊铺机行走机构采用履带装置，这是最常用的一种行走方式。按履带数目又分为四履带、三履带和两履带滑模摊铺机。

中小型滑模式水泥混凝土摊铺机以两履带为主，一般采用四立柱双履带行走机构。它在结构上与四履带摊铺机大同小异，比较适合工程规模不大的工程。

大型滑模式水泥混凝土摊铺机以四履带为主，通常其发动机功率在 250kW 以上，作业宽度可达 15m，作业厚度可达 500mm。其生产能力很大，每小时可摊铺混凝土 540～2100m³，它的每条履带均可绕其支腿与机架的铰接点水平摆动一定角度，以改变宽度尺寸。它适用于双车道或三车道全幅施工、规模较大的路面铺筑工程。

图 9-17 三履带滑模式水泥混凝土摊铺机

三履带滑模式水泥混凝土摊铺机是机动性很强的多功能摊铺机。它的 3 条履带也可以绕其支腿和机架的铰接点摆动一定角度，且支腿高度可以独立调整，能够满足铺筑各种交通设施的施工要求，如图 9-17 所示。它附带有各种结构形式的滑动成形模板，可以随机更换，完成路缘石、边沟水槽、中央隔离带、人行道等多种混凝土结构的铺筑作业。三履带容易适应于“零隙 ”或“小隙 ”摊铺，所以零隙滑模摊铺机均采用三履带。

②轮式滑模式水泥混凝土摊铺机

由于滑模摊铺要求较好的机器地面附着和承载性能，因而，大多数滑模摊铺机采用履带行走机构。四轮式滑模摊铺机多用于简易式的机场滑模摊铺。

3）按主机架形式分类

①箱型框架伸缩式滑模水泥混凝土摊铺机

两履带滑模式水泥混凝土摊铺机如图 9-18 所示。摊铺机主机架横向采用类似于汽车起重机起吊臂结构梁形式，与箱形端梁形成封闭性矩形框架。该框架在可调宽度范围内可以伸缩成任意宽度以适应摊铺宽度的调整。大多数滑模摊铺机主机架采用这种结构。

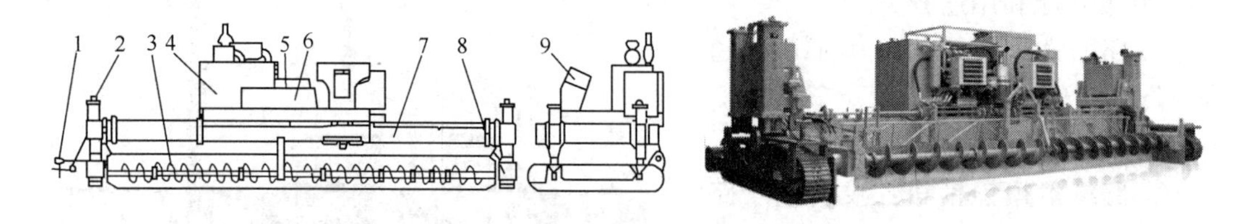

图 9-18 两履带滑模式水泥混凝土摊铺机

1—找平和转向自动控制系统；2—主柱浮动支撑系统；3—工作装置；4—动力装置；5—传动装置；6—辅助装置；7—机架；8—行走及转向装置；9—电液控制和操纵装置

②桁架型滑模式水泥混凝土摊铺机

桁架型滑模摊铺机也采用履带行走方式，自带随机器滑动的成形模板。但它的机架结构采用可拼装的桁架式结构，可以在较大范围内加长和减短，适宜于摊铺面积较大的混凝土设施，如图 9-19 所示。

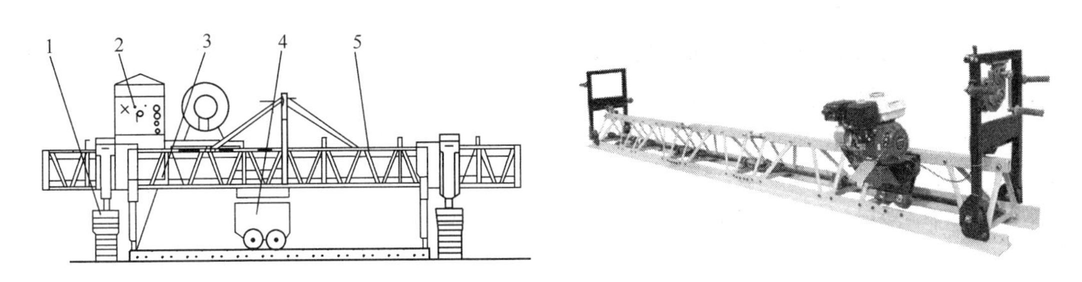

图 9-19　桁架型滑模式水泥混凝土摊铺机

1—履带；2—控制箱；3—滑模板；4—作业机构；5—机架

2. 结构与工作原理

由于滑模摊铺机的类型较多，所以它的组成部分也是各种各样的。但无论哪一种滑模摊铺机，其最基本的组成部分均包括：动力系统、传动系统、行走转向装置、摊铺装置、机架浮动支腿、自动转向系统、自动找平系统、操作台和一些辅助装置（横向拉杆打入装置、横向拉杆中央打入装置、喷洒水系统、照明系统等），如图 9-20 所示。

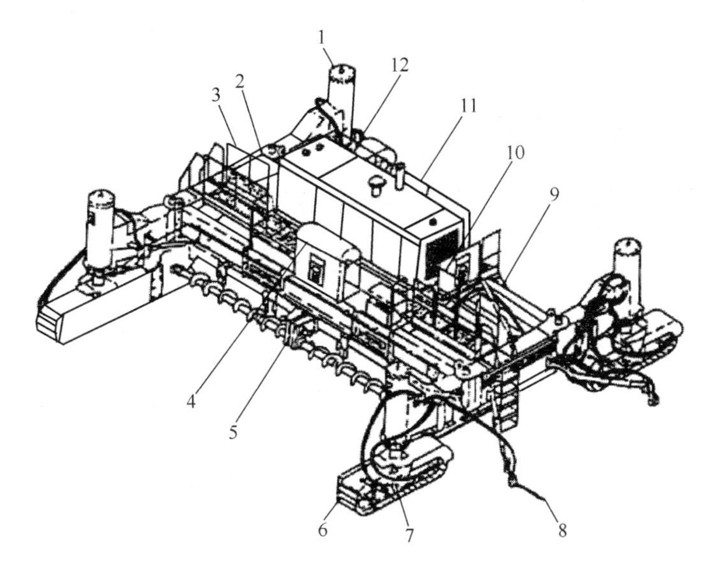

图 9-20　四履带滑模式水泥混凝土摊铺机

1—浮动支腿；2—喷洒水系统；3—固定机架；4—操作控制台；5—摊铺装置；6—行走转向装置；7—自动转向系统；8—自动找平系统；9—伸缩机架；10—人行通道；11—动力系统；12—传动系统

（1）动力装置

动力装置一般由发动机和分动箱组成。早期的滑模式摊铺机曾使用汽油机作动力，目前，均采用柴油机，且以四冲程柴油机为主。分动箱以 3～4 个输出轴为主，多联泵可减小输出轴数量，传动方式为定轴齿轮式。

（2）传动装置

目前均采用液压传动装置，主要用来将动力传递给地面行走系统、各个工作装置、伸缩升降机构以及液压控制元件。

(3) 地面行走系统

行走系统大多采用液压驱动履带式，以变量泵-定量马达为主。在液压马达后面设计高传动比的行星减速装置。四轮一带与履带式工程机械通用。履带板为无刺履带板，以增加摊铺机行走时的平顺性，且转移时可在路面上行驶。小型滑模摊铺机以两履带为主，大型的滑模摊铺机以四履带为主。无隙或小隙滑模摊铺机、路缘滑模摊铺机、隔离带滑模摊铺机以及沟渠滑模摊铺机多数采用三履带。两履带滑模摊铺机的转向方式为差速转向，三履带和四履带滑模摊铺机大多采用偏转履带方式进行转向。转向可以手动或自动控制。

个别的滑模摊铺机行走系统采用液压驱动车轮方式。小型的路缘石滑模摊铺机采用车轮行走。车轮对路面不会带来损伤或破坏，但履带对于不平路基具有滤波和二次找平功能。轮胎弹性变形随负载变化以及轮胎对路面的不平度感比履带敏感，且滑模摊铺机对找平精度要求较高。因此，绝大多数滑模摊铺机采用履带行走装置。

(4) 摊铺装置

摊铺装置由几个完成不同功能的部件组合而成，主要由螺旋分料装置、计量装置、侧模装置、修边器、内部振捣装置、抹光装置、拱度调节装置、中间支梁、外部振捣装置、成形装置和两端支梁等组成，如图 9-21 所示。

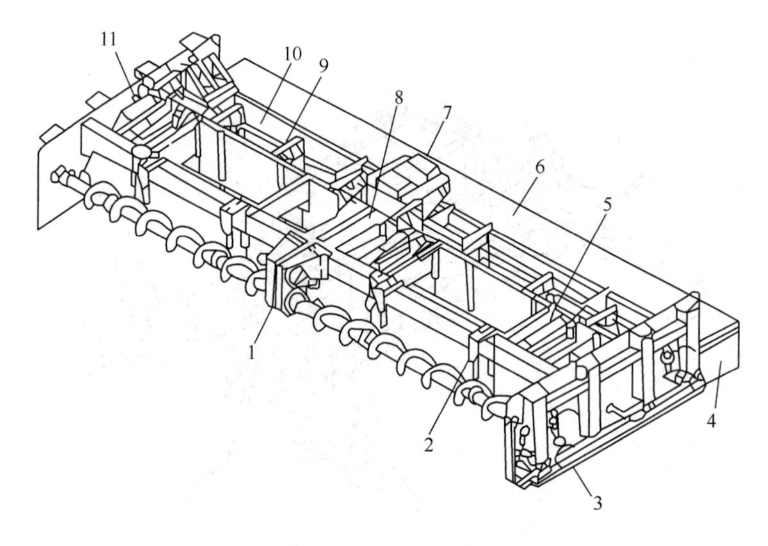

图 9-21 摊铺装置

1—螺旋分料装置；2—计量装置；3—侧模装置；4—修边器；5—内部振捣装置；6—定形抹光装置；7—拱度调节设置；8—中间支梁；9—外部振捣装置；10—成形装置；11—两端支梁

各工作装置具有对混凝土不同的加工功能。螺旋分料装置是将倾倒在机器前的水泥混凝土混合料沿所要摊铺路面的宽度均匀地摊开；计量装置将水泥混凝土刮平，使其具有合理的厚度以满足进入成形装置的要求；内部振捣装置对水泥混凝土混合料进行密实；外部振捣装置主要是经过夯板的上、下捶打动作，使大骨料下沉，在面层出现砂浆和细小骨料，以利于成形装置和左、右侧模将水泥混凝土混合料挤压成形；成形装置和左、右侧模装置主要将水泥混凝土混合料挤压成设计的路面；定形抹光装置对成形后的水泥混凝土路面进一步整形抹光、抹平；左、右修边器主要对路面的边角进行修整；安放传力杆装置是将路面横向接缝的传力杆进行机械化安放；拉杆打入装置依照一定的间隔，将拉杆打入水泥混凝土路面之内；调拱装置主要调节成形装置、定形抹光装置的拱度，使所摊铺的路面拱度符合设计要求。

各种机型的滑模摊铺机摊铺装置的工作原理基本相同。主要区别在加工处理工序和螺旋分料装置、定形装置、定形抹光装置、调拱装置及外部振捣装置的具体结构或驱动方式上。

（5）支柱浮动支撑系统

支柱浮动支撑系统的作用是连接车架和行走系统，并支撑车架及车架上安装的动力装置、传动装置、工作装置和辅助装置等。它由四个厚壁圆筒两两列于两侧履带或车轮的支架上。圆筒内有液压缸，缸两端的铰耳分别与履带或车轮支架和车架相连。厚壁圆筒起导向作用。液压缸用于车架和工作装置的升降，液压缸由电液控制系统的手动开关控制，也可由调平传感器通过电液控制阀控制。

3. 主要参数

滑模式水泥混凝土摊铺机的主要参数包括摊铺宽度、摊铺厚度（高度）、运行速度、发动机功率、技术生产率、使用生产率、机器质量及整机外形尺寸等。

第六节　路 面 铣 刨 机

1. 应用与分类

路面铣刨机是沥青路面养护施工机械的主要机种之一，如图 9-22 所示，主要用于公路、城镇道路、机场、货场等沥青混凝土面层的开挖翻新，也可以用于清除路面拥包、油浪、网纹、车辙等缺陷，还可用于开挖路面坑槽及沟槽，以及水泥路面的拉毛及面层错台的铣平。

用路面铣刨机铣削损坏的旧铺层，再铺设新面层是一种最经济的现代化养护方法。由于它工作效率高、施工工艺简单、铣削深度易于控制、操作方便灵活、机动性能好、铣削的旧料能直接回收利用等，因而广泛用于城镇市政道路和高速公路养护工程中。

图 9-22　铣刨机

根据铣削形式，铣刨机可分为冷铣式和热铣式两种。冷铣式配置功率较大，刀具磨损较快，切削料粒度均匀，可设置洒水装置喷水，使用广泛，产品已成系列；热铣式由于增加了加热装置而使结构较为复杂，一般用于路面再生作业。

按铣削转子的旋转方向，可分为顺铣式和逆铣式两种。转子的旋转方向与铣刨机行走时的车轮旋转方向相同的为顺铣式，反之则为逆铣式。

根据结构特点，分为轮式和履带式两种。轮式机动性好，转场方便，特别适合于中小型路面作业；履带式多为铣削宽度 2000mm 以上的大型铣刨机，有旧材料回收装置，适用于大面积路面再生工程。

按铣削转子的位置，可分为后悬式、中悬式和后桥同轴式。后悬式即铣削转子悬挂于后桥的尾部；中悬式即铣削转子在前后桥之间；后桥同轴式即铣削转子与后桥同轴布置。

根据铣削转子的作业宽度，可分为小型、中型和大型等3种。小型铣刨机的铣削宽度为300～800mm，铣削转子的传动方式多采用机械式，主要适用于施工面积小于100m^{2}的路面维修工程；中型铣刨机的铣削宽度为1000～2000mm，铣削转子的传动方式多为液压式；大型铣刨机的铣削宽度在2000mm以上，一般与其他机械配合使用，形成路面再生修复的成套设备，其铣削转子传动方式多为液压式。

根据传动方式分为机械式和液压式两类。机械式工作可靠、维修方便、传动效率高、制造成本低，但其结构复杂、操作不轻便、作业效率较低、牵引力较小，适用于切削较浅的小规模路面养护作业。液压式结构紧凑、操作轻便、机动灵活、牵引力较大，但制造成本高、维修较难，适用于切削较深的中、大规模路面养护作业。

2. 主要结构及工作原理

一般铣刨机由发动机、车架、铣削转子、铣削深度调节装置、液压元件、集料输送装置、转向系统及制动系统等组成，如图9-23所示。

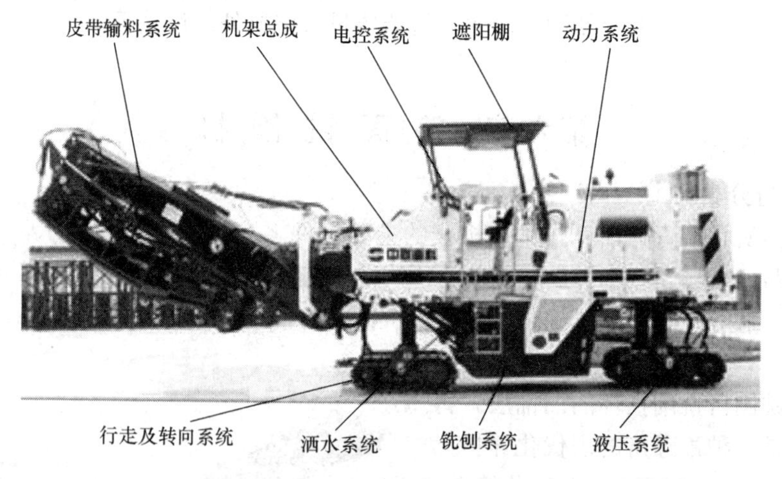

图9-23 铣刨机的组成

铣削转子是铣刨机的主要工作部件，它由铣削转子轴、刀座和刀头等组成，直接与路面接触，通过其高速旋转的铣刀进行工作而达到铣削的目的。铣刨机上设有自动调平装置，以铣削转子侧盖作为铣削基准面，控制两个定位液压缸，使所给定的铣削深度保持恒定。

液压系统用来驱动铣削转子旋转、整机行走、辅助装置工作等，一般为多泵相互独立的闭式液压系统，工作时互不干扰且可靠性较高。

有的铣刨机根据需要安装倾斜调整器，用来控制转子的倾斜度；一般大型铣刨机都有由传送带和集料器组成的集料输送装置，它可将铣削出的散料集中并传送至随机行走的运载汽车上，输送臂的高度可以调节并可左右摆动，以调整卸料位置。

铣刨机规格、型号不同时，其结构、布置也略有区别，但基本工作原理相同或相似。铣刨机动力传动的路线为：发动机→液压泵→液压马达、液压缸→工作装置。

第十章　压　实　机　械

在建设工程中，压实机械主要用来对道路路基、路面、建筑物基础、堤坝和机场跑道等进行压实，以提高土石方基础的强度，降低雨水的渗透性，保持基础稳定，防止沉陷。

压实机械按其压实原理可分为静力式、振动式和冲击式 3 种类型。

静力式压实机械沿被压实材料表面往复滚动，利用机械自重产生静压力作用，迫使其产生永久变形而达到压实的目的。

振动式压实机械是利用固定在质量为 m 的物体上的振动器所产生的激振力，迫使被压实材料作静力碾压、振动压实、冲击压实等垂直强迫振动，从而减小土颗粒间的空隙，增加密实度，达到压实的目的。

冲击式压实机械是利用一块质量为 m 的物体，从一定高度落下，冲击被压实材料从而达到压实的目的。

压实机械按其工作原理可分为静力作用压路机、振动式压路机、冲击式压路机和夯实机械 4 类。

第一节　静力作用压路机

1. 用途、分类及型号表示

静力作用压路机是应用静力压实原理来完成工作，可用来压实路基、路面、广场和其他各类工程的地基等。

静力作用压路机按行驶方式可分为自行式压路机和拖式压路机。拖式压路机需用拖拉机或牵引车牵引，转弯半径较大，使用范围较小。自行式压路机一般用柴油机驱动，可自行行驶，使用广泛。

静力作用压路机按结构质量可分为轻型、中型、重型和超重型压路机；按碾压轮的结构特点可分为钢制光轮、凸块轮（或羊脚碾 ）和轮胎压路机，如图 10-1、图 10-2 所示；按碾压轮数量可分为单轮、双轮和三轮压路机；按动力传动方式可分为机械传动式、液力

图 10-1　静力作用压路机

(a) 光轮压路机；(b) 羊脚压路机；(c) 轮胎压路机

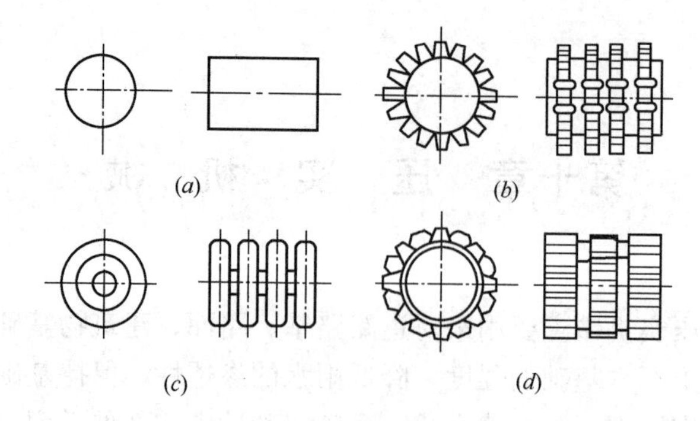

图 10-2　滚压工作机构简图
（a）光滚轮；（b）羊脚轮；（c）气胎轮；（d）凸块轮

机械传动式和全液压传动式压路机。

静力作用压路机的型号编制如下所示：

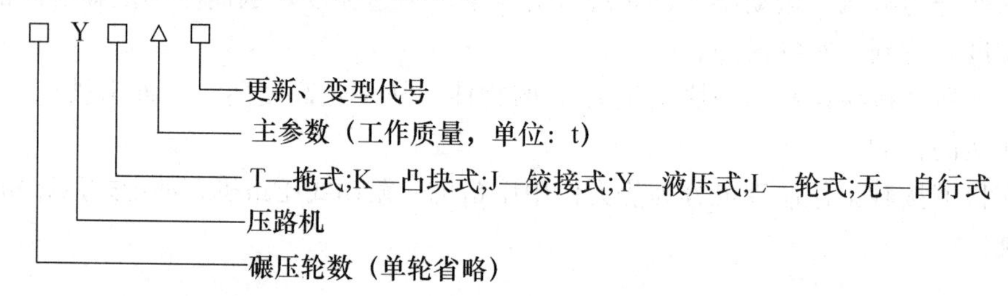

如：3Y12 / 15 表示最小工作质量为 12t、最大工作质量为 15t 的三轮光轮压路机。

2. 光轮压路机

（1）基本构造

自行式光轮压路机根据滚轮和轮轴数目主要分为二轮二轴式和三轮二轴式，如图10-3所示。

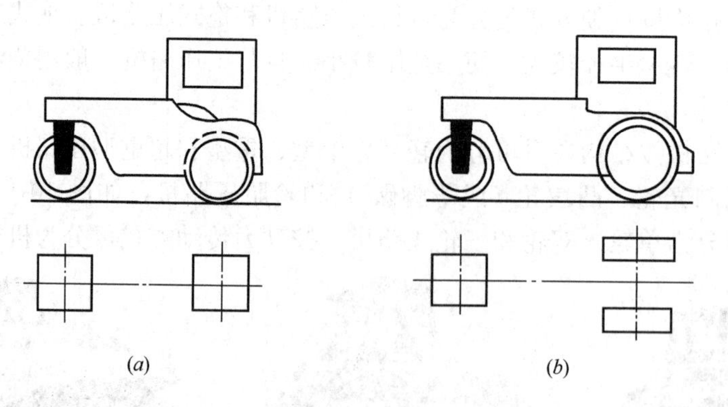

图 10-3　压路机按滚轮数和轴数分类
（a）二轮二轴式；（b）三轮二轴式

二轮压路机主要用于路面压实，三轮压路机一般质量较大，主要用于路基压实。

三轮二轴式光轮压路机由动力装置、传动系统、操纵系统、行驶滚轮、机架和驾驶室等部分组成，如图 10-4 所示。柴油机安装在机架的前部。机架由型钢和钢板焊接而成，

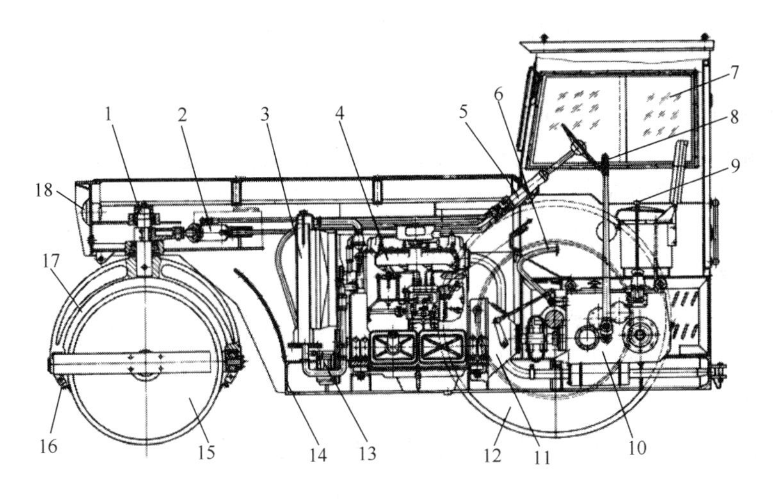

图 10-4　3Y12/15 型压路机的结构

1—转向立轴；2—转向液压缸；3—水箱；4—发动机；5—操作系统；6—离合器踏板；7—驾驶室；8—换向操纵手柄；9—变速操纵杆；10—传动箱；11—离合器总成；12—驱动轮；13—液压油泵；14—机架；15—方向轮；16—刮泥板；17—门形架；18—电气系统

分别支承在前后轮轴上。前轮为方向轮，后轮为驱动轮。

（2）传动系统

3Y12 / 15 型压路机的传动系统主要由主离合器、变速机构、换向机构、差速机构、末级传动机构等组成，如图 10-5 所示。发动机输出的动力经主离合器传至变速器，变速后（三个挡位 ）的动力通过变速器第二轴末端的锥形驱动齿轮带动换向机构，然后通过横轴中部的圆柱齿轮带动差速器，最终经侧传动齿轮传至驱动轮使之旋转。

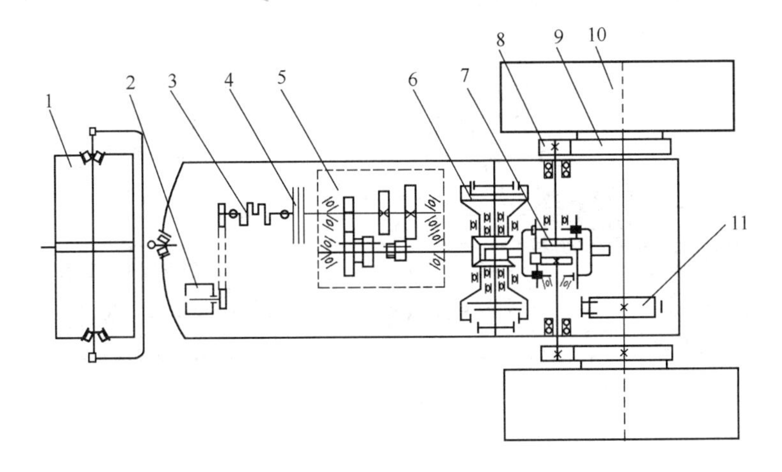

图 10-5　3Y12/15 型压路机传动系统图

1—导向轮；2—电动机；3—发动机；4—主离合器；5—变速器；6—换向机构；7—差速器；8—侧传动小齿轮；9—侧传动大齿轮；10—驱动轮；11—差速锁

三轮压路机的传动系统中都装有一个带差速锁的差速器。差速器的作用是在压路机转向或行驶在高低不平、松实不均的路段时，能使两个驱动压轮在相同的时间内滚过不相同的距离，从而实现驱动压轮无滑移滚动，避免机件损坏和保证压实质量。差速锁的作用是使两驱动压轮联锁（失去差速作用），以便当一边驱动轮因地面打滑时，另一边不打滑的驱动轮仍能使压路机行驶。

（3）工作装置

压路机的碾压轮既是压路机实施碾压作业的工作装置，也是自行式压路机的行走装置，由驱动轮和方向轮组成。

驱动轮的功用是驱动压路机运行，并承担压路机的主要压实功能。

（4）主要技术参数

光轮压路机主要技术参数有工作质量、单位线压力、N 系数方向轮尺寸、驱动轮尺寸、运行速度、爬坡能力、发动机功率和外形尺寸等。

3. 羊脚压路机

羊脚压路机（通称羊脚碾）是在普通光轮压路机的碾轮上装置了若干羊脚或凸块的压实机械，故也称凸块压路机。凸块滚轮与羊脚滚轮相比，凸块高度较低，个数较少。除滚压轮外，自行式凸块（羊脚）压路机与光轮压路机的构造基本相同。

4. 轮胎压路机

轮胎压路机通过多个特制的充气轮胎来压实铺层材料。除有垂直压实力外，还有水平压实力，这些水平压实力不但沿行驶方向有压实力的作用，而且沿机械横向也有压实力的作用。由于压实力能沿各个方向移动材料颗粒，这些力的作用加上橡胶轮胎弹性所产生的一种搓揉作用结果，就产生了极好的压实效果。同时可改变轮胎充气压力，有利于对各种材料的压实。具有接触面积大，压实均匀性高，因而广泛用于各种材料的基础层、次基础层、填方及沥青面层的压实作业，是建设高等级公路、机场、港口、堤坝的理想压实设备。

（1）基本构造

YL26 轮胎压路机由车架、发动机、减速器、后驱动桥、前轮总成、后轮总成、洒水系统、操作系统、转向系统、液压系统、电气系统等组成，如图 10-6 所示。

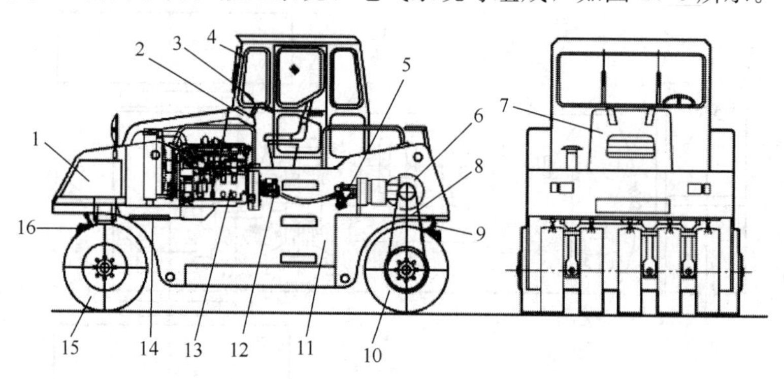

图 10-6　YL26 型轮胎式压路机

1—水箱；2—方向轮；3—操作系统；4—驾驶室；5—液压马达；6—减速器；7—后驱动桥；8—链条；9—洒水系统；10—后轮总成；11—车架；12—液压泵；13—发动机；14—前轮转向系统；15—前轮总成；16—刮泥板

（2）传动系统

发动机输出的动力经液压泵转变为液压能传至液压马达，马达输出的动力经行走减速器传至后驱动桥，经驱动桥内的差速器和左右半轴最终传至左右链轮组，再通过链条带动二组后轮行走，如图 10-7 所示。

（3）工作装置

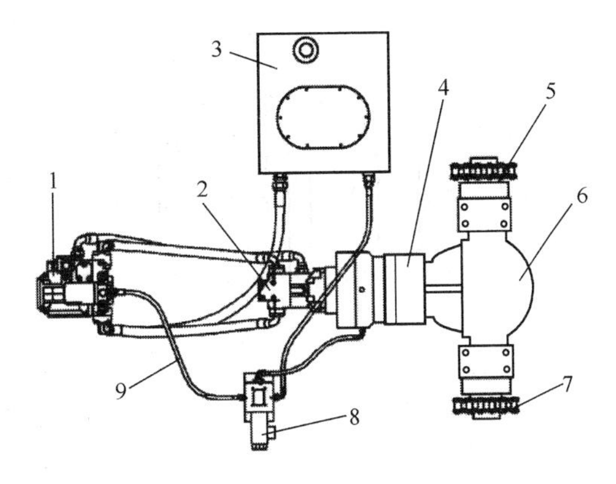

图 10-7　YL26 胎式压路机传动系统
1—液压泵；2—液压马达；3—液压油箱；4—行走减速器；5—右链轮组；6—后驱动桥；7—左链轮组；8—制动阀；9—油管

轮胎压路机的工作装置是充气轮胎，因此对轮胎及其悬挂装置提出了特殊要求，所采用的轮胎都是特制的宽基轮胎，压力分布均匀，从而保证了对沥青面层的压实不会出现裂纹。滚压轮前五后六错开排列，前、后轮迹相互叉开，由后轮压实前轮的漏压部分。轮胎是由耐热、耐油橡胶制成的无花纹的光面轮胎（压路面）或有细花纹的轮胎（压基础），轮胎气压可以根据压实材料和施工要求加以调整。

前轮总成主要由 5 个前轮胎、摆动架、两根摆动轮轴、固定轮轴及转向液压缸等组成，如图 10-8 所示。5 个轮胎分成两组可上下摇摆和一组固定（右轮），通过两根摆动轮轴和固定轮轴将 5 个轮胎装在摆动架上。摆动架通过摆动轴与转向立轴连接，实现上下摆动，再通过转向立轴与车架相连。轮胎可随路面的不平上、下摆动，可有效避免过压、虚压现象。由装在车架上的转向液压缸推动摆动架左右转动，实现转向，转向可靠、灵活。

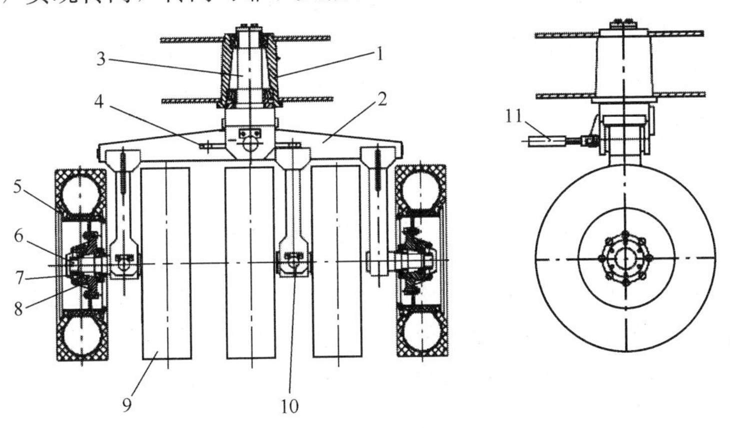

图 10-8　YL26 轮胎压路机的方向轮
1—车架；2—摆动架；3—转向立轴；4—摆动轴；5—轮辋；6—摆动轮轴；7—轴承；8—轮毂；9—轮胎；10—轴；11—转向液压缸

由于轮胎压路机用多轮胎支承，所以必须用悬挂装置保证每个轮胎负荷均匀，在不平整的铺层上还能保持机架的水平。悬挂装置有液压悬挂和机械摇摆两种。YL26 轮胎压路机前轮采用的机械摇摆式悬挂装置机构，如图 10-9 所示。

为防止压实作业时，土或沥青混合料粘到轮胎踏面上，轮胎压路机都装有洒水装置。其作用是对轮胎进行压力喷水或喷油，保持轮胎踏面清洁。

（4）主要技术参数

轮胎压路机主要技术参数有工作质量、碾压宽度、轴距、爬坡能力、行驶速度和额定功率等。

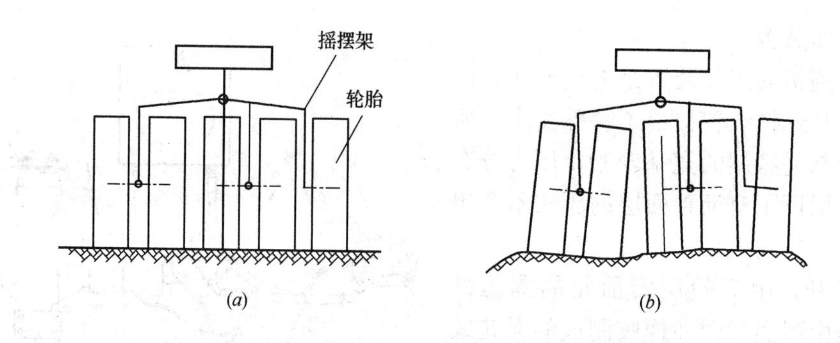

图 10-9　机械摇摆式悬挂装置机构简图
（a）路面平整时；（b）路面不平时

5. 静力作用压路机的特点及工作范围

光轮压路机的性能或使用范围都不够理想，但因具有结构简单、维修方便、制造容易、可靠性好等特点，目前仍在使用，但从发展趋势来看，今后会进一步减少，特别是小吨位静碾压路机。

羊脚压路机有较大的单位压力（包括羊脚的挤压力），压实深度大而均匀，并能挤碎土块，因而有很好的压实效果和较高的生产率。凸块式压路机碾压是在压路机的重力和凸块的糅合作用下进行，工作效率高。羊脚（凸块 ）压路机可用于大面积土和垃圾的压实。它广泛用于黏性土的分层压实，而不适用非黏性土和高含水率土的压实。

轮胎压路机机动性好，便于运输，进行压实工作时土与轮胎同时变形，全压力作用时间长，接触面积大，并有糅合的作用，压实效果好，能适应各种土质的压实工作，尤其是压实沥青路面效果最好。

第二节　振 动 压 路 机

振动压路机是利用其自身重力和振动作用，用于压实各种建筑和筑路材料的机械，是公路、机场、海港、堤坝、铁路等建筑和筑路工程必备的压实设备。由于压实效果好，影响深度大，生产率高，目前得到了迅速发展，已成为现代压路机的主要机型。

1. 主要机型

振动压路机按机器结构质量可分为轻型、小型、中型、重型和超重型；按行驶方式可分为自行式、拖式和手扶式；按驱动轮数量可分为单轮驱动、双轮驱动和全轮驱动；按传动系传动方式可分为机械传动、液力机械传动、液压机械传动和全液压传动；按振动轮外部结构可分为光轮、凸块（羊脚 ）和橡胶滚轮；按振动轮内部结构可分为振动、振荡和垂直振动。

振动压路机一般按其结构形式和结构质量来分类，常用结构形式的分类见表 10-1。

振动压路机的分类　　**表 10-1**

自行式振动压路机	拖式振动压路机	手扶式振动压路机	新型振动压路机
轮胎驱动光轮振动压路机 轮胎驱动凸块振动压路机 两轮串联振动压路机	拖式光轮振动压路机 拖式凸块振动压路机	手扶式单轮振动压路机 手扶式双轮整体式振动压路机	振荡压路机 垂直振动压路机

2. 自行式振动压路机

(1) 基本构造

自行式振动压路机基本构造主要由动力装置、传动装置、振动装置、行走装置和驾驶操纵等部分组成。

YZ18 型振动压路机，采用全液压控制、双轮驱动、单钢轮、自行式结构，属于超重型压路机。它主要由电气系统、操作系统、驾驶室、液压系统、发动机总成、后车架、后桥、后轮、变速器、中心铰接架、转向液压缸、行走马达、前车架和振动轮总成等组成，如图 10-10 所示。其适合于高等级公路、铁路基础、机场、大坝、码头等高标准工程的压实工作。振动轮部分和驱动车部分通过中心铰接架铰接在一起，车架是压路机的主骨架，其上装有发动机、行驶和振动及转向系统等装置。

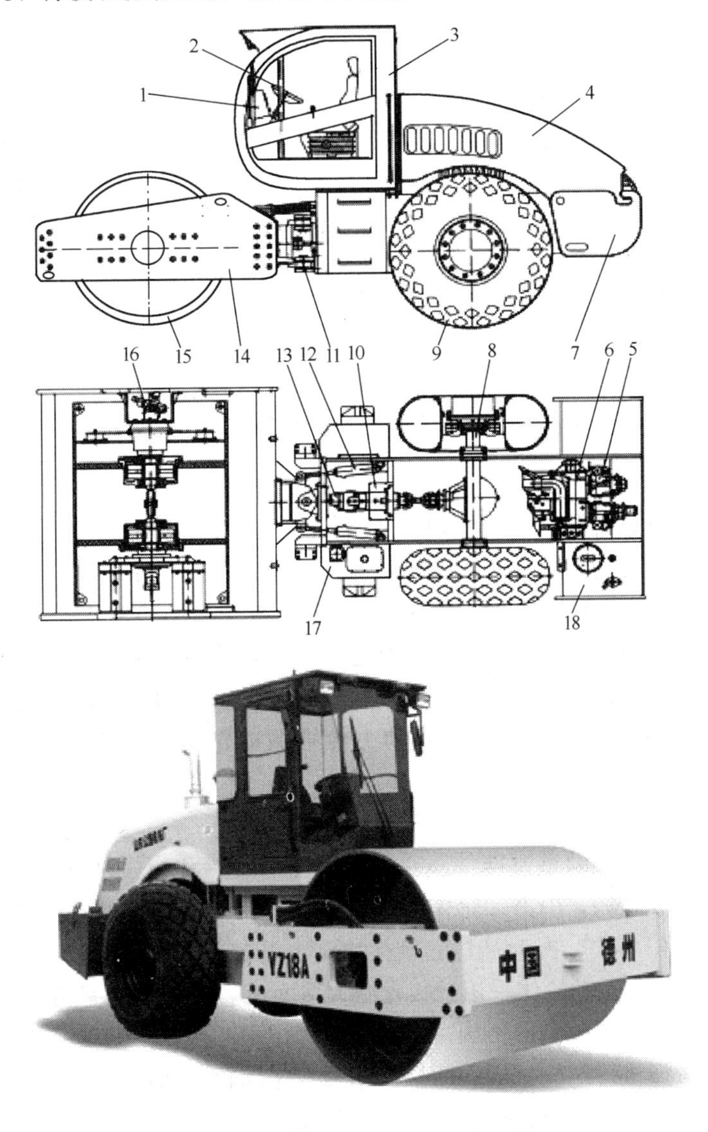

图 10-10 YZ18 型压路机总体结构

1—电气系统；2—操作系统；3—驾驶室；4—覆盖件；5—液压系统；6—发动机总成；7—后车架；8—后桥；9—后轮；10—变速器；11—中心铰接架；12—转向液压缸；13—行走马达；14—前车架；15—振动轮总成；16—行走马达；17—液压油箱；18—柴油箱

车架由前、后车架组成，是压路机的主骨架，车架上装有发动机、行驶和振动及转向系统、操作系统、驾驶室、电气系统和安全保护装置等。前车架由刮泥板总成、前、后框板、两块侧框板组成。前车架的主要功能是支撑振动轮总成。前车架为典型的方框结构，采用高强度钢板焊接而成，应具有足够的强度以抵抗压路机工作时的强冲击力和转矩。后车架由倾翻保护架、液压油箱、框架大梁和燃油箱等组成，主要功能是支撑发动机和驾驶室，固定后桥，如图 10-11 所示。后车架为长方框结构，前面是与中心铰接架相连的立轴和前板，后面是燃油箱总成，中间是槽钢架。为了保证强度，薄弱部位采用加强筋加强，采用箱形梁结构。底部后桥支板用螺栓和后桥总成刚性连接。为了减小振动产生的影响，发动机和后车架之间设有弹性减振块，同时又可方便地将发动机调整到水平位置。

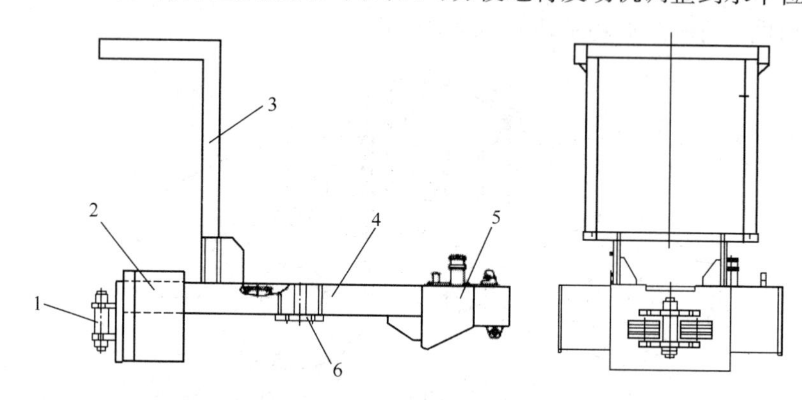

图 10-11 YZ18 型压路机后车架结构

1—中心销轴；2—液压油箱；3—倾翻保护架；4—框架大梁；5—燃油箱；6—后桥支板

（2）传动系统

振动压路机传动系统分为机械传动和液压传动两大类。采用机械传动的压路机，发动机动力通过离合器、变速器、差速器、轮边减速器，最后到达驱动轮。

YZ18 型压路机行走系统由轴向柱塞泵、马达、变速器、传动轴、驱动桥和振动轮轮边减速器组成。振动系统由轴向柱塞泵、马达和偏心调幅机构组成。转向系统由双联齿轮泵、全液压转向器和转向液压缸组成。发动机通过分动箱带动轴向柱塞泵、转向双联齿轮泵和轴向柱塞泵，并经相应液压马达将动力传给振动轮、转向和行走系统，如图10-12所示。

（3）振动轮

振动轮是振动压路机的重要部件，通过振动轮的变频和变幅来完成压实工作。YZ18 型压路机振动轮总成结构，由振动轮体、行走马达、行走减速器、左振动轴、右振动轴、固定偏心块、活动偏心块、振动马达、减振块、右连接支架、左连接支架和联轴器等组成，如图 10-13 所示。振动轮体采用钢板卷制焊接而成。振动轮内有两个激振机构，是振动压路机产生振动的来源。激振机构由振动轴、固定偏心块、活动偏心块、轴承和封闭箱体等组成。两个激振机构结构相同，两根振动轴在振动轮中间用联轴器连接成为一体同步转动。振动马达带动振动轴高速旋转时，偏心块所产生的离心力就是振动压路机的激振力。

（4）调幅装置

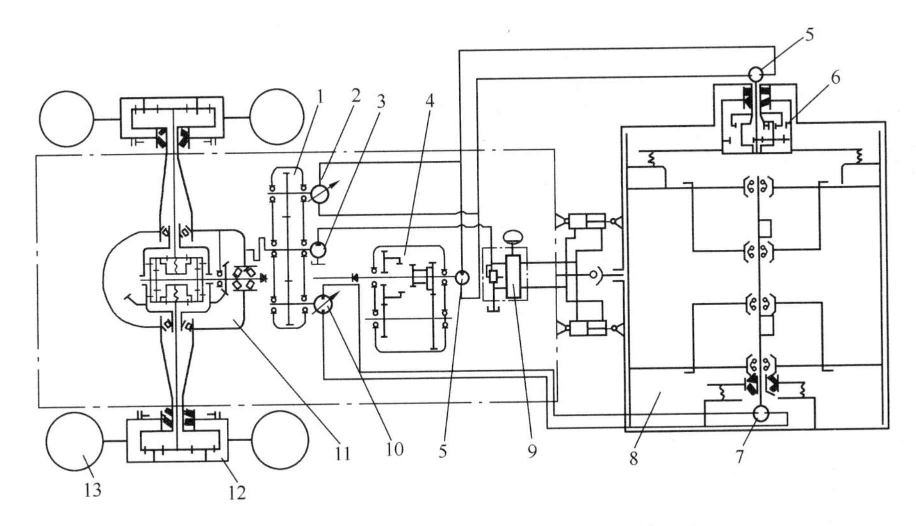

图 10-12 YZ18 型振动压路机传动系统

1—分动箱；2—行走驱动轴向柱塞泵；3—转向及风扇用双联齿轮泵；4—变速箱；5—行走驱动定量马达；6—行星减速器；7—振动驱动定量马达；8—振动轮；9—液压转向器；10—振动驱动变量泵；11—驱动桥；12—轮边行星减速器；13—轮胎

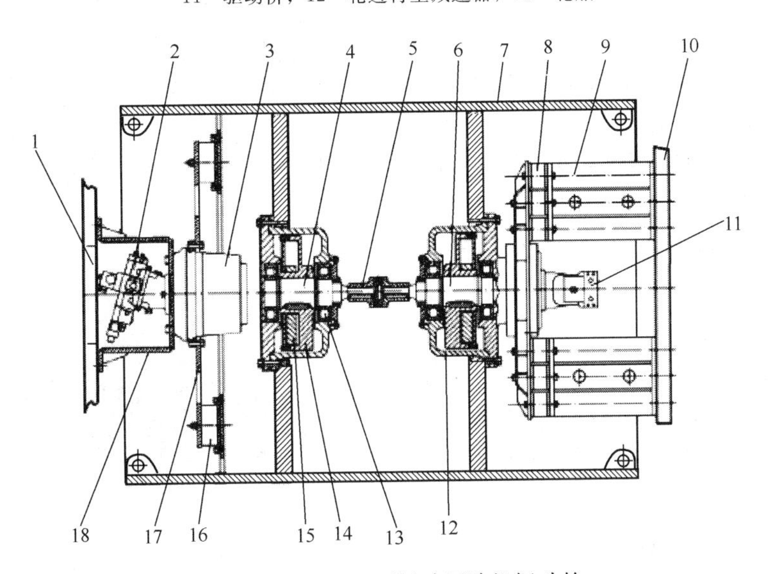

图 10-13 YZ18 型振动压路机振动轮

1—前车架左侧框板；2—行走马达；3—行走减速器；4—左振动轴；5—联轴器；6—右振动轴；7—振动轮体；8—减振块；9—右连接支架；10—前车架右侧框板；11—振动马达；12—轴承；13—箱体；14—固定偏心块；15—活动偏心块；16—减振块；17—行走减速器固定板；18—左连接支架

YZ18 型压路机激振机构装有可调振幅的活动偏心块，活动偏心块套在固定偏心块的轮毂上，调幅装置是一个密封结构，里面充有硅油，如图 10-14 所示。

（5）主要技术参数

振动压路机的主要技术参数有工作质量、振动轮尺寸、振动频率、激振力、速度、额定功率等。

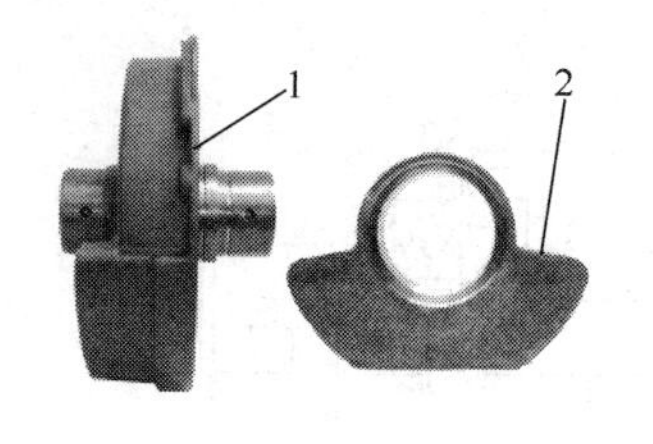

图 10-14 调幅装置结构图

1—固定偏心块；2—活动偏心块；3—固定偏心块盖

3. 双钢轮振动压路机

双钢轮振动压路机一般都采用全轮驱动和全轮振动。全轮振动的目的是充分发挥机器本身的结构功能，提高压实生产率。

YZC12 型振动压路机主要由车架、动力装置、振动轮、液压系统、电气系统等组成，如图 10-15 所示。该机采用全液压传动、双轮驱动、双轮振动、自行式结构。前后车架通过中心铰接架连接在一起，采用铰接式转向方式，并配有性能优良的蟹行机构，具有良好的贴边压实、弯道压实和机动性能。

车架包括前车架及后车架两部分，前、后车架均采用整体焊接结构，通过中心铰接架连接成一个整体。

前车架由前车架体、刮泥板等组成。主要作用是支承驾驶室、前水箱和燃油箱等。燃油箱为两个分体式结构，固定在车架的两端，底部由胶管相连通，加油口设在左侧，刮泥板在压路机工作时可以刮下粘在振动轮上的杂物，刮泥板与钢轮间为弹簧装置自动压紧，无需调整。前车架与驾驶室间装有起减振缓冲作用的减振块，以减轻振动对驾驶员的不利影响。

后车架总成由后车架体、刮泥板等组成。它的主要功能是支承发动机、液压油箱、后水箱等。发动机和后车架之间也装有弹性减振块，可方便地将发动机调整到水平位置。

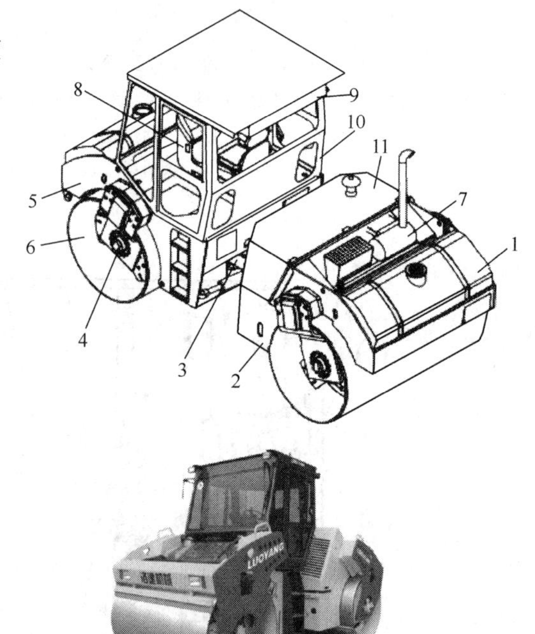

图 10-15 双钢轮振动压路机总体结构

1—洒水系统；2—后车架；3—中心铰接架；4—液压系统；5—前车架；6—振动轮；7—动力装置；8—操纵台总成；9—空调；10—驾驶室；11—覆盖件

振动轮包括前、后振动轮总成及叉脚等部件。振动轮总成由振动轮体（滚轮）、轴、调幅装置、减振块、驱动马达、振动马达、弹性联轴器、振动轴承、行驶支承、轴承座、梅花板、左右叉脚等组成。振动轮总成支承整机重量，实现压路机行走，是振动压路机的主要工作部件，可将柴油机动力最终转化为对路面的压实力。振动轮与车架的连接处设有橡胶减振块，将振动轮的振动与车架割开。

发动机安装在后车架上，液压系统的泵组直接与发动机相连，液压系统的执行元件（马达、液压缸）安装在相应的工作部件处。操纵装置、驾驶室、空调、电气系统的主要部件都安装在前车架上。

前、后振动轮各有一套独立的洒水系统。工作时，洒水系统向碾压钢轮的表面均匀喷水，在轮子表面上形成均匀的覆盖水层，与刮泥板组合能够有效地避免钢轮表面粘结沥青或其他杂物，以防止因钢轮表面粘结沥青而影响压实质量。

4. 手扶式振动压路机

手扶式振动压路机主要形式如图 10-16 所示。

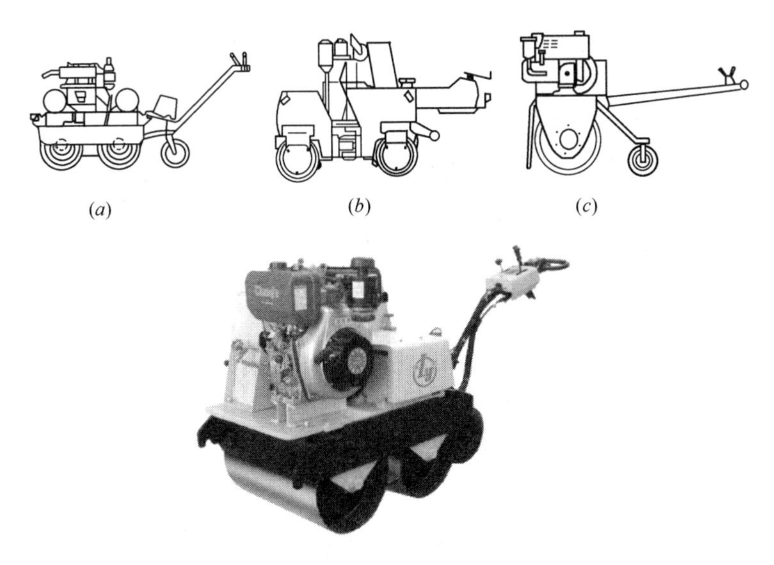

图 10-16　手扶式振动压路机

（*a*）双轮整体式；（*b*）双轮铰接式；（*c*）单轮式

手扶式振动压路机的振动轮结构与自行式压路机相似，振动轮的激振器结构多采用偏心块式。

5. 振动压路机特点及适用范围

光轮振动压路机最适用于压实非黏性土（砂土、砂砾石）、碎石、块石、堆石、沥青混凝土及不同类型、不同厚度的沥青铺层。这种压路机在断开振动机构后，还可用作静力压实机械进行整平碾压作业。羊脚或凸块式振动压路机既可压实非黏性土，又可压实含水率不大的黏性土和细颗粒沙砾石以及碎石和土的混合料。

与静力作用压路机相比，振动压路机具有压实效果好、生产效率高，压实后的基础压实度高、稳定性好等特点。压实沥青混凝土面层时，允许沥青混凝土的温度较低，且由于振动作用，可使面层的沥青材料能与其他集料充分渗透、糅合，故路面耐磨性好，返修率低；可压实干硬性水泥混凝土（即 RCC 材料 ）及大粒径的回填石等静作用压路机难以压实的物料；在压实效果相同的情况下，振动压路机的结构质量为静作用压路机的一半，发动机的功率可降低 30%左右。

第三节　冲击式压路机

1. 用途

适用于湿陷性黄土和大面积深填土石方的压实工作。

2. 主要结构及工作原理

冲击式压路机由牵引车和压实装置两部分组成，中间通过十字缓冲连接组件相连。

以 5YCT18 冲击式压路机为例，如图 10-17 所示，牵引车分前、后车架，中间用转向铰连接作为液压缸转向机构的回转中心。前车架放置发动机、液力变速器、前轿及驾驶室等部件。压实装置主要由压实轮组件、机架、连杆架、行走车轮、连接头、防转器和液压缸等组成，如图 10-18 所示。

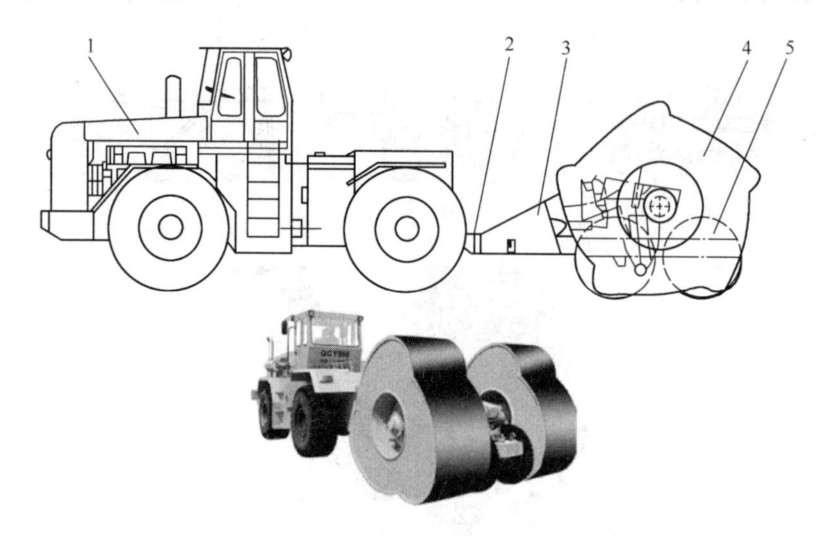

图 10-17　5YCT18 型压路机结构图

1—牵引车；2—十字缓冲连接组件；3—压路机机架；4—五边压实轮；5—机架行走轮胎

由摆杆、限位橡胶块和缓冲液压缸等部分组成的缓冲机构是为了防止和减少冲击轮对机架的冲击。冲击轮（压实轮 ）是工作部件，为 2 个由几段曲线组成的非圆柱形滚筒，分布于机架两侧，中间通过轮轴相连，滚筒用厚钢板焊接而成。由提升液压缸、防转器、连杆架、行走轮胎等组成的提升机构和行走机构，主要是用来短途转移和更换施工场地。当提升液压缸伸长时，两个冲击轮离开地面，这时全部重量由 4 个行走轮胎承担，在牵引车的拖动下实现场地转移。防转器是为了防止在工地短途转移时冲击轮自由转动。

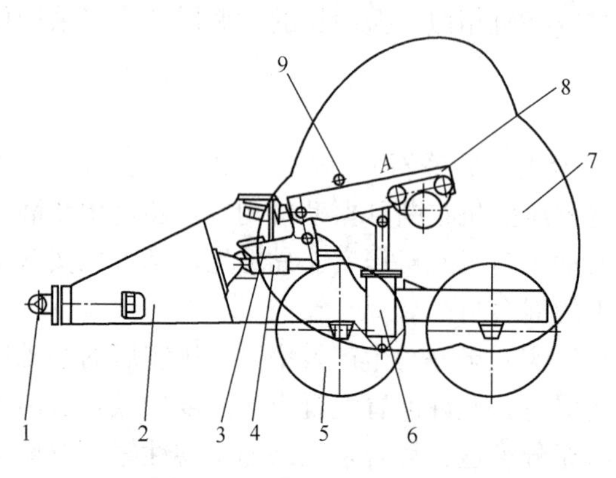

图 10-18　3YCT25 压实装置

1—连接头；2—机架；3—摆杆；4—液压缸；5—行走轮胎；6—提升液压缸；7—三线压实轮组件；8—连杆架；9—防转器

通过十字连接装置将压实装置与牵引车相连接，连接装置由牵引板、十字接头、销轴、牵引轴、法兰盘和缓冲橡胶套组成，可缓冲冲击轮对牵引车的冲击，并在牵引过程中改善其受力状况，可保证牵引车与压实装置之间具有 3 个转动自由度。

当牵引车拖动压实轮向前滚动时，压实轮重心离地面的高度上下交替变化，产生的势能和动能集中向前、向下碾压，形成巨大的冲击波，通过多边弧形轮子连续均匀地冲击地面，使土体均匀致密。

冲击式压路机对高填方路段、松砂土原地基的土质压实和石质挤密非常有效。对于那些原地基土质不好的工程，可直接压实而不需换土和分层填方与压实；对于含水率范围的要求很宽，可大大减少干性土的加水量并能将过湿的地基排干，加速软土地基的稳定；对于填方层的压实，每次填方厚度可达 0.5 ～ 1m，压实速度高达 12km/h。冲击式压路机还可用于破碎旧水泥混凝土路面或沥青混凝土路面，包括去除再生前的破碎、毛石破碎、钢筋破碎和深层破碎等。压实能量与冲击面的宽度、铺层厚度、工作速度有关。

第四节　夯　实　机　械

1. 用途、分类及编号

夯实机械分振动夯实机械和冲击夯实机械，主要用于沟渠、边角及各种小型土方夯实工程。夯实机械按夯实冲击能量大小分为轻型、中型和重型夯实机；按结构和工作原理分为自由落锤式夯实机、振动平板夯实机、振动冲击夯实机、爆炸式夯实机和蛙式夯实机。

（1）蛙式打夯机

蛙式打夯机是利用偏心块旋转产生离心力的冲击作用进行夯实作业的一种小型夯实机械。它结构简单、工作可靠、操作容易，因而广泛用于公路、建筑、水利等工程。

蛙式打夯机是由夯头、夯架、三角带、底盘、传动轴架、电动机、扶手和三角带轮等组成，如图 10-19 所示。电动机通过两级传动驱动偏心块旋转，产生离心力使夯头夯实地面和夯机向前移动。

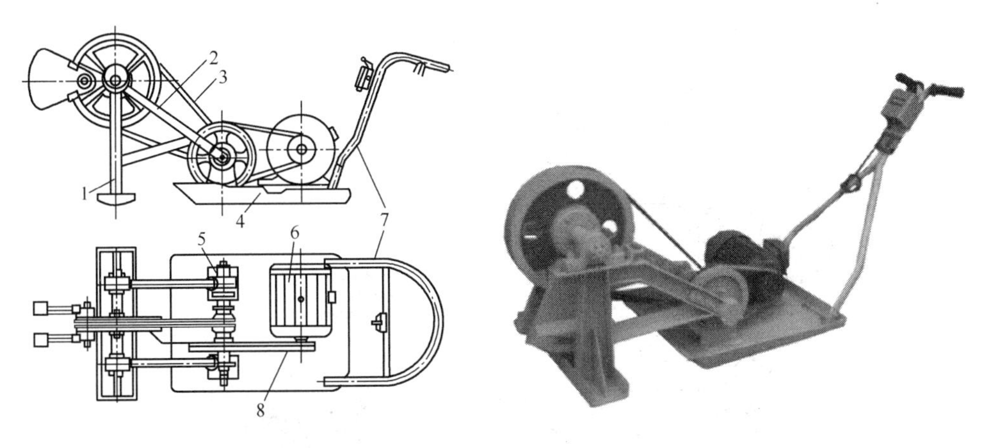

图 10-19　蛙夯外形构造图

1—夯头；2—夯架；3、8—三角带；4—底盘；5—传动轴架；6—电动机；7—扶手

（2）振动冲击夯实机

振动冲击夯的工作原理是由发动机（电机 ）带动曲柄连杆机构运动，产生上下往复作用力使夯实机跳离地面。在曲柄连杆机构作用力和夯实机重力作用下，夯板往复冲击被压实材料，达到夯实的目的。

振动冲击夯分内燃式和电动式两种形式。前者的动力是内燃发动机，后者动力是电动机。它们都是由发动机（电机）、激振装置、缸筒和夯板等组成。

以 HD60 型快速冲击夯为例，该冲击夯主要由电动机、减速器、曲柄连杆机构、活塞、弹簧、夯板和操纵机构等组成，如图 10-20 所示。电动机动力经减速器传给大齿轮，使安装在大齿轮轴上的曲柄、连杆运动，带动活塞做上下往复运动，在弹簧力（压缩和伸张）作用下，使机器和夯板跳动，对被压材料产生高频冲击振动作用。

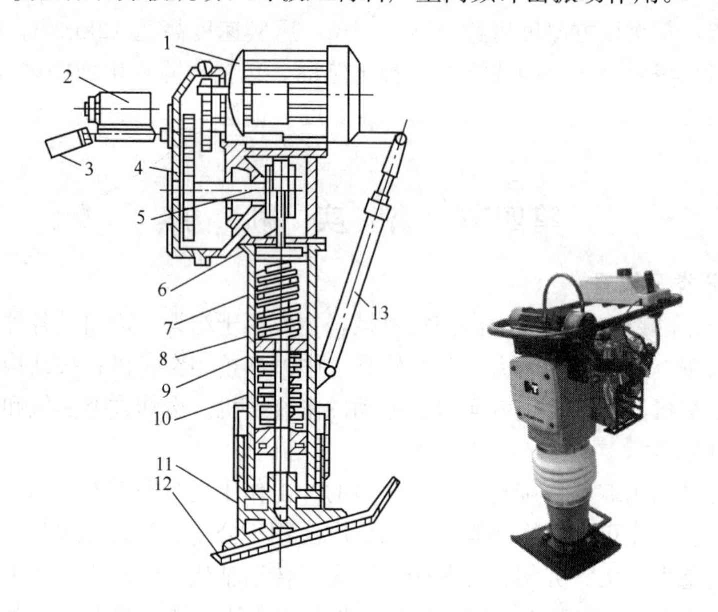

图 10-20 HD60 型电动式快速冲击夯结构

1—电动机；2—电气开关；3—操纵手柄；4—减速器；5—曲柄；6—连杆；7—内套筒；8—机体；9—滑套活塞；10—螺旋弹簧组；11—底座；12—夯板；13—减振器支承器

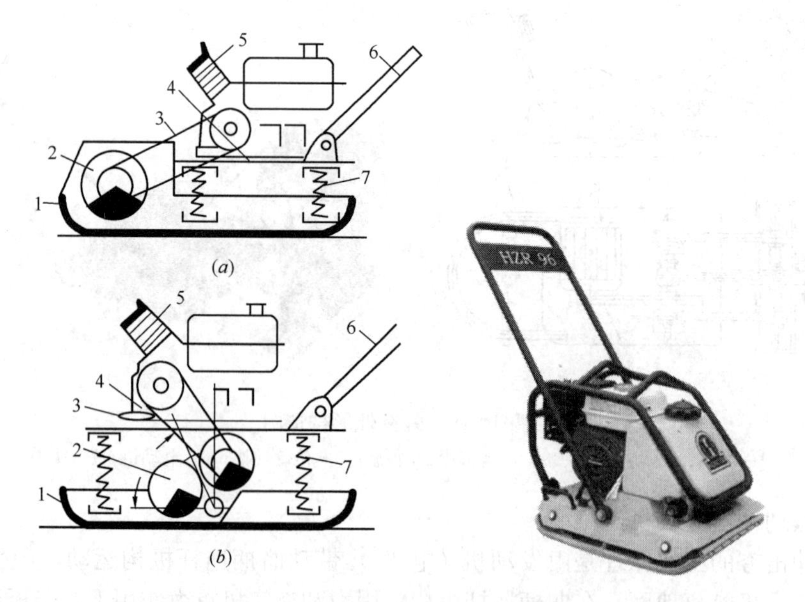

图 10-21 振动平板夯结构原理图

(*a*) 非定向振动式；(*b*) 定向振动式

1—夯板；2—激振器；3—V 形皮带；4—发动机底架；5—操纵手柄；6—扶手；7—弹簧悬挂系统

内燃式振动冲击夯结构与电动式振动冲击夯基本相类似，仅动力装置为内燃机。

(3) 振动平板夯实机

振动平板夯是利用激振器产生的振动能量进行压实作业，在工程量不大、狭窄场地广泛使用。

振动平板夯分非定向和定向两种形式，它是由发动机、夯板、激振器、弹簧悬挂系统等组成，如图 10-21 所示。动力由发动机经皮带传给偏心块式激振器，由激振器产生的偏心力矩带动夯板以一定的振幅和激振力振实被压材料。非定向振动平板夯是靠激振器产生的水平分力自动前移，定向振动平板夯是靠两个激振器壳体中心（两激振器中心）所处位置的不同，使振动平板原地垂直振动或在总离心力的水平分力作用下水平移动。

2. 特点及适用范围

振动夯适用于非黏性土、砾石、碎石的压实，而冲击夯实机或夯实板则适用于黏土、砂质黏土和灰土的夯实。

第十一章　掘　进　机　械

第一节　凿　岩　机

1. 应用与分类

凿岩机是钻爆破孔的主要机具，它在岩层上钻凿出炮眼，以便放入炸药炸开岩石，从而完成开采石料或其他石方工程。凿岩机也可改作破坏器，用来破碎混凝土之类的坚硬层。凿岩机按其动力来源可分为风动凿岩机、内燃凿岩机、电动凿岩机和液压凿岩机等4类，如图11-1所示。

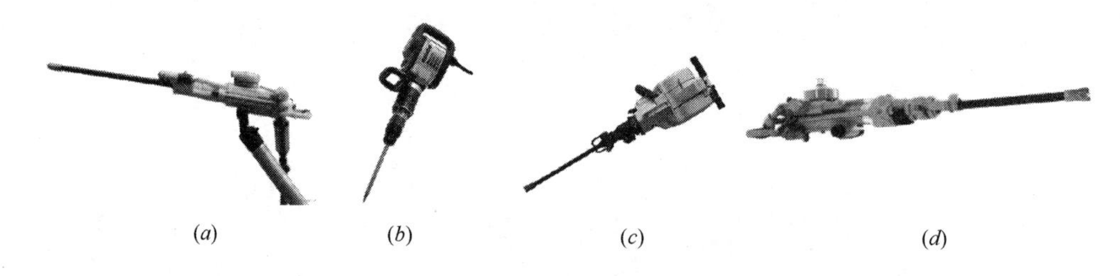

(*a*)　(*b*)　(*c*)　(*d*)

图11-1　凿岩机

(*a*) 风动式；(*b*) 电动式；(*c*) 内燃式；(*d*) 液压式

风动式：风动式以压缩空气驱使活塞在气缸中向前冲击，使钢钎凿击岩石，该方式应用最广。

电动式：电动式由电动机通过曲柄连杆机构带动锤头冲击钢钎，凿击岩石。

内燃式：利用内燃机原理，通过汽油的燃爆力驱使活塞冲击钢钎，凿击岩石，适用于无电源、无气源的施工场地。

液压式：液压式依靠液压通过惰性气体和冲击体冲击钢钎，凿击岩石。

2. 工作原理

凿岩机是按冲击破碎原理进行工作的。工作时活塞做高频往复运动，不断地冲击钎尾。在冲击力的作用下，呈尖楔状的钎头将岩石压碎并凿入一定的深度，形成一道凹痕。活塞退回后，钎子转过一定角度，活塞向前运动，再次冲击钎尾时，又形成一道新的凹痕。两道凹痕之间的扇形岩块被由钎头上产生的水平分力剪碎。活塞不断地冲击钎尾，并从钎子的中心孔连续地输入压缩空气或压力水，将岩渣排出孔外，形成一定深度的圆形钻孔。

第二节　凿　岩　台　车

1. 用途与分类

凿岩台车是支撑凿岩机并能完成凿岩作业所需的推进、移位等运动的移动式凿岩机械。为了提高隧道开挖效率，将多台凿岩机安装在凿岩台车上，可以同时进行多个钻眼作业。

凿岩台车一般用于地质条件较好，基本不要临时支护的大断面的隧道施工，也可作为其他工序的工作台，如凿顶、支撑、装药和设备材料的临时存放等。

按所能开挖隧道断面的不同，凿岩台车可分为全断面台车、半断面台车及导坑台车；按车架形式可分为门架式和框架式；按行走装置可分为轨行式、轮胎式及履带式；按钻臂可分为液压钻臂式和梯架式。

2. 构造与工作原理

凿岩台车由钻臂、推进器、底盘、台车架、稳车机构、风水系统、液压系统、操纵系统等部分组成，如图 11-2 所示。

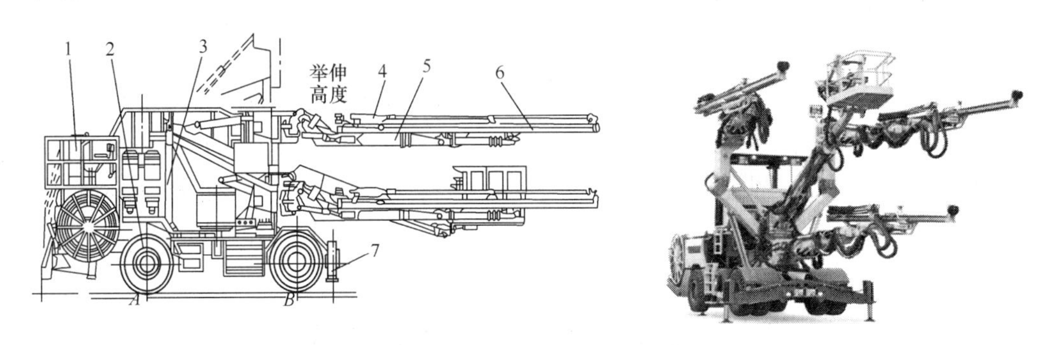

图 11-2　凿岩台车（mm）

1—动力系统；2—底盘；3—台车架；4—凿岩机；5—钻臂；6—推进器；7—稳车机构

工作时，台车驶入掘进工作面，由稳车机构使台车定位，操纵钻臂和推进器使推进器的顶尖按要求的孔位顶紧工作面，开动凿岩机钻孔。钻完全部炮孔后，台车退出工作面。

掘进钻臂是凿岩台车的核心部件。它支撑着凿岩机按规定的炮孔位置打孔，又是给凿岩机一定推进力的机构。它还可以用来提举重物，如组装拱形支架、装药等。因此掘进钻臂也可以称为台车的机械手。

钻臂是独立的可装拆部件，可用钻臂的系列组件装配成各种钻孔台车，如将同一种标准钻臂安装在不同的行走底盘上；或在不同的底盘上，装上不同数量的同一种标准钻臂，都可以构成不同形式的钻孔台车。

凿岩台车的开挖施工工序为：台车就位、多台凿岩机同时钻眼、利用台车架进行装药、台车退出掌子面、爆破、排烟凿顶、支护（视地质情况而定）、装渣机就位、装渣运输，同时也可进行上部钻眼，如此循环作业。

由于在坚固的钻臂上安装凿岩机和支架，因此可装备中型、重型大功率的凿岩机，且冲击频率可以提高，凿岩机推进力得到了保证。所以，凿岩台车的凿岩效率高，钻进速度快，能适应各类岩层，在同等开挖断面下，可减少凿岩机台数。一般来讲，采用凿岩台车掘进隧道日进尺在 10m 左右，月进尺可达 200～300m。

第三节　衬砌模板台车

隧道衬砌模板台车由一部台车和数套钢模板组成。模板以型钢为骨架，上铺钢板形成外壳，并设有收拢机构，通过安装在台车上的电动液压装置，进行立模与拆模作业。模板与台车各自为独立系统，每段衬砌灌注混凝土完毕后，台车可与模板脱离，衬砌混凝土由模板结构支撑。台车将后面另一段已灌混凝土可以拆模的模板收拢后，由电瓶车牵引，穿过安装好的模板后，到达前方预灌筑段进行立模作业。台车衬砌作业快速、高效、优质、安全，并节省人力、钢材、木料，减轻劳动强度。

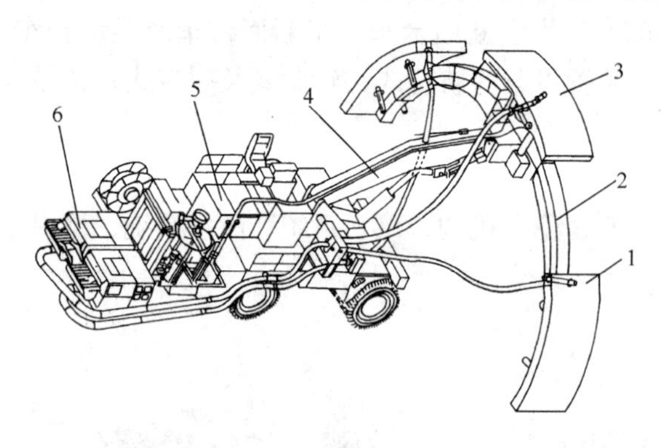

图 11-3　全液压衬砌模板台车组成示意图

1—侧模板；2—拱架；3—顶模板；4—臂架；5—基础车；6—混凝土泵车

全液压衬砌模板台车由基础车、臂架、拱架、模板、控制系统、混凝土浇筑系统等组成，如图 11-3 所示。台车转移运输时，将模板拱架收拢，以便运行，改善了一次衬砌的作业环境，减少了支护，缩短了作业周期。

第四节　全断面隧道掘进机

全断面隧道掘进机是一种在岩层中挖掘隧道的机械。其特点是用机械法破碎切削岩石（刀头直径与开挖隧道的直径大小一致，故称全断面开挖），挖掘与出渣同时进行。全断面隧道掘进机适宜在公路工程、铁路工程、水电工程、排污工程、军事工程及其他地下工程中开挖岩石隧道。在公路山岭隧道和海底隧道工程中被广泛采用。

全断面隧道掘进机一般由切削头工作机构、切削头驱动机构、推进及支撑装置、排渣装置、液压系统、除尘装置以及电气和操纵等装置组成。

以 LJ-30 型掘进机为例（图 11-4），切削头工作机构的上下导框套在机架大梁上，靠 4 个推进液压缸可以移动 750mm。切削头前端有刀盘，靠两个 85kW 的电动机经减速箱和驱动小齿轮带动齿圈旋转，齿圈和刀盘刚性连接。切削下来的岩渣经刀盘上均布的三个铲斗收集并提升到皮带输送机上，向后排出。切削头还有 4 个前支撑靴，在换位时支撑靴的液压缸外伸，使靴板紧顶洞壁，以便推进液压缸回缩将后部前移。

在机架大梁上装有左右水平方向的水平支撑靴，在切削推进时，支撑靴由液压缸紧顶洞壁。大梁最后连接驾驶室，内设操纵台、配电盘、液压泵等装置。大梁上面有吸尘风管，可将切削时的岩粉吸出，保证掌子面空气清洁。

为防止隧洞顶部塌方，多采用锚杆临时支护，因此在大梁中部两侧安装有打眼的电钻。大梁后下方有后支撑座。

其工作原理为：将水平支撑靴顶紧洞壁，前后支撑靴缩回，开动切削头旋转，后推进液压缸收缩，前推进液压缸伸出，开动排渣用的输送机，如图 11-5（*a*）所示；当切削头掘进一定深度时（一般为推进液压缸的一个行程），如图 11-5（*b*）所示，将前后支撑靴顶紧洞壁，水平支撑靴缩回，后推进液压缸伸出、前推进液压缸缩回，如图 11-5（*c*）所示，这样掘进机外机架前移一段距离，如图 11-5（*d*）所示。按上述程序机器不断旋转掘进，不断换位前移，直至完成隧道开挖工作。

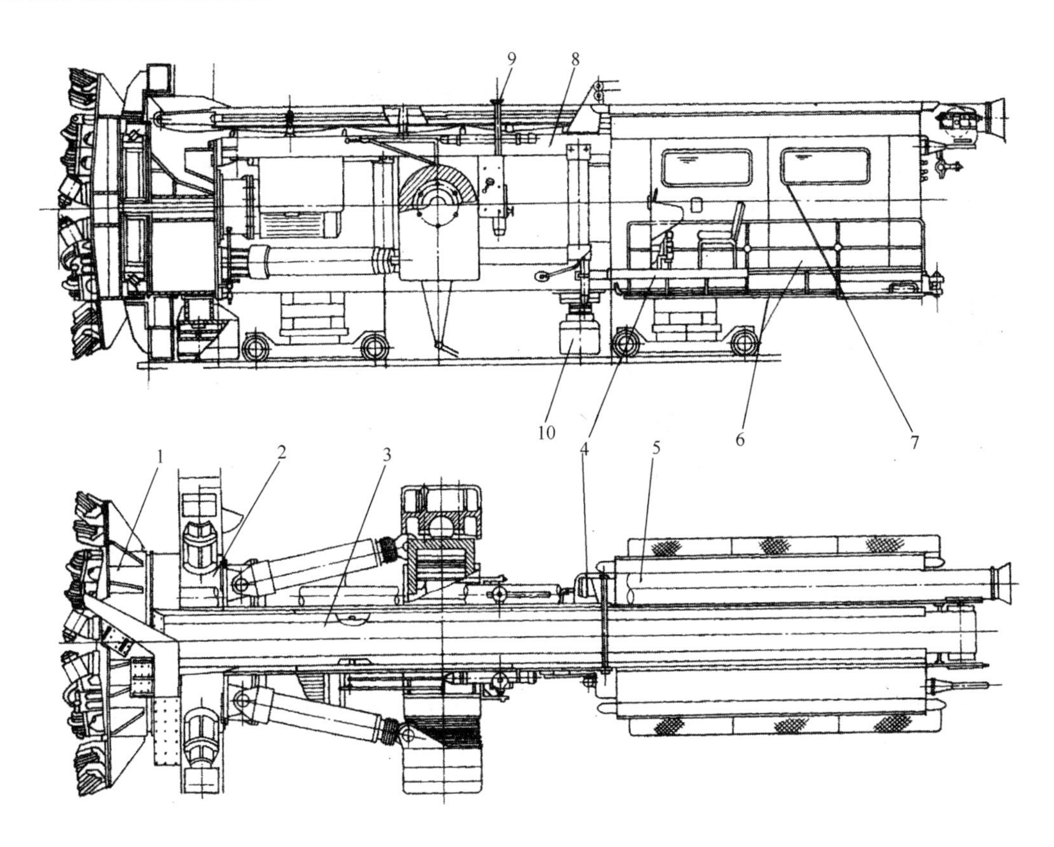

图 11-4　LJ-30 型岩石掘进机

1—切削头工作机构；2—前支承靴；3—排渣皮带机；4—液压泵；5—吸尘风管；6—机架及驾驶室；7—配电室；8—机架大梁；9—电钻；10—后支撑座

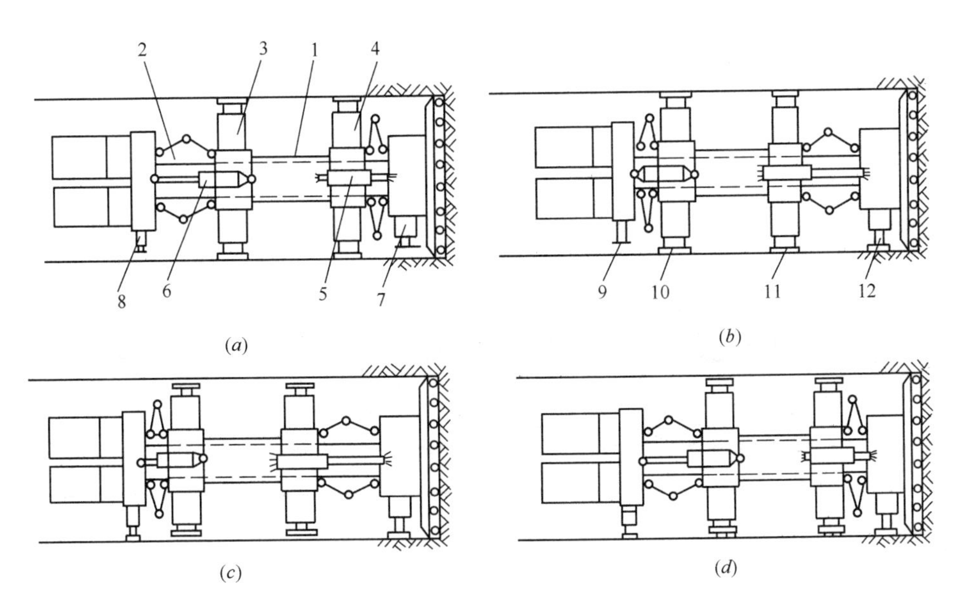

图 11-5　推进工作原理

1—外机架；2—内机架；3—后支撑液压缸；4—前支撑液压缸；5—前推进液压缸；6—后推进液压缸；7、8—前、后支撑液压缸；9、12—后、前支撑靴；10、11—水平支撑靴

第五节　臂式隧道掘进机

臂式隧道掘进机也称为悬臂掘进机，是一种有效的开挖机械。它集开挖、装卸功能于一体，广泛应用于采矿、公路隧道、铁路隧道、矿用巷道、水利涵洞及其他地下工程的开挖，如图 11-6 所示。

图 11-6　悬臂式掘进机

这种掘进机对开挖泥质岩、凝灰岩、砂岩等岩层有极好的性能。与钻爆法相比，机械开挖的最大优势是：不扰动围岩，隧道的掌子面非常平坦，几乎没有钻爆法产生的凹凸不平和龟裂，容易达到新奥法的要求；断面超挖量少，经济性好；另一特点是施工时减少了噪声和振动，符合环境保护的要求。与全断面开挖的隧道掘进机相比，臂式掘进机体积小，质量轻，易于搬运。

臂式掘进机通常由切割装置、装载装置、输送机构、行走机构、液压系统和电气系统等部分组成，如图 11-7 所示。

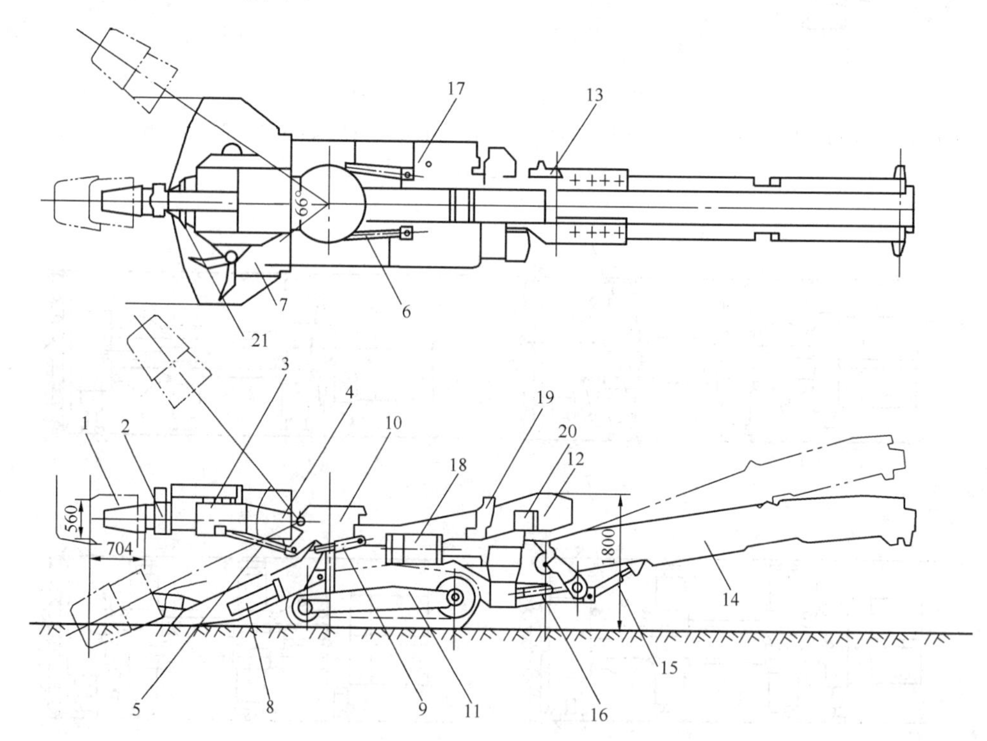

图 11-7　臂式隧道掘进机示意图

1—切割头；2—伸缩臂；3—切割减速器；4—切割马达；5—切割装置升降液压缸；6—切割装置摆动液压缸；7—装载铲；8—集料减速器；9—装载装置升降液压缸；10—主车体；11—行走装置；12——级输送机；13——级输送机减速器；14—二级输送机；15—二级输送机升降液压缸；16—二级输送机回转液压缸；17—液压油箱；18—液压泵；19—控制开关柜；20—驾驶座位；21—水喷头

臂式隧道掘进机的作业工序是：机械驶入工位，切割头切入作业面，再按作业程序向两边及由下而上进行切割。切割臂有伸缩、左右摆动和升降功能，因而机体小，质量轻，无需占领整个掌子面，其余空间可供其他装备使用，有利于提高作业效率。

第六节　盾　构　机　构

盾构机构是一种集开挖、支护、衬砌等多种作业于一体的大型隧道施工机械，是用钢板制成的圆筒形结构物，在开挖隧道时，作为临时支护，并在筒形结构内安装开挖、运渣、拼装隧道衬砌的机械手及动力站等装置，以便安全作业。它主要用于软弱、复杂等地层的铁路隧道、公路隧道、城市地下铁道、上下水道等隧道的施工。

使用盾构机械来建筑隧道的方法称为盾构施工法。其施工程序是：在盾构前部盾壳下挖土（机械挖土或人工挖土），一面挖土，一面用千斤顶向前顶进盾体，顶至一定长度后（一般为一片衬砌圈宽度），再在盾尾拼装预制好的衬砌块，并以此作为下次顶进的基础，继续挖土顶进。在挖土的同时，将土屑运出盾构。如此不断循环直至隧道施工完成为止。

盾构施工法施工，要根据地质条件、覆盖土层深度、断面大小、电源问题、离主要建筑物的距离、水源、施工段长度等多种因素加以综合考虑。

切削轮式开挖的盾构（图 11-8）是用主轴旋转驱动切削轮挖土，随切削轮旋转的周边铲斗将挖下的土屑倾落于皮带输送机上，由运输机运到盾构后部的运土斗车里，再用牵引车（电瓶机车或小内燃机车）运往洞外。与此同时，推进千斤顶不断推进。当推进一个衬砌管片宽度时，立即逐片地由拼装器拼装管片（一般一圈分为六片、八片，视断面大小而异）。逐片拼装时只回收拼装片范围内的几个千斤顶。整圈衬砌拼装完后，再开始一面顶进一面挖土，如此循环前进。

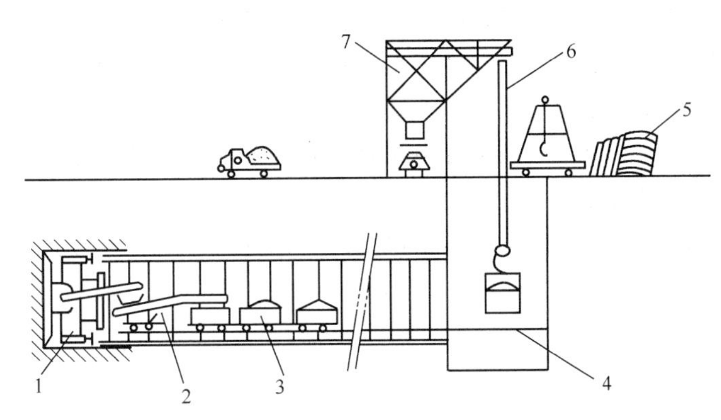

图 11-8　切削轮式盾构施工

1—盾构；2—管片台车；3—运土斗车；4—轨道；5—材料场；6—起重机；7—弃土仓

用切削轮式施工的地质条件要求是：掌子面土壁能直立，土层颗粒均匀，如黏性土类。易于坍塌的砂、砾土层、敏感性高的黏土，非常软且接近液化的黏土都不利于使用机械开挖。

第七节　水 平 定 向 钻 机

水平定向钻机是在不开挖地表面的条件下，铺设多种地下公用设施（管道、电缆等）的一种施工机械，它广泛应用于供水、电力、电信、天然气、煤气、石油等管线铺设施工

图 11-9 水平定向钻机

中，它适用于沙土、黏土、卵石等地层，我国大部分非硬岩地区都可使用。水平定向钻进技术是将石油工业的定向钻进技术和传统的管线施工方法结合在一起的一项施工新技术，它具有施工速度快、施工精度高、成本低等优点，广泛应用于供水、电力、电信、天然气、石油等管线铺设工程，如图 11-9 所示。

水平定向钻进设备一般适用于管径 300～1200mm 的钢管、PE 管，最大铺管长度可达 1500m，适应于软土到硬岩多种地质条件。各种规格的水平定向钻机都是由钻机系统、动力系统、控向系统、泥浆系统、钻具及辅助机具组成。

钻机系统：钻机系统是穿越设备钻进作业及回拖作业的主体，它由钻机主机、转盘等组成，钻机主机放置在钻机架上，用以完成钻进作业和回拖作业。转盘装在钻机主机前端，连接钻杆，并通过改变转盘转向和输出转速及扭矩大小，达到不同作业状态的要求。

动力系统：由液压动力源和发电机组成动力源，为钻机系统提供高压液压油作为钻机的动力，发电机为配套的电气设备及施工现场照明提供电力。

控向系统：控向系统是通过计算机监测和控制钻头在地下的具体位置和其他参数，引导钻头正确钻进的方向性工具，由于有该系统的控制，钻头才能按设计曲线钻进，现经常采用的有手提无线式和有线式两种形式的控向系统。

泥浆系统：泥浆系统由泥浆混合搅拌罐和泥浆泵及泥浆管路组成，为钻机系统提供适合钻进工况的泥浆。

钻具及辅助机具：是钻机钻进中钻孔和扩孔时所使用的各种机具。钻具主要适合各种地质的钻杆、钻头、泥浆马达、扩孔器、切割刀等机具。辅助机具包括卡环、旋转活接头和各种管径的拖拉头。

第十二章　园　林　机　械

1. 园林机械种类

园林机械主要包括链锯、割边机、修边机、绿篱机、割灌机、梳草机、高枝机、吸叶机、割草机、草坪修整机等用于园林绿化、园林建设、园林养护的机械设备。

2. 部分设备介绍及操作要点

(1) 草坪剪草机

草坪剪草机按动力可分为以汽油为燃料的发动机式、以电为动力的电动式和无动力静音式；按行走方式可分为自走式、非自走手推式和坐骑式，如图 12-1 所示；按集草方式可分为集草袋式和侧排式；按刀片数量可分为单刀片式、双刀片式和组合刀片式；按刀片剪草方式可分为滚刀式和旋刀式。一般常用的剪草机类型有发动机式、自走式、集草袋式、单刀片式、旋刀式。

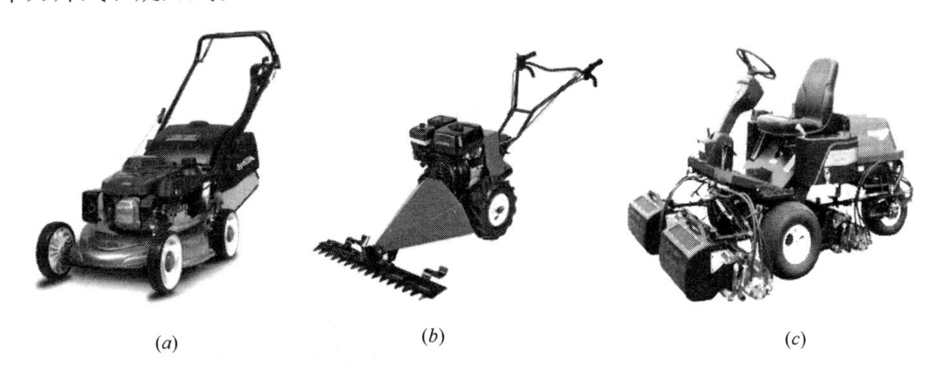

(*a*)　(*b*)　(*c*)

图 12-1　草坪剪草机（按行走方式分类）
(*a*) 非自走手推式；(*b*) 自走式；(*c*) 坐骑式

1) 初次使用。使用人员经过培训后，初次使用剪草机时，一定要熟读草坪剪草机操作和维修保养指导手册。新的草坪剪草机在初次使用时，要在 5h 后更换机油，磨合后每使用 50h 内更换 1 次；要使用 92 号以上标号的无铅汽油。

2) 个人安全防护。剪草时一定要穿坚固的鞋，不能赤足或者穿开孔的凉鞋。

3) 清理检查。修剪草坪之前，必须先清除剪草区域内的杂物，一定要检查清除草坪内的石块、木桩和其他可能损害剪草机的障碍物。检查发动机的机油液面位置不要低于标准刻度，且颜色正常，黏度适当。检查汽油是否足量，空气滤清器是否清洁，保持过滤性能。检查发动机、控制扶手等的安装螺丝是否拧紧。检查刀片是否松动，刀口是否锋利，刀身是否弯曲、破裂。

4) 调节底盘高度与启动。根据草坪修剪的"1/3 原则"和草坪的高度以及草坪机的工作能力，确定合理的草坪草修剪量和留茬高度，并调节草坪机的底盘高度。如果草坪草过高，则应分期分次修剪。高度调节后进行启动，冷机状态下启动发动机，应先关闭风门，将油门开至启动位置或最大，启动后再适时打开风门，调整油门位置。热机时可打开风门启动。

5）剪草。根据草坪的品种和草坪密度，采用合适的速度剪草，如果剪草机前进的速度过快，则可能会导致剪草机负荷过重或剪草面不平整。剪草时，如果剪草区坡度太陡，则应顺坡剪草；若坡度超过 30°，则最好不用草坪剪草机；若草坪面积太大，草坪剪草机连续工作的时间最好不要超过 4h。

6）其他注意事项。一是在发动机运转或者仍然处于热的状态下不能加油，且加汽油时禁止吸烟。加油时如果燃料碰洒，一定要在机体上附着的燃料擦干净之后，方可启动引擎。燃料容器需远离草坪机 5m 以外，并扭紧盖子。二是发动机运转时不要调节轮子的高度，一定要停机待刀片完全静止后，再在水平面上进行调节。三是如果刀片碰到杂物后，则要立即停机，将火花塞连线拆下，彻底检查剪草机有无损坏并维修好。四是对刀片进行检测或对其他任何作业之前，要先确保火花塞连线断开，从而避免无意启动而造成事故。五是刀片磨利后要检测是否仍然处于平衡状况，如不平衡则会造成振动过大，从而影响剪草机的使用寿命。六是当剪草机跨过碎石的人行道或者车行道时，一定要将发动机熄灭且要匀速通过。七是在病害多发季节，剪草前后一定要对刀片和底盘进行消毒以免传播病害。八是为了延长集草袋的寿命，每次剪完草坪草必须清除袋内的草屑，并经常检查集草袋，如发现集草袋缝线松了或者损坏了，要及时修理或更换新的集草袋。

（2）割灌机

割灌机按动力可分为以汽油为燃料的发动机式、以电为动力的电动式；按发动机运行方式可分为二冲程割灌机和四冲程割灌机；按传动方式可分为直杆侧挂式和软轴背负式，如图 12-2 所示。

图 12-2　割灌机（按传动方式分类）
（*a*）直杆侧挂式；（*b*）软轴背负式

1）初次使用。使用人员经过培训后，初次使用割灌机时，一定要熟读割灌机的操作和维修保养指导手册。

2）个人安全防护。割草时要戴好防护眼罩、作业帽，穿好工作服，要穿坚硬的鞋，不能赤足或者穿着开孔的凉鞋操作割灌机。

3）清理检查。割草区域如果有人员走动，则在割草之前，必须先清除割草区域内的石块，以防飞溅伤人。四冲程割灌机使用之前，应先检查机油液面位置，注意不能低于标准刻度。检查汽油是否足量，空气滤清器是否清洁，保持过滤性能。检查发动机、连杆、护罩等的安装螺丝是否拧紧。打草头或刀片安装是否松动，各润滑部位是否缺少润滑剂。

4）启动。冷机状态下启动发动机，应先关闭风门，将油门开至启动位置或最大，启动后再适时打开风门，热机时可打开风门启动。

5）割草。割草时割灌机要平稳摆动，周围 15m 内不能有其他人；若草坪面积较大，则割灌机连续工作时间最好不要超过 40min。

6）注意事项。一是自油箱外部检查燃油面，如果燃油面低，则加燃油至上限。在发动机运转或者仍然处于热的状态下不能加油，也不能在室内加油，加汽油时禁止吸烟。加油时如果燃料碰洒，则一定要将机体上附着的燃料擦干净之后，方可启动引擎。燃料容器需远离割灌机 5m 以外，并密封。二是二冲程发动机的燃油采用无铅汽油与二冲程机油（25：1～40：1）混合配制，具体的比例和使用的机油品牌、型号有关，绝不能使用纯汽油以及含有杂质的汽油。三是在中途移动或检查刀片、打草头、机体或加油时，要先将引擎关闭，让切割部分完全停止后再进行上述作业。四是引擎运转时，切勿用手触摸火花塞或高压线，以免触电。

（3）绿篱机

绿篱机按动力传导可分为绿篱机和宽带绿篱机；按发动机运行方式可分二冲程割灌机和四冲程割灌机；按刀片可分为单刃绿篱机与双刃绿篱机，如图 12-3 所示。

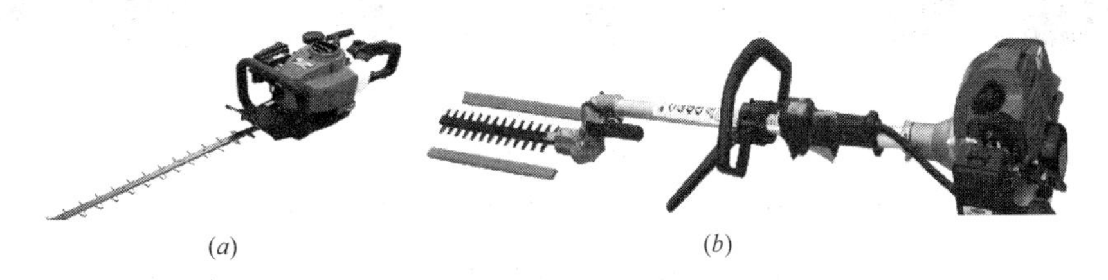

(*a*) (*b*)

图 12-3 绿篱机（按刀片分类）

（*a*）单刃绿篱机；（*b*）双刃绿篱机

1）初次使用。使用人员经过培训后，初次使用绿篱机时，一定要熟读绿篱机操作和维修保养指导手册，弄清楚机器的性能以及使用注意事项。

2）个人安全防护。启动绿篱机进行修剪之前，工作人员要戴好防护眼罩、作业帽、劳保手套，穿好工作服、防滑工作鞋。

3）清理检查。修剪绿篱之前，必须先清除绿篱区域内的杂物，如木桩、铁丝、蔓藤类杂草等可能损害绿篱机或阻止移动的障碍物。四冲程绿篱机使用之前应先检查机油液面位置，不要低于标准刻度。此外，还应检查汽油是否足量，空气滤清器过滤性能，发动机的安装螺丝是否拧紧；检查刀片的松紧和锋利程度，刀片是否弯曲、裂纹，传动部位是否缺少润滑剂。

4）启动。冷机状态下启动发动机，应先关闭风门，将油门开至启动位置或最大，启动后再适时打开风门，热机时可打开风门启动。

5）修剪。修剪时，避免切割太粗的树枝，否则会损伤刀片，缩短驱动系统的寿命。切割角度应为 5°～10°，这样容易切割，作业效率高。切割作业时不要把身体放到割草机汽化器一侧。每工作 1 箱油后，应休息 10min。周围 10m 内不能有其他无关人员。

6）注意事项。一是自油箱外部检查燃油面，如果燃油面低，则应加燃油至上限。在发动机运转或者仍然处于热的状态下不能加油，也不能在室内加油，加汽油时禁止吸烟。

加油时如果燃料碰洒了，一定要将机体上附着的燃料擦干净之后，方可启动引擎。燃料容器需远离绿篱机 5m 以外，并密封。二是二冲程发动机的燃油应采用无铅汽油与二冲程机油（25～40∶1）混合配制，具体的比例与使用的机油品牌、型号有关，绝不能使用纯汽油以及含有杂质的汽油。三是在中途移动或检查刀片、机体或加油时，要先将引擎关闭，让刀片完全停止后再进行上述作业。四是引擎运转时，切勿用手触摸火花塞或高压线，以免触电。五是当场地湿滑，难以保持稳定的作业姿势时，或天气不佳视线不清时，不能作业。

（4）打药机

打药机类型有背负式、担架式、车载式、高压打药机，如图 12-4 所示。它由发动机、高压泵、传动、药桶、高压管和喷枪等部件组成。

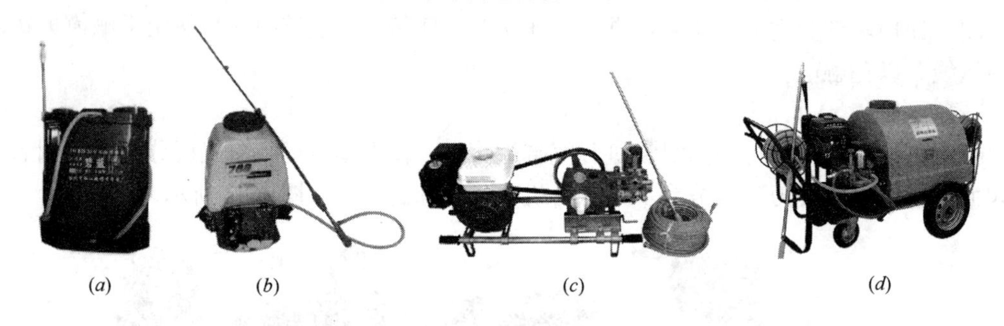

图 12-4　打药机

(*a*) 背负式（手动）；(*b*) 背负式（发动机）；(*c*) 担架式；(*d*) 高压打药机

1）初次使用。使用人员经过培训后，初次使用打药机时，一定要熟读打药机的操作和维修保养指导手册，弄清楚机器的性能以及使用注意事项。新的打药机使用 5h 后要更换机油。

2）个人安全防护。打药时穿好长衣长裤、长筒靴并戴好口罩、手套、防护眼镜，以防中毒。

3）清理检查。清洗药桶，以避免上次打药遗留的药剂造成不必要的损失。检查发动机的机油液面位置，不要低于标准刻度，并且颜色正常，黏度适当。检查高压泵的润滑油液面，不能低于刻度线。检查汽油是否足量，空气滤清器是否清洁。各种固定螺丝是否拧紧，高压管的长度是否够用，是否有破损。

4）启动。启动之前先关闭出水阀，打开卸荷手柄使之处于卸压状态，并将高压泵的压力调节到最小。冷机状态下启动发动机，应先关闭风门，将油门开至启动位置或最大，启动后再适时打开风门。热机时可打开风门启动。

5）打药。打开出水阀，并调节高压泵到所需的压力，匀速喷洒。打药机连续工作时间最好不要超过 4h。

6）注意事项。一是在发动机运转或者仍然处于热的状态下不能加油，也不能在室内加油，加油时禁止吸烟。加油时如燃料碰洒了，一定要将机体上附着的燃料擦干之后，方可启动引擎。燃料容器需远离绿篱机 5m 以外，并密封。二是注意对高压管的保护。三是打药时，要远离人群，避免药剂对人员的伤害。

参 考 文 献

[1] 高文安．建筑施工机械[M]. 武汉：武汉工业大学出版社，2000.

[2] 王进．工程机械概论[M]. 北京：人民交通出版社，2002.

[3] 张洪．现代施工工程机械[M]. 北京：机械工业出版社 2008.

[4] 贾立才．机械员岗位知识与专业技能[M]. 北京：中国建筑工业出版社，2013.

[5] 李世华．施工机械使用手册[M]. 北京：中国建筑工业出版社，2014.

[6] 张明成．建筑工程施工机械安全便携手册[M]. 北京：机械工业出版社，2006.

[7] 寇长青．工程机械基础[M]. 成都：西南交通大学出版社，2001.

[8] 中华人民共和国国家标准．建筑机械使用安全技术规程 JGJ 33—2012[S]. 北京：中国建筑工业出版社，2012.

参考文献